북한의 코로나 팬데믹 대응

지은이

강영아 예방의학 전문의. 국제보건, 건강 불평등 및 위기 의사 소통에 관심

김진숙 질병관리청 근무. 약사이며 북한사회학 박사. 북한의 국제 보건협력, 북한 보건 복지(여성, 장애인 등) 관련 법에 관심

엄주현 어린이의약품지원본부 근무. 북한학 박사. 북한 보건의료를 포함한 북한 사회 전반에 관심

유경숙 약사. 의약품 접근권 보장, 북한 의약품 생산 및 사용에 관심

이재인 서산의료원 응급의료센터 근무. 가정의학과 전문의. 인도주의실천의사협의회 회원. 공공의료에 관심

임성미 일산백병원 근무. 응급의학과 전문의. 인도주의실천의사협의회 회원. 재난 의료, 국제 보건 및 북한 보건의료, 건강불평등에 관심

최성우 조선대학교 의과대학 예방의학교실 교수. 건강 불평등, 국제보건, 이주민 건강 및 북한 보건의료에 관심

기획

어린이의약품지원본부 1997년 6월, '고난의 행군' 당시 어려움을 겪는 북녘 어린이들의 건강을 지키기 위해 보건의료인과 시민들이 함께 설립한 남북 교류협력 민간단체임. 90여 차례에 걸쳐 160억여 원의 보건의료 관련 물자를 북송했고 2012년부터 「북한 보건의료 연차보고서」를 발간하면서 북한 보건의료 연구에도 집중함. 북한뿐 아니라 전 세계 어려운 어린이들 지원에도 관심이 커 이라크, 미얀마 난민촌, 아이티, 중국 조선족, 팔레스타인 등의 어린이들을 지원함. 차별 않는 건강권 확대에 기여하고자 애씀

북한의 코로나 팬데믹 대응

강영아, 김진숙, 엄주현,
유경숙, 이재인, 임성미, 최성우 지음

어린이의약품지원본부 기획

건강미디어협동조합

일러두기

* 북한의 구체적인 상황 기술 위해 북한 기사를 그대로 삽입
* 북한은 띄어쓰기와 맞춤법에서 남한과 다름. 북한 상황의 생생함과 현장감을 살리기 위해 수정 않고 그대로 인용
* 각주에 첨부한 『로동신문』의 기사 제목 또한 띄어쓰기를 포함해 당시 표기를 그대로 사용

"여러분의 참여로 이 책이 태어납니다.
씨앗과 햇살이 되어주신 분들, 참 고맙습니다."

김경아 김나연 김미정 김미희 김요환 김정은(서울) 김정은(시흥) 김진숙 김태훈
나동규 박혜경 배광열 백영경 백재중 신영전 심재식 양동석 오경균 유원섭
이미라 이재인 이주언 이희영 전경림 전진용 정영진 조원경 조주희 최규진
최성우 홍준식 황남순 (32명)

〔 차례 〕

〔 추천사 〕

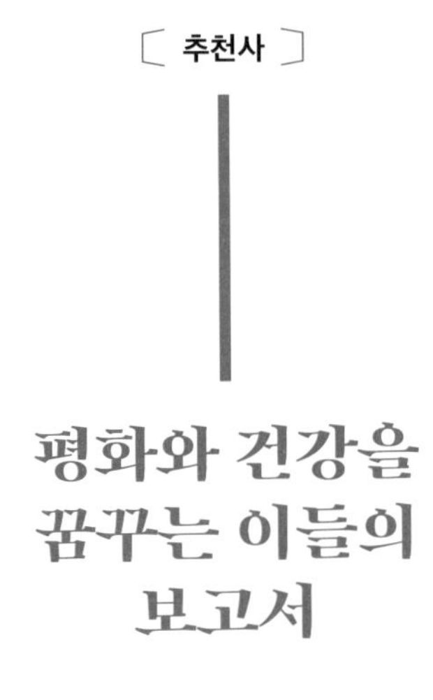

평화와 건강을 꿈꾸는 이들의 보고서

신영전 _한양대학교 의과대학 교수

코로나 팬데믹의 시간에 우리가 확인한 것들

2023년 5월 5일(현지 시각) 세계보건기구는 코로나19에 대한 국제 공중보건 비상사태를 해제했다. 2019년 12월 중국 후베이성 우한시에서 코로나 바이러스(SARS-CoV-2)가 처음 확인된 이래 약 3년 반 만이었다.

코로나 팬데믹 동안 약 7억 7천만 명 가까이 감염되고 약 680만 명이 사망했다고 하지만, 실제 사망자 수는 이보다 훨씬 많을 것으로 추정된다. 지역과 계층마다 차이가 있었지만, 인류 대다수가 질병으로 인한 고통뿐만 아니라 경제적 어려움, 고립 등에 시달려야 했다. 고통스런 3년

반의 시간을 보낸 지 어느덧 2년이 다 되어 간다. 이 팬데믹과 이후 시간을 통해 우리는 다음 사항을 확인하였다.

첫째, 우리가 서로 긴밀히 연결된 존재라는 사실이다

코로나 바이러스에겐 국경이 존재하지 않는다. 아무리 정치, 경제, 군사력이 강한 나라라 할지라도 코로나를 막는 데는 역부족이었다. 미국이 경제협력개발기구(OECD) 국가 평균보다 높은 사망률을 보인 것이 그 좋은 예이다. 더 나아가 한 개인이 아무리 손을 깨끗이 씻고 마스크를 쓰는 등 감염이 안 되려 노력한다 해도 완전한 고립 속에서 살지 않는 한 감염에서 자유롭기 어렵다는 사실을 알게 되었다. 전 세계보건기구 사무총장 그로 브룬틀란트(Gro Brundtland)의 말처럼, "우리는 하나의 미생물 수영장에서 헤엄치는 중이다." 이런 연결성은 국가와 국가, 인간과 인간을 넘어선다. 이번 코로나 팬데믹의 원인이 동굴 속에서 잠자던 코로나 바이러스를 깨운 인간의 무분별한 생태 파괴였기에 인간이 주변 생태계와도 긴밀히 연결된 존재라는 것도 확인되었다.

둘째, 그럼에도 불구하고 우리는 서로 연대하기보다 무관심하거나 이기적으로 행동했다

팬데믹 초기 많은 이들이 마스크, 백신, 구호물자도 없이 죽어갔다. 무엇보다 국제 협력의 규범이 작동하지 않았다. 70여 년 전 유엔 설립 이후 생긴 각종 규범은 부자 나라들의 이기심과 다국적 제약회사의 영리 추구로 무용지물이 되었다. 빈곤국 국민 20%가 맞을 수 있는 백신을 무료 공급하자는 코백스(COVAX) 프로젝트가 부국의 백신 독점과 소극적인 재정 지원으로 실패했다. 이에 따라 약자에게 코로나 유행은 더 혹

독했다. 2020년 미국 성인 대상 연구에서 코로나로 인한 연령 보정 사망률은 백인 여성에 비해 히스패닉 남성이 27.4배나 높았다. 우리도 예외가 아니다. 코로나 확진자 9,148명 중 가난한 의료급여 수급권자의 사망률이 보험료 상위 20%인 사람들에 비해 2.81배 높았다.

셋째, 우리는 너무 쉽게 잊어버린다

코로나 팬데믹의 종결은 기쁜 일이지만, 우리는 그 고통과 비극을 너무 쉽게 잊어버리는 것은 아닌지 우려가 크다. 또한 다시 돌아올 다른 팬데믹에 대한 대응을 너무 소홀히 하는 것은 아닐까?

이런 비극적 평가에도 불구하고, 마치 먹구름 속 한 줄기 햇살처럼, 희망을 만들어내는 것을 포기하지 않는 이들이 존재했음을 기억하는 일도 중요하다. 비록 최종적으로 유의미한 결과를 만들어내지 못했지만, 저개발국의 백신 지원 의무화를 시도했던 이들, 백신, 방역 장비, 의약품을 짊어지고 가난한 나라의 국경을 넘었던 국제 활동가들, 무엇보다 자신이 감염될 가능성이 있음에도 불구하고 환자들을 돌봤던 의료인들과 간병인들이 바로 그들이다. 그리고 그 희망을 만든 이들의 목록에는 관심을 가지는 이들이 점점 적어지는 상황 속에서 부족한 자료들을 뒤적여 북한의 코로나 상황을 체계적으로 정리한 7인의 이 책 저자들도 이름을 올려야 할 것이다.

북한의 코로나 유행과 대응

극히 제한된 정보 속에서도, 이들 저자들의 헌신적 노력에 의해 우리는 북한의 코로나 대응의 전모를 그나마 재구성해 볼 기회를 갖게 되었다. 그 작업을 통해 우리가 파악할 수 있었던 중요한 사실은 다음과 같다.

첫째, 북한은 전례를 찾기 어렵게 긴 국제 제재 아래 가장 빠르게 길게 국경을 봉쇄하는 등, 초강경 조치를 통해 코로나 유행에 대응했다. 둘째, 코로나 유행이 장기화하면서 많은 주민이 삶의 어려움에 직면했다. 특히 장기간 국제 제재에 더해 스스로 국경을 닫는 조치로 인해 북한 주민은 유행 이전보다 어려운 삶을 살아야 했으며 반드시 필요한 결핵약이나 예방접종도 충분히 사용하기 어려웠다. 셋째, 2022년 8월 10일, 북한 정부는 2년 7개월 만에 코로나 유행과 싸움에서 승리했음을 선포했다. 부족한 보건의료 기반 위에서도 격리, 소독, 환자 발굴, 선전 활동, 검역, 관련 법 제정 등 동원 가능한 모든 조치들을 수행했다. 코로나 유행이 사회 붕괴까지 이어지지 않았다는 점에서 기존 비관적 전망을 넘어서는 결과를 낳았지만, 보다 객관적인 보건학적 평가를 위해서는 여러 가지 추가적인 평가가 필요하다. 넷째, 이 과정에서 국제사회는 충분한 역할을 하지 못했고, 특히 남북은 기본적인 인도적 협력조차 이루어내지 못했다.

이 책이 우리에게 주는 것들

이 책은 코로나 유행 시기 북한 대응 양상을 체계적으로 살펴보게 해 줄 뿐만 아니라, 그 대응 너머로 펼쳐진 북한 정부의 작동 방식, 북한 주민의 삶의 현실도 볼 수 있게 해 준다. 또한 북한의 감염 대응 방식과 그 결과는 보건의료, 사회 기반이 부족한 상황에서 국가가 감염병 대유행에 어떻게 대응할지에 대한 귀중한 정보를 제공한다.

이유가 어떠하든, 북한은 유행 초기 상당 기간 진단 키트나 장비 부재 상태로, '공식적으로' 집단 예방접종 못한 채 감염병 유행과 싸워야 했다. 일차적으로 북한 당국이 책임져야 할 부분을 갖는다 하더라도 인도주의적 상황에 대해 한국, 일본 등 주변국들과 특히 국제사회가 제대로 역할을 하지 못한 부분에 대해 반성이 필요하다. 무엇보다 엄청난 인류 재난 앞에서 제대로 작동하지 못한 국제적 규범, 국가 간 약속, 특히 인도주의적 국제 협력 체계를 다시 설계할 필요성을 보여 준다.

감사

최근 몇 년 사이 남북 관계는 전쟁 가능성을 염려해야 할 정도로 악화하였다. 남북 간 대화는 정부 간뿐만 아니라 민간 부문에서도 완전히 정지되었다. 서울에서 출발한 기차가 평양역에 도착하고, 다시 시베리아와 바이칼 호수를 가로질러 모스크바와 상페테르부르크까지 달릴 꿈에 부풀었던 때가 불과 얼마 전인데, 이 꿈은 몇 년 만에 비관적 전망으로 바뀌고 무엇보다 사람들의 무관심 속에 묻히는 중이다.

하지만 역사는 언제나 희망을 가진 이들의 것이다. 정부와 전문가들조차 관심 갖지 않는 암울한 시간, 이런 잿빛 분위기에 굴하지 않고 평화와 건강을 꿈꾸는 것을 포기하지 않은 7인의 저자들, 건강미디어협동조합 관계자, 이 책의 출간이 가능하도록 기꺼이 미리 정성을 모아 주신 분들께 마음속으로부터 감사의 마음을 전한다.

소결

남북은 오랫동안 운명 공동체로 살아왔고, 그것은 앞으로도 마찬가지다. 지난 코로나 팬데믹은 세균에 국경이 존재하지 않음을 보여 주었지만, 무엇보다 지난번 코로나 팬데믹은 마지막 재난이 아니었고 조만간 우리는 또 다른 감염병 유행을 맞이하게 될 것이다.

그때 이 책이 제공하는 정보뿐만 아니라 반성과 헌신은 향후 재난에 더 낫게 대응하는 데 유의미한 기여가 가능하게 할 것이다. 무엇보다 우리는 서로 연결된 존재이며, 다른 한쪽이 아프면 그 반대쪽도 당연히 아프다. 그리고 우리의 생존은, 이 책을 함께 만들어 간 이들처럼, 서로에 대한 적대를 버리고 평화로운 공존을 힘을 다해 모색할 때만 가능함을 잊지 않는 데 달렸다.

들어가며

코로나19(Coronavirus Disease 2019, COVID-19) 팬데믹은 전 세계에 영향을 미쳤고 북한과 같은 대표적인 폐쇄 국가도 피하지 못했다. 더욱이 보건의료 기반 자체가 허술하고 식량 부족으로 인해 주민의 면역력이 약하다는 소식이 계속 전해지는 상황에서 전대미문의 전염병에 대응했기에 상당한 위기 국면이었다고 짐작 가능하다. 하지만 북한 당국은 2022년 5월 오미크론 확진자 발표 전까지 한 사람의 코로나19 감염자가 없이 완벽하게 방어했다고 주장하였다. 또한 오미크론 확진자 발생 이후에도 단 100일 만에 전파 차단에 완전하게 성공하였다고 대대적으로 홍보하였다.

물론 전문가들은 북한 당국의 주장을 신뢰하지 않았다. 그 주장이 일반 상식과 너무 동떨어졌기 때문이다. 여기에 더해 정보의 부족으로 코로나19 팬데믹 기간 북한 내부에서 어떤 일이 일어났는지 베일에 싸여 전혀 알지 못해 구체적인 평가는 불가능하였다.

북한은 2020년 1월 22일, 『로동신문』과 『조선중앙통신』에 코로나19 감염자가 발생했음을 알리는 기사를 보도하면서 이에 대응하기 시작하였다. 그리고 2023년 8월 26일 '국가비상방역사령부'가 코로나19 팬데믹 완화에 따른 방역 등급을 조정하고 해외에 체류하던 북한 주민들의 귀국 승인을 통보하면서 3년 8개월간의 비상방역 조치를 사실상 완료하였다. 그 4년여 동안 북한 당국은 '제로(ZERO) 코로나' 정책을 추진하며 코로나19 바이러스를 완전하게 차단하였다는 사실과 코로나19 방어에 성공하였다는 주장 외에 구체적으로 어떻게 코로나19에 대응했는지 여전히 의문으로 남는다.

이에 북한 당국이 코로나19 대응을 위하여 어떤 조치와 움직임, 정책을 펼쳤는지 남한에서 확보 가능한 북한의 당기관지 『로동신문』을 통하여 유추해 보았다. 『로동신문』은 주지하다시피 당국의 선전지 역할로 인해 현실과 괴리는 불가피하다. 하지만 코로나19는 북한 당국이 사활을 걸고 방어하는 대상이었고 북한 주민에게 관련 정보를 가장 빨리 제공하는 주요 매개로 『로동신문』을 활용하였기에, 코로나19와 관련한 다양한 주제 및 분야의 기사를 쏟아냈다. 이에 『로동신문』을 검토 및 분석하여 북한 코로나19 대응 현실에 조금이나마 다가서고자 한다

이 책은 2023년 8월에 공개된 질병관리청의 『2022 질병관리청 백서』를 참고하여 주제어를 선정하여 집필하였다. 또한 북한이 어떤 정책을 펼쳤는지 구체적 상황을 보여주기 위하여 의미를 갖는다고 판단한 북한 보도를 삽입하였다. 남북은 띄어쓰기와 맞춤법에 차이를 가지는데, 북한 상황의 생생함을 살리기 위해 북한의 기사를 그대로 인용하였다. 더불어 관련 사진을 첨부하여 이해를 돕고자 하였다. 그리고 2022년 5월 오미크론 확진자가 발생한 이전과 이후를 비교하여 어떤 변화를 보이는지 검토하였다. 더불어 북한과 대비하여 남한은 어떠한 정책을 펼쳤는지 각 분야의 상황을 간략하게 개괄하였다.

1장

코로나19 발생 현황

| 유 | 경 | 숙 |

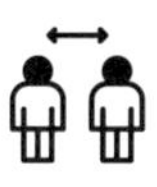

코로나19는 2019년 12월 말 중국 후베이성 우한시에서 처음 보고된 신종 코로나바이러스(SARS-CoV-2)에 의해 발생한 호흡기 질환이다.

코로나19가 중국의 우한시를 시작으로 전 세계로 급속히 확산하자 세계보건기구(WHO)는 2020년 1월 30일 국제 공중보건 비상사태(PHEIC: Public Health Emergency of International Concern)를 선포하고, 3월 11일에는 세계적인 전염병 대유행인 팬데믹(Pandemic)을 선언하여 코로나19 극복을 위해 전 세계의 협력을 촉구하였다. 세계보건기구는 감염을 억제하기 위한 공중보건 조치, 임상 치료 가이드라인 등을 제공하였다.

시간이 지나며 델타, 오미크론 등 다양한 변이 바이러스가 출현하였고 전염력, 증상, 위중도도 달라졌다. 각국 정부는 감염 확산을 억제하기 위해 봉쇄 조치, 사회적 거리 두기, 마스크 착용, 백신 접종 등의 정책을 펼쳤다.

코로나19 감염을 예방하기 위하여 2020년 말부터 여러 종류의 백신이 개발되어 각국 정부에서 구매하여 접종하였다. 백신을 구매하기 어려운 개발도상국에는 백신의 공정한 배분을 위한 코백스 퍼실리티(COVAX facility: COVID-19 Vaccines Global Access, 이하 코백스) 프로그램을 진행하기도 하였다.

세계보건기구는 2023년 5월, 3년 4개월 만에 코로나19 국제 공중보건 위기 상황 선언을 종료하였고 각국은 이에 맞추어 코로나19 대응 단

[그림 1] 전 세계 코로나19 발생, 사망 보고 현황(2020.01.05~2024.05.19)

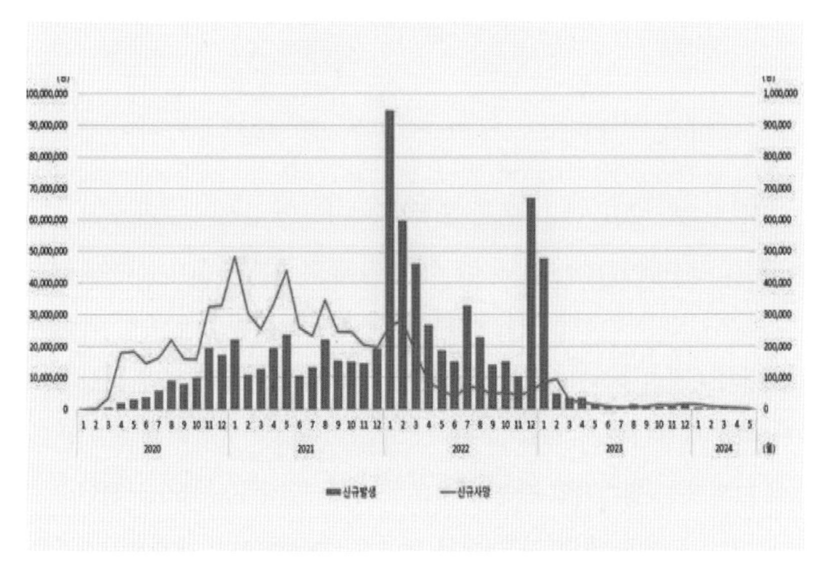

출처 : 감염병포털(https://dportal.kdca.go.kr/pot/cv/trend/dmstc/selectMntrgSttus.do)

계를 낮췄다. 그러나 코로나19는 현재도 진행 중이다.

세계보건기구는 2020년 1월 5일부터 2024년 5월 19일까지, 전 세계의 코로나19 확진자를 총 775,522,404명, 사망자는 7,049,617명으로 집계하였다. 세계보건기구가 발표한 확진자와 사망자 수에 북한에서 발생한 코로나19 환자와 사망자 통계는 포함되지 않았다. 이는 세계보건기구가 정의한 확진자, 사망자의 보고 기준에 충족되지 않아 통계에 반영하지 않은 결과로 보인다.

세계보건기구는 확진 사례로 첫째, 임상 기준 또는 역학적 기준에 상관없이 핵산 증폭 검사(NAAT: Nucleic Acid Amplification Test)가 양성인 사람, 둘째, 임상 기준 및 역학적 기준을 충족하고 전문가용 또는 자가검사 SARS-CoV-2 항원-RDT(Rapid Diagnostic Test)가 양성인 사람

으로 두 가지 중 하나를 충족할 때로 정의하였다.[1]

1. 북한 발생 현황

1) 2022년 5월 오미크론 확진자 발생 이전

북한은 2020년 1월 22일, 중국에서 '신형코로나비루스'[2]에 의한 전염병이 급속히 전파되고 있음을 보도하면서 코로나19 유행 사실을 처음으로 알렸다.[3] 이후로 남한을 포함한 전 세계 코로나19 감염자와 사망자 등의 현황을 매일 보도하며 그 위험성을 알렸고 동시에 강력한 봉쇄 및 통제 정책을 펼쳤다. 세계적인 유행 속에서도 북한은 코로나19 발생 2년이 지난 2022년 4월까지 코로나19 환자가 발생하지 않았다고 주장하였다.

한편 북한 당국은 2020년 7월 24일, 개성을 전면 봉쇄하고 7월 25일에 국가비상방역체계를 최대비상체제로 이행한다고 결정하였다.[4] 이는 7월 19일 탈북자가 개성으로 월북하였는데 코로나 감염으로 의심받아 북한에 코로나19 바이러스가 유입될 것을 우려한 조치였다. 개성시의 봉쇄는 8월 13일에 개최한 조선로동당 중앙위원회 제7기 제16차 정치국 회의에서 해제가 결정되었다.[5] 개성시를 봉쇄한 이후에도 코로나19

1. WHO 코로나19 대시보드(https://data.who.int/dashboards/covid19/data); 감염병포털(https://dportal.kdca.go.kr/pot/cv/trend/dmstc/selectMntrgSttus.do) (검색일 : 2024.08.15)
2. 북한에서 코로나19를 부르는 공식 명칭이다. 이 책에서는 코로나19로 통일해 기술함
3. 「중국에서 신형코로나비루스에 의한 전염병 급속히 전파」, 『로동신문』, 2020.01.22
4. 「조선로동당 중앙위원회 정치국 비상확대회의 긴급소집, 국가비상방역체계를 최대비상체제로 이행할 데 대한 결정 채택」, 『로동신문』, 2020.07.26
5. 「조선로동당 중앙위원회 제7기 제16차 정치국회의 진행」, 『로동신문』, 2020.08.14

환자 발생은 보도되지 않았다.

> 세계적인 대재앙으로 인류를 위협하고있는 전염병의 류입을 철저히 차단하기 위한 방역전이 강도높이 전개되고있는 시기에 개성시에서 악성비루스에 감염된것으로 의심되는 월남도주자가 3년만에 불법적으로 분계선을 넘어 지난 7월 19일 귀향하는 비상사건이 발생하였다. (중략)
> 전문방역기관에서는 불법귀향자의 상기도분비물과 혈액에 대한 여러차례의 해당한 검사를 진행하여 악성비루스감염자로 의진할수 있는 석연치 않은 결과가 나온것과 관련하여 1차적으로 그를 철저히 격리시키고 지난 5일간 개성시에서 그와 접촉한 모든 대상들과 개성시경유자들을 해당 부문과의 련계밑에 철저히 조사장악하고 검진, 격리조치하고있다고 밝혔다. (중략)
> 이와 관련한 보고가 있은 직후인 24일 오후중으로 개성시를 완전봉쇄하고 구역별, 지역별로 격폐시키는 선제적인 대책을~ (『로동신문』 2020.07.26)

2) 2022년 5월 오미크론 확진자 발생 이후

2년 넘게 코로나19 환자가 발생하지 않은 북한은 2022년 5월 12일, PCR 검사를 통해 확진된 오미크론 변이 환자가 발생했다고 공식 발표하였다. 김정은이 주재한 조선로동당 중앙위원회 제8기 제8차 정치국 회의에서 "2020년부터 2년 3개월에 걸쳐 굳건히 지켜온 비상 방역에 큰 구멍이 생기는 국가 최중대 비상사건이 발생"했다며 오미크론 환자 발생을 인정하였다.

북한 당국은 전국 확산을 막기 위하여 "첫째, 전국의 모든 시군을 철저히 봉쇄하고 사업 단위, 생산 단위, 생활 단위별로 이동을 막아 바이러스의 전파 공간을 완벽하게 차단할 것. 둘째, 과학적이며 집중적인 검사와 치료를 주문하며 전 주민을 대상으로 검병 검진을 진행하고 의학적 감시와 적극적인 치료 대책을 수립할 것. 셋째, 사업, 작업, 생활공간 구석구석의 소독 강화를 결정하였고 비상시를 대비해 비축한 의료품 동원 등"을 명령한 결정서를 채택하였다.

더불어 "당과 정부 기관들은 강도 높은 봉쇄가 진행되는 상황에서 주민의 불편과 고충을 최소화하고 생활 안정을 위한 철저한 대책 수립을 결정"하였다. '최대비상방역체계'로 전환하며 "자국 내에 침입한 바이러스의 전파 상황을 안정적으로 억제, 관리하며 감염자들을 빨리 치유해 전파 근원을 최단기간 내에 없애는 것"을 목적이라고 밝혔다.[6]

2020년 2월부터 오늘에 이르는 2년 3개월에 걸쳐 굳건히 지켜온 우리의 비상방역전선에 파공이 생기는 국가 최중대 비상사건이 발생하였다.
국가비상방역지휘부와 해당 단위들에서는 지난 5월 8일 수도의 어느 한 단체의 유열자들에게서 채집한 검체에 대한 엄격한 유전자배렬분석결과를 심의하고 최근에 세계적으로 급속히 전파되고 있는 오미크론변이비루스《BA. 2》와 일치하다고 결론하였다.
회의에서는 전국적인 전파상황이 통보되고 금후 방역전에서 전략적 주도권을 쥐기 위한 긴급대책들이 상정심의되였다.(『로동신문』, 2022.05.12)

4월말부터 원인을 알수 없는 열병이 전국적범위에서 폭발적으로 전파확대되여 짧은 기간에 35만여명의 유열자가 나왔으며 그중 16만2,200여명이 완치되였다. 5월 12일 하루동안 전국적범위에서 1만8,000여명의 유열자가 새로 발생하였고 현재까지 18만 7,800여명이 격리 및 치료를 받고있으며 6명(그중《BA. 2》확진자 1명)**이 사망하였다.**(『로동신문』, 2022.05.13)

북한의 오미크론 감염자의 확산은 심각하였다. 북한 당국은 4월 말부터 5월 29일까지의 유열자 총수를 3,549,590여 명이라고 밝혔고 이 중

6. 「조선로동당 중앙위원회 제8기 제8차 정치국 회의 진행」, 『로동신문』, 2022.05.12

5.31%에 해당한 188,530여 명이 치료받고 있으며 사망자는 70명이고 치명률[7]은 0.002%로 발표하였다.[8]

북한의 코로나19 발생 추이를 살펴보면 초기 일일 신규 유열자 발생이 20~30만 명이었고 5월 16일 최고 392,920명으로 정점을 찍은 이후 5월 20일에는 263,370명으로 감소하였고 5월 23일에는 10만 명 수준으로 감소하였다. 사망자 역시 많이 증가하지 않았다.

6월 10일부터는 유열자가 4만 명대를 유지하였고 6월 12일과 13일에는 3만 명대로, 14일에는 2만 명대로 대폭 감소하였다.[9] 2022년 7월 29일 이후 코로나19 감염자로 의심되는 신규 유열자가 보고되지 않았고 북한 당국은 8월 10일 전국비상방역총화회의를 개최하고 코로나19 최대비상방역전에서 승리하였음을 선포하였다.

전국비상방역총화회의가 8월 10일 수도 평양에서 진행 (중략) **최대비상방역체계가 가동한 이후 지금까지의 방역상황을 개괄분석하시고 당중앙위원회와 공화국정부를 대표하여 령내에 류입되였던 신형코로나비루스를 박멸하고 인민들의 생명건강을 보호하기 위한 최대비상방역전에서 승리를 쟁취하였음을 엄숙히 선포하~** (이하 생략) (『로동신문』, 2022.08.11)

북한 당국의 발표에 따르면 4월 말부터 '완전승리'를 발표한 8월 10일까지 전체 유열자는 4,772,452명이고 사망자는 74명이다. 북한의 코로나19 치명률은 0.002%으로 북한 스스로 표현한 "세계보건계의 전무

7. 치명률=사망자 수/확진자 수×100
8. 「전국적인 전염병 전파 및 치료상황 통보」, 『로동신문』, 2022.05.30
9. 국립통일연구원(kinu.or.kr) 북한 보도 기준 북한 코로나19 일일 현황 (검색일 : 2024.05.14)

[그림 2] 북한 코로나19 발생 현황과 추이

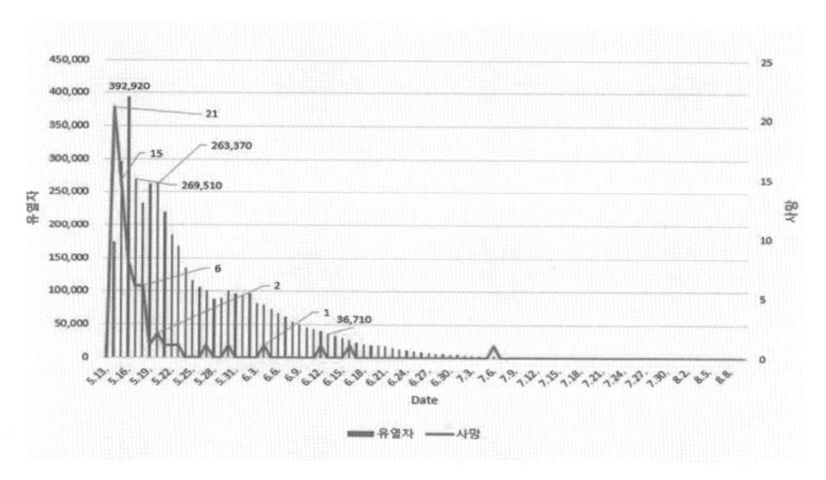

출처 : 통일연구원 홈페이지, 연구DB, 통계DB, 북한 코로나19 현황 DB

후무한 기적으로 될 수치"였다.[10]

이 수치는 오미크론 변이의 치명률인 0.6%보다 낮으며 남한의 누적 치명률 0.11%, 백신 미접종자의 치명률 0.6%에 비해서도 현저히 낮은 수치였다.[11] 북한 보도 기준에 따르는 코로나19 발생 현황과 추이는 [그림 2]와 같다.

북한의 코로나19 관련 사망자 중 특이하게 약물 부작용으로 인한 사망자가 많았다.

지난 4월말부터 5월 13일까지 발생한 전국적인 유열자총수는 52만 4,440여명이며 그 중 24만 3,630여명이 완쾌되고 28만 810여명이 치료를 받고있으며 현재까지의 사망자

10. 「전국비상방역총화회의에서 경애하는 김정은동지의 연설 주체111(2022)년 8월 10일」, 『로동신문』, 2022.08.11
11. COVID-19 Dashboard(https://coronaboard.kr/) 재인용

수는 27명이다.
보고에서는 지역별, 단위별 전염병확산자료들과 병경과특성들이 언급되고 대부분의 경우 과학적인 치료방법을 잘 알지 못한데로부터 약물과다복용을 비롯한 과실로 하여 인명피해가 초래된데 대하여 통보되였다.(『로동신문』 2022.05.14)

[표 1] 북한 보도 기준 코로나19 사망자 누적 현황

날짜	기초질병	약물 부작용	열성경련	후두경련	소화기 질병	심장질병	뇌혈관 질병	호흡기 질병
05.14	22	17	2	1	-	-	-	-
05.21	-	32	2	1	3	9	10	11

출처 : 『조선중앙TV』 2022.05.14; 한하린 등, 「북한의 코로나19 통제 현황과 전망」 『KIDP 세계경제포커스』 대외경제정책연구원, 2022.09.02

사망 원인이 명확하지는 않았으나 북한 당국에서 관련 통계를 발표하고 언론에 약물 부작용을 막기 위한 기사를 게재한 것을 보면 사망자 중 약물의 과다 복용이 많았음을 유추할 수 있다.

이는 오랜 기간 코로나19의 심각성에 대한 과도한 우려의 결과로 백신 접종이 전무하고 의약품 공급이 원활하지 않았기 때문으로 주민들은 증상이 보이면 여러 가지 약물을 한꺼번에 많이 사용한 것으로 보인다.

아무리 좋은 약이라 해도 정확히 사용해야 치료효과를 볼수 있다. 잘못 사용하면 인명피해에 이르기까지 심중한 후과를 초래할수 있다. 약물을 사용할 때에는 반드시 부작용과 금기증 등을 잘 알아야 하며 특히 약물에 과민한 반응을 나타내거나 알레르기성체질의 사람들은 전문의료일군들의 지시밑에 심중히 약물을 써야 한다. (중략)
약물반응이 뜨다고 조급해하면서 약물을 자주 사용하거나 바꾸어가면서 약물을 초과하여 쓰는 현상을 철저히 막지 않으면 합병증을 일으키거나 심하면 생명을 잃을수도 있다. 될수록 약물을 단방으로 쓰는것이 좋으며 약물용량과 사용시간을 철저히 준수하여

야 한다. 특히 어린이들과 로인들, 임신부, 알레르기성체질의 사람들은 의사의 지시하에 약물을 사용하여야 한다. (중략)
로씨야의 한 의사가 파라세타몰의 지나친 사용이 중독성간염의 발생을 초래할수 있다고 밝혔다. 그의 견해에 의하면 의사가 정해준 량만큼 약을 사용하고 그 량을 초과하지 않을 때에는 그 어떤 위험도 없다고 한다. 그러나 파라세타몰을 일정한 간격으로 반복사용하는 경우 이 약은 간독성을 일으켜 위험한 후과를 초래할수 있다.(『로동신문』, 2022.06.03)

2. 남한 발생 현황

국내에서 코로나19 확진자가 첫 발생 보고된 것은 2020년 1월 20일이었다. 해외 유입으로 인한 첫 번째 환자가 발생한 이후 3월 대구 등 경북지역을 시작으로 집단 발생하였고 첫 사망자가 보고된 이후 전국적으로 빠르게 확산하였다. 2021년 12월경부터 국내외에서 오미크론 변이가 발생하면서 확진자 수가 폭발적으로 증가하였다. 2020년 1월 20일부터 2023년 8월 30일까지 누적 확진자는 34,572,554명, 사망자는 35,605명으로 보고되었다.[12]

현재까지도 코로나19는 변이를 계속하면서 환자가 발생하고 있으며 2023년 8월 31일부터는 4급 감염병으로 전환되어 전수감시가 아닌 표본감시로 보고되고 있다. 2024년 2월 첫째 주 875명 이후 계속 감소하였으나 6월 말부터 다시 증가 추세로 돌아서 7월 둘째 주 148명, 셋째 주 226명, 넷째 주 475명, 8월 첫째 주 861명으로 신고되어 다시 증가하고 있으며 입원 환자도 늘고 있다.[13]

12. 감염병포털(https://dportal.kdca.go.kr/pot/cv/trend/dmstc/selectMntrgSttus.do)
13. 질병관리청, 「코로나19 최근 4주간 연속 증가 추세(7.26 금)」, 보도자료, 2024.07.25

[표 2] 코로나19 연도별 확진자 및 사망자 발생 현황

년도	계(명)	사망(명)
누적(명)	34,572,554	35,605
2020년 1월 20일부터	60,722	890
2021년	569,943	4,621
2022년	28,424,349	26,363
2023년 8월 31일까지	5,517,540	3,731

출처 : 감염병포털(https://dportal.kdca.go.kr/pot/index.do)

[그림 3] 국내 코로나19 발생, 사망 보고 현황(2020.01.20~2023.08.30)

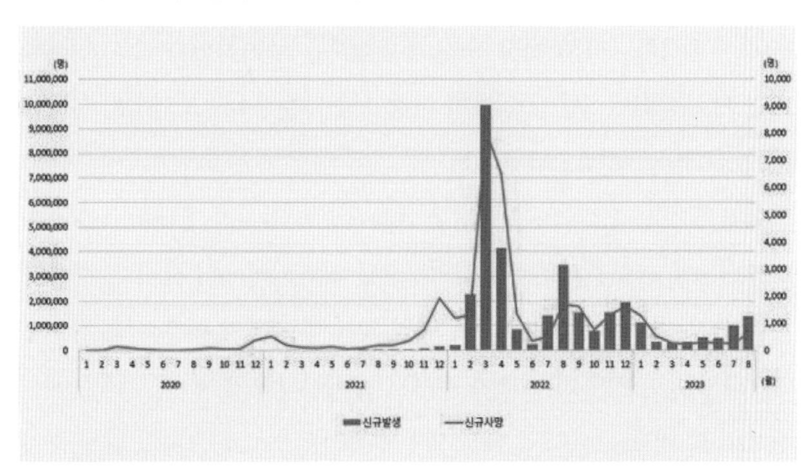

출처 : 감염병포털(https://dportal.kdca.go.kr/pot/cv/trend/dmstc/selectMntrgSttus.do)

3. 소결

2년 넘게 코로나19 발생을 강력하게 통제하던 북한에서 코로나19 환자가 발생한 것은 여러 이유가 있을 것이다. 북한에서는 남한에서 날아온 어떤 불온한 물체에 코로나19 바이러스가 있었다고 하나 그것보다는 다른 경로로 유입되었을 것이다. 코로나19 발생 시기로 볼 때 아마 2022년 초 국경을 잠시 개방한 시기에 유입된 것이 아닐까 짐작할 뿐이다.

코로나19 환자 발생 시 북한은 백신의 미접종, 주민의 불량한 영양상태, 낙후한 의료시설과 설비, 만성적으로 부족한 의약품 등의 문제로 다수의 환자와 사망자가 발생할 것으로 예상되었다. 그러나 우려와 다르게 91일 만에 빠르게 코로나19가 통제되었다. 특히 코로나19 환자 발생 이후 북한은 이례적으로 발생 통계를 매일 발표하였다.

그러나 '확진자' 대신 '유열자'라는 용어를 사용하여 통계를 발표하였다. 발생 초기 확진자와 유열자가 구분된 방송 보도가 있었으나 그 후 유열자로 발표하였다.

그 이유는 초기 발생 시 PCR을 통한 검사를 하였으나 PCR 검사기기, 키트, 시설의 부족 등 검사역량의 한계로 모든 의심 환자를 검사하여 구분하지 못하고 발열 증상 등 임상증상이 나타나는 경우를 코로나19 환자로 분류한 것으로 보인다.

북한 당국이 발표한 코로나19 발생 현황은 코로나19 확진자가 아닌 유열자 기준이며 그 숫자에 대해서도 통계의 정확성과 신뢰성에 의문이 제기되고 있다. 북한이 보도한 유열자, 완치자, 사망자 통계는 코로나19 진단검사에서 확진 판정 여부는 밝히지 않았다. 세계보건기구는

북한이 제시한 발열 환자를 코로나19 확진자 통계에 넣지 않았다고 밝혔다.[14]

특히 사망자 수가 74명으로 치명률이 전 세계적으로 가장 낮은 0.002% 수준이었다. 치명률이 낮은 오미크론 변이 유행 시기였다고 하더라도 발열 환자 규모에 비하여 이례적으로 낮은 수준이다. 이러한 북한 당국의 통계 수치는 신뢰하기 어렵다는 의견이 꾸준히 제기되었다. 북한의 사망자 수가 이렇게 적은 이유는 국가의 보위와 주민 혼란을 막기 위해 코로나19 관련 사망자 수를 축소하였다는 주장도 있지만 진단검사로 확진된 코로나19 환자 중 사망한 사람만을 통계로 넣었을 가능성이 크다고 짐작한다.

북한의 코로나19 상황은 현재까지도 정확한 현황이 파악되지 않고 있다. 북한 당국의 발표대로 오미크론 변이 이전 환자가 발생하지 않은 것인지, 발표된 유열자 중 얼마나 확진된 것인지, 발표한 사망자 수와 원인이 정확한 것인지 확인할 수가 없다. 또한 2024년 여름 현재 남한뿐 아니라 전 세계가 코로나19의 새로운 변이 출현과 확진자 폭증 상황인데 북한에서는 진짜 코로나19가 종식된 것인지 많은 궁금증과 걱정이 앞선다.

참고문헌

- 감염병포털(https://dportal.kdca.go.kr/pot/cv/trend/dmstc/selectMntrgSttus.do)
- 국립통일연구원(www.kinu.or.kr)

14. 이설, 「북, WHO에 발열환자, 사망자 수 등 코로나19 상황 보고」, 『뉴스1』, 2022.05.25; 이승열 등, 「북한 코로나19 확산 현황과 백신 지원 전망」, 『이슈와 논점』 제1955호, 국회입법조사처, 2022.06.07

- 『뉴스1』, 2022.05.25
- 『로동신문』, 2020.01.01~2023.12.31
- 이승열 등, 「북한 코로나19 확산 현황과 백신지원 전망」, 『이슈와 논점』 제1955호, 국회입법조사처, 2022.06.07
- 질병관리청, 「코로나19 최근 4주간 연속 증가 추세」, 『질병청 보도자료』, 2024.07.25
- WHO 코로나19 대시보드(https://data.who.int/dashboards/covid19/data)

2장

코로나19 대응을 위한 조직과 법 및 제도

| 엄 | 주 | 현 |

1. 북한 상황

북한은 2020년 1월 30일 코로나19 감염증의 위험성이 없어질 때까지 위생방역체계를 국가비상방역체계로 전환한다고 발표하였다. 이를 결정한 기관은 '비상설 중앙인민보건지도위원회'였다.[1] 비상설 중앙인민보건지도위원회의 법적 근거를 확인한 결과 2020년 8월 수정 및 보충된「전염병예방법」에 다음과 같이 규정한 상태였다.

제6조 방역사업을 위한 비상설기관의 조직
국가는 전염병의 전파를 막기 위한 사업을 통일적으로 장악, 지휘하기 위하여 비상설로 인민보건지도위원회와 에이즈통제위원회 등을 조직한다.
인민보건지도위원회는 중앙과 도(직할시), 시(구역), 군에 조직한다.
중앙인민보건지도위원회는 내각총리를 위원장으로 하고 보건사업과 연관이 있는 위원회, 성(省)과 인민보안기관, 검찰기관, 검열기관, 근로단체의 책임일군들로 구성한다.
도(직할시), 시(구역), 군인민보건지도위원회는 도(직할시), 시(구역), 군의 책임일군을 위원장으로 하고 지역 안의 보건사업과 연관이 있는 기관, 기업소, 인민보안기관, 검찰기관, 근로단체의 책임일군들로 구성한다.

중앙인민보건지도위원회는 상설기관은 아니었으나 전염병 방역사업 전체를 지휘하는 조직이고 코로나19 대응을 위하여 가장 먼저 결정한 내용이 평시의 위생방역체계를 국가비상방역체계로 선포한 것이었다.

1.「위생방역체계를 국가비상방역체계로 전환」,『로동신문』, 2020.01.30

중앙인민보건지도위원회은 2018년에 조직되었다. 비상설 중앙인민보건지도위원회가 조직되기 전에는 비상설 국가비상방역위원회가 관련한 역할을 담당하였다. 2015년에 수정 및 보충한 「전염병예방법」 제13조에는 '국가는 전염병의 돌림상태에 따라 비상설로 국가비상방역위원회와 도·시·군 비상방역위원회를 조직한다. 비상방역위원회를 조직하는 사업은 내각이 한다'라고 규정하였다.

또한 제16조에 '세계적으로 전염력이 강하고 위험한 전염병이 발생하였을 때는 비상설 국가비상방역위원회의 조치에 따라 다른 나라에 가는 대상을 극력 제한하며 다른 나라에서 들어오는 대상에 대하여서는 일정한 기간 해당 격리장소에 격리하고 의학적 감시대책을 세워야 한다'라고 그 역할을 규정하였다.[2]

2020년 1월 30일 국가비상방역체계로의 전환 이후 『로동신문』은 2월 1일, 3일, 4일에 국가비상방역체계는 어떠한 구조이고 무슨 사업을 전개하는지에 대한 관련 기사를 내보냈다.

우선 비상설 중앙인민보건지도위원회의 결정으로 전환한 국가비상방역체계의 사업을 실행할 실무조직으로 비상방역지휘부를 구성하였다. 비상방역지휘부는 중앙인 평양과 도·시·군에 설치하였다. 각급 비상방역지휘부에는 당과 인민정권기관, 인민보안, 사법·검찰기관과 인민군대의 책임자들을 포괄하였다.

그리고 산하에 다양한 분과를 두었다. 분과로는 종합분과, 봉쇄 및 검역분과, 위생선전분과, 검열분과, 대외분과, 약무분과, 치료분과 등을 거론하였다.[3] 각 분과는 내각의 사무국과 보건성, 농업성, 상업성 등 관련

---

2. 통일부 북한정보포탈(nkinfo.unikorea.go.kr) 법령 검색(검색일 : 2024.05.07)
3. 「사설, 신형코로나비루스감염증을 막기 위한 사업을 강도높이 전개하자」, 『로동신문』, 2020.02.01

한 성(省)과 중앙기관의 책임자들로 구성하였다. 각 분과의 역할을 정리하면 다음 [표 3]과 같다.[4]

[표 3] 중앙비상방역지휘부 산하 분과와 역할

분과명	담당 내용
정치분과	• 각급 당조직이 코로나19 방역사업을 적극적으로 추진할 수 있도록 작전과 지휘체계 수립
종합분과	• 각 분과의 사업 현황과 관련 성(省), 중앙기관들과 각급 비상방역지휘부의 사업 종합하고 제기되는 문제를 적시에 장악하여 대책 수립 • 도·시·군당위원회 등 각급 당조직에서 사업을 구체적으로 점검하고 해당 기관들이 즉각적인 대책을 수립하게 하며 개별단위와 사람들이 국가적인 비상조치에 절대복종하는 강한 규율을 세우도록 장악, 통제
봉쇄 및 검역분과	• 코로나19 바이러스 진입 통로를 장악하여 철저한 봉쇄를 위한 대책 수립 • 특히 국경 통과 지점들에서 검사·검역 강화 • 각급 비상방역지휘부에서 해외 출장자와 주민들에 대한 의학적 감시와 검병 검진 진행. 이를 통하여 감염자, 의진자의 조기 적발과 해당 대책 수립
위생선전분과	• 코로나19에 대한 위험성과 전파경로, 감염증의 증상과 진단, 예방치료와 관련한 위생선전 전개 • 이와 관련한 새로운 자료 수집, 분석, 종합 • 출판보도물 등을 활용하여 홍보 • '주민해설선전제강' 등 자료 제공 • 의료인, 학생, 근로단체 동맹원들이 위생선전 활동을 전개할 수 있도록 계획 수립
약무분과	• 코로나19 진단을 위한 검사 시약 해결 • 관련 기관 및 장소에서 사용할 의약품, 개인보호기재, 의료품, 소독약 등 보장
치료분과	• 원내 감염 예방 대책 수립 • 의학연구원, 평양의학대학, 중앙위생방역소 등이 치료과 관련한 사업을 책임성 있게 수행하도록 지도
대외분과	• 코로나19와 관련한 자료 확보
검열분과	• 사업을 규정대로 잘 진행하고 있는지에 대한 감사

출처 : 『로동신문』 참고하여 작성

4. 「주도세밀한 작전과 지휘로 방역사업을 강하게 내밀고 있다, 중앙비상방역지휘부에서」, 『로동신문』, 2020.02.04

비상방역지휘부는 당연히 도, 시, 군의 행정구역과 각 조직 및 기관에도 설치하였다. 그 움직임을 살펴보면, 평안남도당위원회는 당, 행정, 보건의료인 등 수십 명으로 도비상방역지휘부를 꾸렸다. 남포시당위원회도 해당 일군들의 협의회를 열고 책임일군을 포함하여 시비상방역지휘부를 구축하였다.

시비상방역지휘부에는 종합분과, 봉쇄 및 검역분과, 위생선전분과, 검열분과, 대외분과, 약무분과, 치료분과 등을 두어 해당 분과들이 맡은 임무를 수행하는 체계를 갖추었다. 또한 구역, 군당위원장들과 해당 기관, 기업소의 초급당위원장들이 코로나19 방역사업을 점검하면서 이를 시비상방역지휘부에 매일 보고하였고 제기되는 문제들을 해결하도록 지시하였다.[5]

즉 지역 등의 비상방역지휘부는 중앙비상방역지휘부와 똑같은 체계로 부서를 설치하였고, 말단 지역과 단위의 사업을 보고 받고 지시를 통일적으로 하달하면서 코로나19 대응의 실무 사업 전체를 통일적으로 집행하는 구조였다. 그리고 이를 국가비상방역체계 중 하나인 비상방역지휘체계라고 설명하였다.[6]

국가비상방역체계의 구체적인 내용은 3월 31일 자 『로동신문』에 김일성종합대학 박사 부교수 리경철의 기고문을 통하여 소개되었다. 리경철은 국가비상방역체계에 따르는 규율과 질서를 수립하는데 일군들과 근로자들이 비상방역체계가 무엇이고 여기에는 어떤 내용이 포함되는지 잘 아는 것이 중요하다고 전제하였다. 즉 기고문을 통하여 북한 당국은 향후 코로나19 대응을 위하여 국가가 수립한 방역체계와 운영 내용

5. 「우리나라에 절대로 들어오지 못하게 하기 위한 사업을 강도 높이 전개」, 『로동신문』, 2020.02.03
6. 「비상방역체계에 대하여」, 『로동신문』, 2020.03.31

등을 전체 주민에게 공유하고 교육하는 차원이었다. 리경철의 기고문을 정리하면 다음과 같다.

> 비상방역체계란 전염병으로 국가의 안전과 주민들의 생명, 사회, 경제생활에 위험이 조성되었을 때 이의 방어를 성과적으로 진행하도록 기구와 사업을 개편하여 세운 제도와 질서
> 비상방역체계에는 ① 비상방역지휘체계, ② 비상방역사업체계, ③ 비상방역기간 행동질서, ④ 비상방역질서 위반행위에 대한 법적 통제 등 4개 체계로 구성
> ① 비상방역지휘체계란 비상설 중앙인민보건지도위원회의 통일적인 지휘를 보장하여 나라의 모든 인적, 물적자원을 비상방역사업에 신속하게 동원하기 위한 체계. 평시에는 내각에 비상설로 조직된 중앙인민보건지도위원회가 전염병의 전파를 막는 사업을 통일적으로 지휘. 세계적으로 전염병이 전파되어 위험이 조성되거나 국내에 전염병이 발생하여 주민들의 생명 보호에 위협을 주는 경우 중앙인민보건지도위원회의 명의로 위생방역체계를 국가적인 비상방역체계로 전환하고 비상방역등급에 따라 해당 기관의 일군들을 보충하여 인민보건지도위원회를 강력하게 보강.
> ② 비상방역사업체계에는 ②-1 방역사업 내용에 따르는 사업체계와 ②-2 비상방역 등급에 따르는 사업체계로 구성.
> ②-1 비상방역사업체계의 내용은 첫째, 위생방역체계가 국가비상방역체계로 전환되면 해당 기관 전체는 비상방역과 관련한 사업체계를 신속히 확립. 둘째, 각급 비상방역지휘부는 전염병과의 투쟁을 매일 평가하고 필요한 조직사업을 전개하며 나타난 시행착오를 수정하여 대책 마련. 셋째, 위생방역기관과 의료기관은 전염병 환자와 의진자를 격리 및 치료하고 소독하는 사업 진행. 넷째, 보건기관과 도시경영기관은 주민들에 대한 의학적 감시와 검병검진을 진행하고 강하천의 수질검사와 퇴수의 정화를 감독, 통제. 다섯째, 국가보위기관, 인민보안기관, 무력기관은 국경과 지상, 해상, 공중을 비롯한 모든 공간 또는 전염병이 발생한 지역을 차단 및 봉쇄. 여섯째, 검사검역기관은 타국에서 입국한 인원, 물자에 대한 검사·검역 진행
> ②-2 비상방역사업체계는 비상방역 등급에 따라 일정하게 차이가 있는데 전염병의 전파속도와 위험성에 따라 여러 등급으로 구분하여 사업 전개
> ③ 비상방역 기간 공화국 영역 안에 있는 모든 기관, 기업소, 단체, 공민과 외국인이 지켜야 할 행동 질서와
> ④ 비상방역질서를 위반하는 경우 그에 따르는 처벌 내용도 포함

그리고 북한 당국은 코로나19 팬데믹 직후부터 추진한 비상방역과 관련한 조직체계와 사업내용 등은 법률로 정하여 관련 법을 정비하였

다. 우선 기존의 「전염병예방법」을 2020년 3월 15일 최고인민회의 상임위원회 정령[7] 제249호로 수정 및 보충하였다.

기존 총 5장이던 조항을 제5장에 비상방역과 관련한 규율을 새로 추가하여 총 6장으로 확대하였다. 구체적으로 개정한 주요 내용은 다음과 같다. 평시의 위생방역과 비상방역의 구분, 비상방역체계로의 전환을 위한 요건과 절차의 명시, 전염경로 차단 조치의 인적 대상에 전염병 의진자 포함, 관리 운영 또는 영업 중지 조치의 시간적 효력 명시 등을 담았다.[8]

같은 해 8월 22일에는 「비상방역법」을 새롭게 제정하였다. 이날에는 「전염병예방법」도 다시 수정 및 보충하였는데, 「비상방역법」은 최고인민회의 상임위원회 정령 369호로 채택하였고 「전염병예방법」은 정령 제370호로 개정하였다. 하지만 이 소식은 언론에 공개하지 않았다. 이에 남한 정부에서 관련 법을 입수한 이후에나 구체적인 내용을 파악할 수 있었다. 현재 확보가 가능한 「비상방역법」과 「전염병예방법」의 조문은 부록으로 첨부하였다.

「비상방역법」은 제정 이후에 2020년 11월 26일, 2021년 2월 25일, 2021년 10월 19일과 2022년 5월 31일, 11월 15일에 수정, 보충하였다.[9] 「전염병예방법」의 경우 1997년 11월 5일에 제정하였고 1998년 12월, 2005년 12월, 2014년 5월, 2015년 1월, 2019년 11월에 수정 및 보충하였다. 2019년 11월의 개정은 2018년에 새롭게 조직한 비상설 중앙인민

7. 정령은 최고인민회의 휴회 중의 최고주권기관인 조선민주주의인민공화국 최고인민회의 상임위원회가 채택하고 공포하는 법 문건을 의미한다. 「조선말대사전」 (검색일 : 2020.03.31)
8. 박서화, 「최근 북한 입법의 경향(上): 전염병예방법 수정 보충(2020.3)까지」, 『IFES 브리프』 NO.2021-03, 경남대 극동문제연구소, 3~4쪽
9. 「조선민주주의인민공화국 최고인민회의 상임위원회 제14기 제20차전원회의 진행」, 『로동신문』, 2022.06.01; 「조선민주주의인민공화국 최고인민회의 상임위원회 상무회의 진행」, 『로동신문』, 2022.11.16

보건지도위원회를 법률로 규정하기 위함이었다. 그 이후에는 2020년 8월과 2023년 8월에 법률을 수정하였다.

북한은 코로나19를 겪으며 기존의 「전염병예방법」에 평시와 함께 비상방역 상황을 추가하는 내용을 담았고 2020년 팬데믹의 상황이 장기화하면서 아예 「비상방역법」을 따로 제정하여 더욱 세부적인 내용을 규정하는 절차를 밟았다. 특히 「비상방역법」은 제정된 지 2여 년 동안 5차례나 개정할 정도로 변경 사항이 많았다.

2021년 「비상방역법」의 수정 및 보충 방향은 첫째, 「비상방역법」의 처벌 조항을 세분화였다. 법 위반자들이 자수하거나 자백한 사람에 대하여는 용서 또는 형사책임을 가볍게 한다(제8조)고 수정하면서 처벌에 관용을 베풀겠다는 뜻을 포함하는 동시에 처벌 규정을 이전보다 세세하게 규정하여 더욱 명확한 처벌 의지를 보였다. 제정법에는 개인의 벌금형이 7개 항이었으나 3개 조항을 추가하여 수정법은 10개 항으로 늘었다. 법질서를 어긴 기관 등에 대한 벌금은 6항에서 8항으로 확대하였다. 그리고 행위가 엄중한 경우 행위의 중지 또는 페업 처벌과 함께 차량에 대한 몰수를 추가하였다. 또한 처벌 중 '로동교양형'의 경우 5항에서 7항으로, 간부에 대한 처벌 조항은 10항에서 16항으로 늘렸다.

두 번째의 개정 방향은 비상방역사업의 지속성을 담보하거나 실제 사업을 현실화하는 방안을 담았다. 제15조에 비상방역과 관련한 물자를 조성 및 보관하는 의무와 함께 이를 항시적으로 유지하고 보강할 것을 포함하였다. 제16조의 격리시설 건설에서도 시설을 건설하는 것과 함께 격리실을 규정대로 설비할 것을 규정하여 실제 격리자를 수용할 수 있는 시설의 확충을 강제하였다. 그리고 그 연장선에서 내각

등은 비상방역지휘부가 필요한 사업을 전개할 수 있도록 건물, 인원, 기술 및 운반 수단 등을 우선적으로 보장하는 내용을 규정하여 정부의 정책이 단순한 언술에 그치지 않고 법적으로 담보하는 조치를 담았다.

세 번째는 전염병 의심자에 대한 조치를 더욱 구체화하는 방향으로 나아갔다. 제정법 제36조에는 전염병 환자나 의진자, 접촉자, 해외 입국자 및 그와 접촉한 사람에 대하여 빠짐없이 찾아 감염 위험성에 따라 분류하여 격리한 뒤 의학적 감시를 지속한다고 규정하였다. 이를 수정법 제38조에는 의진자를 격리하기 전에 역학관계 확인과 임상 증상 관찰, PCR 검사 등 현대적인 검사를 진행할 것을 규정하여 검사의 내용을 보다 구체화하였다. 더불어 발열자가 발생하였을 경우 자택 격리를 의무로 규정하여 이들이 출근 및 등교하는 현상을 막도록 하였다.

네 번째는 비상방역사업의 실행 책임을 위생방역 및 의료기관뿐 아니라 각 조직, 기관, 기업소, 단체 등까지 포괄하여 관련 사업을 각자가 책임을 갖고 추진하는 방향으로 개정하였다.

다섯 번째는 해외에서 들여오는 물자에 대한 우려를 규정에 담았다. 수입한 물자에 대한 소독 규정을 제47조에 새롭게 규정하였고 소독할 수 없는 물자는 아예 수입할 수 없도록 조치하였다. 이는 코로나19 바이러스가 해외에서 유입되고 특히 물자에 묻어 전파할 수 있다는 우려가 계속 이어졌음을 확인할 수 있었다.

2022년에 2차례에 걸쳐 수정 및 보충한 「비상방역법」은 오미크론 확진자를 공개한 이후의 행보로 더욱 세부적인 규정이 필요했던 것으로 보인다. 하지만 2022년에 개정된 「비상방역법」의 내용은 확인할 수 없다. 이에 2021년 수정한 법률을 토대로 한 북한의 국가비상방역체계의 실행 조직의 현황은 아래 [그림 4]와 같았고 이 조직이 전국에 포진하여 비상방역사업을 전개하였다.

[그림 4] 북한의 국가비상방역체계의 조직도

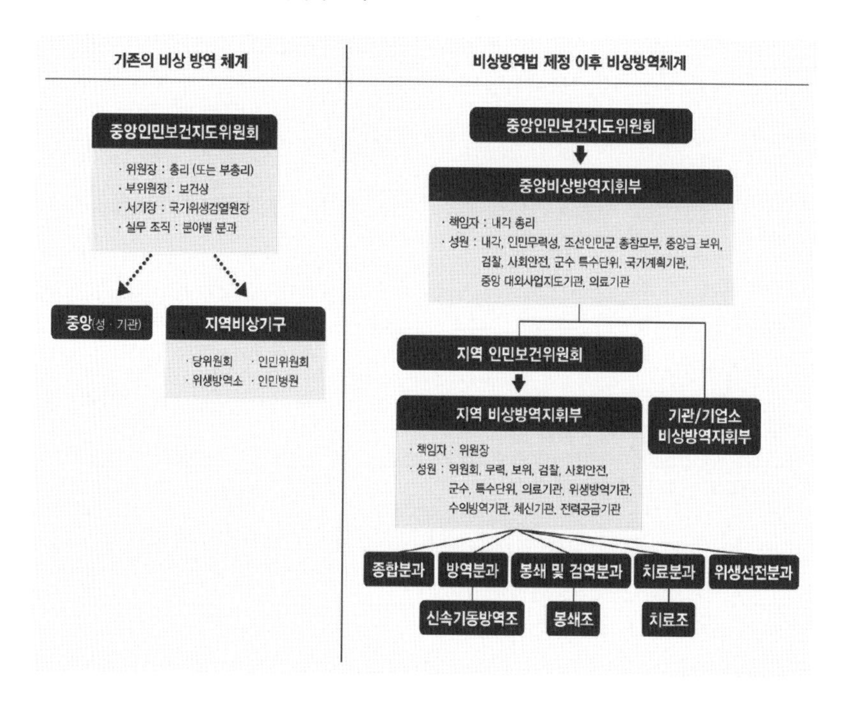

출처 : 김수연, 김지은, 「비상방역법 제정을 통해 본 북한의 코로나-19 대응과 향후 협력 방안」, 『통일과 법률』 제48호, 법무부, 2021, 87쪽, 재인용

또한 [표 4]와 같은 강력한 처벌 조항에 따라 팬데믹 3년 동안 간부와 일반 주민들을 강제하며 방역사업에 따를 수밖에 없는 조건을 마련하였다.

[표 4] 「비상방역법」 위반 행위에 대한 처벌 규정

대상	벌금(원) 및 처벌	위반 사항
일반 주민	1,000~5,000	• 마스크 미착용, 형식적 또는 방역학적 요구에 어긋나는 마스크 착용
	5,000	• 검병 검진, 예방접종에 이유 없이 불참, 평방당책임제의 원칙에 따라 사무실과 담당구역에 대한 소독을 형식적으로 하거나 진행하지 않았을 경우
		• 자택 또는 일반격리 질서를 어기거나 황사, 태풍 등 재해성 기후와 관련하여 취하는 이동 금지 조치를 어겼을 경우
	5,000~10,000	• 전염병으로 의심되는 본인이나 가족이 수상한 물품 또는 원인 모르게 죽은 동물에 대하여 해당 기관에 알리지 않았을 경우
	10,000~50,000	• 여러 명이 모여 술판, 먹자판을 벌리거나 유희, 오락 등을 하였을 경우
	10,000~50,000	• 국경과 전연(휴전선), 해안지역의 강, 호수에서 낚시 또는 세면, 목욕, 빨래 등을 하거나 국경과 전연 지역을 넘어온 것으로 의심되는 풍선 같은 출처가 불명확하고 이상한 물건과 접촉하였을 경우
	50,000~100,000	• 승인 없이 가축을 방목하거나 애완동물을 밖에 놓아주었을 경우
		• 영업하며 여러 명을 끌어들이거나 승인되지 않은 장소와 길거리에서 장사하거나 소독확인서가 없는 수입 물자를 운송하였을 경우
		• 상품값을 올리거나 대량의 상품을 사들이면서 무질서를 조성하였거나 역학확인서 등을 위조하였거나 위조한 줄 알면서 사용, 밀매하였을 경우
		• 미성년들에 대한 교양과 통제를 바로 하지 않아 비상방역사업에 엄중한 지장을 주었을 경우
기관 기업소 단체	100,000~200,000	• 검병 검진 및 의학적 감시를 무책임하게 하였거나 방역선전사업을 하지 않았을 경우
	100,000~500,000	• 소독수의 농도를 규정대로 보장하지 않았거나 운송 수단, 해당 장소들에 대한 소독, 인원에 대한 손소독, 체온재기를 규정대로 하지 않았을 경우
		• 버스, 궤도전차, 무궤도전차를 비롯한 공공운송 수단에 사람들을 비좁게 태우고 운행하였을 경우
		• 영업봉사단위들에서 영업시간이 지나도록 봉사하였거나 결혼식 같은 대중봉사를 하면서 인원 규모를 초과하였을 경우
		• 상품값을 망탕 올리거나 상품값이 오르기를 기다리면서 상품을 판매하지 않았거나 대량이상의 상품을 개인들에게 넘겨주었을 경우
	500,000~1,000,000	• 수입물자의 방치기일, 소독질서를 어기고 물자를 반입, 반출하였을 경우
		• 격리장소에서 버림물을 정화하지 않고 방출하였을 경우
		• 꿩 같은 것을 놓아 기르거나 방목 질서를 어겼을 경우
일반 주민	중지 또는 폐업	• 위에 규정한 벌금 행위가 엄중한 경우
	몰수	• 방역초소 근무 성원의 정당한 요구에 불응하거나 차를 세우지 않고 도주하였을 경우 해당 차량 몰수
	3개월 이하의 노동교양	• 격리시설 또는 해당 근무 장소에서 자의대로 이탈하거나 봉쇄 및 차단 근무 성원이 외부 인원과 비법적으로 접촉하거나 물자를 주고받는 것을 비롯하여 근무 수행을 바로 하지 않았을 경우
		• 검열, 단속에 불응한다고 하여 구타, 폭행하거나 방역사업과 관련한 검열, 단속 성원의 정당한 요구에 불응하였을 경우
		• 전염병 위험 표식 같은 해당 표식이 있는 구역이나 건물, 윤전기재 등에 드나들거나 그 안에 있는 인원과 불법으로 접촉하였을 경우
		• 평양시와 국경, 휴전선 지역 또는 차단구역에 불법 출입하였을 경우
		• 적지물과 바다오물 또는 국경과 휴전선, 해안지역의 강하천 오물, 조류, 야생짐승과 접촉하거나 자의대로 처리하였을 경우
		• 정해진 방역규정을 어기고 술판, 먹자판, 유희, 오락 등을 조직하였거나 추동하였을 경우
	3개월 이상의 노동교양	• 위 벌금 행위를 여러 번 하였을 경우

간부	경고, 엄중경고 또는 3개월 이하의 무보수 노동	• 비상방역사업과 관련한 계획작성 및 시달을 무책임하게 하였거나 중앙비상방역지휘부의 지시, 포치를 적시에 전달하지 않았을 경우
		• 검병 검진체계 또는 소독수단 및 시설 등을 갖추지 않았거나 고장, 파손된 혹은 불비한 검병 검진, 소독수단 및 시설 등을 적시에 마련하지 않았을 경우
		• 격리병동 또는 시설을 방역학적 요구에 맞게 설치하지 않았거나 격리자들에 대한 교양사업과 장악통제를 정확히 하지 않아 이탈자가 발생하였을 경우
		• 해당 장소들에 대한 소독사업을 조직하지 않았거나 정해진 방역규정을 어기고 유희장, 오락장 등을 운영하였을 경우
		• 격리장소에서 물품, 의료기구에 대한 소독과 의료폐기물, 배설물, 시체에 대한 처리를 규정대로 하지 않았을 경우
		• 해당 지역 또는 자기 단위에서의 비상방역 실태를 적시에 보고하지 않았을 경우
		• 전염병 바이러스 검출법, 치료법 등과 관련한 기술전습과 전염병 감염자 또는 감염물질 발생 시 신속 대응할 수 있는 탁상모의훈련과 실동훈련을 조직하지 않았을 경우
		• 비상방역사업에 동원된 의료일군들에 대한 보호책을 세우지 않았거나 봉쇄, 차단, 감시근무를 비롯한 방역사업에 동원된 근무 성원들에 대한 생활조건 보장을 무책임하게 하였을 경우
		• 국경에서 물자의 반·출입 및 검사·검역 또는 바다 출입 질서를 어기거나 그에 대한 장악통제를 무책임하게 하였을 경우
		• 강하천, 호수, 저수지, 수원지의 수질검사를 규정대로 하지 않았거나 선박의 오수, 오물처리에 대한 감독, 통제를 정상적으로 하지 않았을 경우
		• 적지물과 바다 및 강하천 오물 또는 조류와 야생짐승에 대한 감시를 정확히 하지 않았거나 그에 대한 검사와 취급 처리를 방역학적 요구대로 하지 않았을 경우
		• 조직사업과 장악통제사업을 하지 않아 작업을 하면서 집체적으로 마스크를 착용하지 않았거나 운전수가 방역초소 근무 성원의 정당한 요구에 불응하거나 차를 세우지 않고 도주하였을 경우
		• 유열자 또는 자택 격리자를 불러냈거나 호담당의사, 위생담당성원이 체온재기와 손소독을 형식적으로 하였거나 검병 및 소독일지를 허위 기록하였을 경우
		• 평양시에 대한 출입 승인 또는 역학확인서 발급 등을 불법적으로 해주었거나 검열, 단속사업을 규정대로 하지 않았을 경우
		• 시장과 허용되지 않은 장소들에 많은 사람이 모여 붐비지 않도록 장악통제하지 못하였거나 집체모임 등을 자의대로 또는 방역규정에 어긋나게 조직, 진행하였을 경우
		• 이밖에 비상방역사업과 관련한 명령, 지시를 무책임하게 집행하였을 경우
		• 앞항의 행위가 심각한 경우, 3개월 이상의 무보수 노동 또는 강직, 해임, 철직
	구금	• 무보수 노동, 강직, 해임, 철직을 주지 않고도 교양, 개조될 수 있다고 인정되는 경우 구금
군급 이상 기관, 단체, 기업소 책임자	5년 이하 노동교화	• 비상방역사업과 관련한 명령, 정령, 결정, 지시를 적시, 정확히 집행하지 않아 비상방역사업에 지장을 준 경우
	5~10년 노동교화	• 명령, 정령, 결정, 지시를 묵살 또는 그 집행을 위한 장악지도사업을 전혀 하지 않아 전염병 전파위험을 조성하였을 경우
	10년 이상 노동교화	• 앞의 2개 행위로 국가적인 비상방역사업에 커다란 혼란을 조성한 경우
	무기노동교화 또는 사형	• 명령, 정령, 결정, 지시집행을 어긴 행위가 극히 엄중할 경우

비상 방역 사업 동원자	노동단련	• 관할지역 또는 단위에서 전염병 환자와 의진자 장악 및 의학적 감시를 태공하였거나 비상방역 활동과 치료를 무책임하게 하여 전염병 전파위험을 조성한 경우
	5년 이하 노동단련	• 앞의 행위로 여러 명의 전염병 의진자를 대책하지 못하였거나 규정대로 검사·검역을 하지 않고 물자를 통과시켰거나 비상방역사업 정형을 허위로 보고하였을 경우
	5~10년 노동단련	• 위 2항의 행위로 국가적인 비상방역사업에 커다란 혼란을 조성한 경우
	10년 이상 노동단련	• 비상방역 의무 태만 행위가 극히 엄중한 경우
간부	노동교화	• 격리시설 및 병동을 꾸려주지 않았거나 치료 및 생활조건 보장을 위한 자재, 자금, 설비, 물자를 보장하지 않았거나 환자후송에 필요한 수송조직사업을 정확히 하지 않은 것 같은 조건보장사업을 무책임하게 하여 방역사업에 지장을 준 자
	5년 이하 노동교화	• 위의 행위로 전염병 환자, 의진자들에 대한 격리를 보장할 수 없게 하였거나 여러 명이 격리장소에서 이탈하는 결과를 발생하였을 경우
	5~10년 노동교화	• 1항, 2항의 행위로 국가적인 비상방역사업에 커다란 혼란을 조성하였을 경우
	10년 이상 노동교화	• 비상방역 조건보장 태만 행위가 극히 엄중한 경우
해당자	5년 이하 노동교화	• 국경과 지상, 해상, 공중봉쇄 의무를 지닌 자가 경비근무를 무책임하게 수행하여 불법적으로 국경 또는 봉쇄구역으로 사람이나 물자가 드나들게 하였거나 바다에 불법 출입하게 하였을 경우
	5~10년 노동교화	• 앞항의 행위를 돈과 물건을 받고 하였거나 국경 또는 봉쇄구역, 바다의 불법 출입을 묵인 조장, 조직한 자
	10년 이상 노동교화	• 1항, 2항의 행위로 국가적인 비상방역사업에 커다란 혼란을 조성하였을 경우
	무기노동교화 또는 사형	• 지상과 해상, 공중봉쇄 의무 태만 행위가 극히 엄중한 경우
	노동단련	• 비상방역사업과 관련한 정당한 요구에 반항하면서 구타, 폭행하였거나 검열, 감독사업을 하지 못하게 하였거나 격폐된 격리장소에서 이탈하였거나 격리된 대상을 밖으로 불러내었거나 격리된 대상이 격리장소로 사람을 불러들였거나 불법적으로 사냥하거나 국가적인 봉쇄구역에 불법 출입하는 것 등을 비롯하여 비상방역사업을 방해하는 행위자
	5년 이하 노동교화	• 앞항의 행위를 여러 번 하였거나 불법적으로 국경을 출입하였거나 승인 없이 수입물자를 끌어들였거나 밀수행위를 하였거나 밀수품을 유시하였거나 비상방역사업 방해행위를 묵인 조장, 조직한 자
	5~10년 노동교화	• 1항, 2항의 행위로 비상방역사업에 커다란 혼란을 조성하였을 경우
	10년 이상 노동교화	• 정상이 무거운 경우
	무기노동교화 또는 사형	• 비상방역사업방해행위의 정상이 극히 무거운 경우 • 최대비상체제기간에 비상방역질서를 어겼을 경우에는 보다 무겁게 처벌
외국인	10,000~1,000,000	• 비상방역과 관련한 국가적 조치에 불응하면서 비상방역사업에 지장을 주었을 경우
	추방	• 정상이 엄중한 경우

출처 : 「비상방역법」을 토대로 작성

2. 남한 상황

남한의 국가방역체계는 2015년 메르스 사태를 겪으며 큰 변화를 보이며 개편하였다. 그리고 「감염병 재난 위기관리 표준 매뉴얼」(이하 「표준 매뉴얼」)을 마련하여 이에 따라 위기에 대응하는 체계를 구축하였다.

「표준 매뉴얼」에는 감염병 위기 경보 단계를 총 4개, 관심 → 주의 → 경계 → 심각 단계로 분류하였고 각 단계에 따라 조직체계에도 변화를 보인다.

1단계인 관심 단계의 경우 질병관리청에서 감염병별 대책반을 운영하면서 모니터링을 담당한다. 2단계인 주의 단계에서는 질병관리청에 중앙사고수습본부(중앙방역대책본부)를 설치하여 해외에서 유입되는 신종감염병의 차단을 진행한다. 3단계인 경계 단계에서는 질병관리청에 중앙사고수습본부(중앙방역대책본부)와 함께 보건복지부에도 중앙사고수습본부를 설치하여 협조체계를 강화한다. 마지막 단계인 심각 단계에서는 필요시 중앙재난안전대책본부를 설치하여 신종감염병에 대한 범정부적 대응을 시작한다. 이를 정리하면 [표 5]와 같다.

[표 5] 위기 경보 수준별 주요 대응 활동, 표준 매뉴얼(2021.4)

구분	위기 유형		주요 대응 활동
	해외 신종 감염병	국내 원인불명·재출현 감염병	
관심	• 해외에서의 신종 감염병의 발생 및 유행	• 국내 원인불명·재출현 감염병의 발생	• 감염병별 대책반 운영(질병관리청) • 위기 징후 모니터링 및 감시 • 대응 역량 정비 • 필요시 현장 방역 조치 및 방역 인프라 가동
주의	• 해외 신종 감염병의 국내 유입	• 국내 원인불명·재출현 감염병의 제한적 전파	• 중앙사고수습본부(중앙방역대책본부, 질병관리청) 설치 운영 • 유관기관 협조체계 가동 • 현장 방역 조치 및 방역 인프라 가동 • 모니터링 및 감시 강화

경계	• 국내 유입된 해외 신종 감염병의 제한적 전파	• 국내 원인불명·재출현 감염병의 지역사회 전파	• 중앙사고수습본부(중앙방역대책본부, 질병관리청) 설치 운영 지속 • 중앙사고수습본부(복지부) 설치 운영 • (행안부) 범정부 지원본부 운영 검토 • 필요시 총리주재 범정부 회의 개최 • 유관기관 협조체계 강화 • 방역 및 감시 강화 등
심각	• 국내 유입된 해외 신종 감염병의 지역사회 전파 또는 전국적 확산	• 국내 원인불명·재출현 감염병의 전국적 확산	• 범정부적 총력 대응 • 필요시 중앙재난안전대책본부 운영

출처 : 질병관리청, 『2020-2021 질병관리청 백서』, 질병관리청, 2022, 76쪽, 재인용

질병관리청이 설치하여 운영하는 중앙사고수습본부(중앙방역대책본부)는 평시에는 감염병 대응을 위한 중장기 계획을 수립하고 감염병 관련 법령과 법규를 점검하고 위기 시에는 감염병의 방역 조치를 총괄하는 역할을 담당한다. 보건복지부가 설치 및 운영하는 중앙사고수습본부는 위기 경보 경계 단계 이상에서 가동되며 질병관리청 중앙사고수습본부(중앙방역대책본부)의 활동을 지원하는 역할로 감염병 발생으로 인한 사고 수습 총괄, 감염병 방역 조치로 인한 피해보상과 지원 계획을 수립한다. 행정안전부 또는 총리실에 설치하는 중앙재난안전대책본부는 대규모 재난의 대응과 복구 등에 관한 사항을 총괄하고 조정하는 역할로 범정부적으로 총력 대응이 필요한 상황일 정도로 심각 단계에서 설치된다.

2020년 1월 코로나19 팬데믹 기간의 대응 체계를 살펴보면, 당시 질병관리본부는 2019년 12월 31일 중국 우한시에서 원인불명의 바이러스에 의한 폐렴 환자 27명이 발생하였다는 사실이 보고되면서 2020년 1월 3일 위기 경보를 관심 단계로 발령하였고 1월 19일 우한시에서 입국한 사람 중 신종 코로나19 바이러스 감염증 첫 확진자가 나타나면서 바로 다음 날인 1월 20일에 경보 단계를 주의로 상향하였다.

이에 질병관리본부의 책임자를 본부장으로 하는 중앙방역대책본부를 설치하면서 24시간 비상대응체계를 가동하였다. 중앙방역대책본부 산하에는 행정지원단, 상황총괄단, 역학조사단, 방역지원단, 의료기관 및 시설관리단, 치료·백신개발추진단, 진단분석단, 예방접종대응단 등의 부서를 두어 관련 활동을 담당하게 하였다.

하지만 일주일이 지난 1월 27일에 국내에서 4명의 확진자가 발생하여 지역사회 전파 위험이 증가하면서 위기 경보 단계가 경계로 상향되었고 중앙방역대책본부 운영은 지속하면서 보건복지부 장관을 본부장으로 하는 중앙사고수습본부를 설치 운영하게 되었다.

그리고 2월 23일 신천지 대구교회를 매개로 556명의 확진자가 발생하면서 위기 경보를 심각 단계로 상향하였다. 이에 중앙방역대책본부 및 중앙사고수습본부 운영을 유지하면서도 범정부적 대응을 위하여 국무총리를 본부장으로 하는 중앙재난안전대책본부를 설치하였다. 중앙재난안전대책본부 회의는 각 중앙부처와 17개 광역자치단체가 참여하는 회의체였다. 이에 중앙대책본부 회의에 안건으로 상정되어 범정부 논의를 거쳐 결정된 결과는 전체 지자체 구성원에게 신속히 전달될 수 있었다.

특히 남한에서는 코로나19에 대응하는 과정에서 2020년 9월 14일 질병관리본부를 질병관리청으로 개편한다. 이를 통하여 감염병 대응 역량을 높이는 한편 감염병 총괄 기구로서 책임을 강화하고자 하였다.

감염병과 관련한 법률로는 「감염병의 예방 및 관리에 관한 법률」(이하 「감염병예방법」)과 그 시행령, 시행규칙이 존재한다. 「감염병예방법」은 2009년 12월 29일에 전부 개정하여 새롭게 규정한 법률로 2010년 12월 30일부터 시행되었다. 시행 이후 「감염병예방법」은 2011년부터 코로나

19 발생 전까지 2015년을 빼고 매해 개정하여 정비하였다. 코로나19 팬데믹 기간인 2020년에는 5회, 2021년 4회, 2022년 2회, 2023년 7회 등 법률을 수정 및 보충한 것을 확인할 수 있었다.[10] 코로나19 팬데믹이 시작된 2020년에 5회에 걸쳐 개정한 내용을 살펴보면 [표 6]과 같았다.

남한의 「감염병예방법」에도 처벌 조항을 포함하고 있었다. 가장 낮은 벌칙인 범칙금은 10만 원 이하의 과태료를 부과하는 것이었고 제일 중한 처벌은 5년 이하의 징역 또는 5천만 원 이하의 벌금이었다. 10만 원 이하의 과태료에 해당하는 경우는 감염병 전파의 위험성이 있는 장소 또는 시설의 관리자, 운영자 및 이용자 등이 출입자 명단 작성, 마스크 착용 등의 방역지침을 준수하지 않았을 경우, 감염병 전파가 우려되는 운송 수단의 이용자가 마스크 착용 등을 준수하지 않았을 경우였다. 5년 이하의 징역 또는 5천만 원 이하의 벌금 행위는 고위험 병원체의 허가 없는 반입, 생물테러 감염병 병원체 보유자, 의료 및 방역 물품의 급격한 가격 상승 또는 공급 부족의 우려가 있는 상황에서 관련 물자를 수출하거나 국외로 반출한 자가 대상이었다.

3. 소결

북한에서 코로나19 대응의 사령탑은 비상설 '중앙인민보건지도위원회'였다. 이 기구는 내각총리가 위원장이었고 보건의료기관은 물론이고 인민군, 보안, 사법기관, 근로단체 등의 책임자들을 위원으로 포괄하여

10. 법제처 국가법령정보센터 (검색일 : 2024.06.16)

[표 6] 코로나19 초기인 2020년 「감염병예방법」 개정 내용

개정 법률	개정 이유
법률 제17067호 2020.03.04. 일부개정	• 최근 전파력이 강한 코로나19가 확산됨에 따라 감염병 예방 및 관리를 위한 국가의 적극적 대처가 요구 • 이에 국가적 차원의 감염병 대응 능력을 강화하기 위하여 감염병 대비 의약품, 장비 등의 비축 및 관리에 관한 사항을 감염병의 예방 및 관리에 관한 기본계획에 포함하도록 하고, 감염병 위기 시 대국민 정보 공유의 중요성을 고려하여 감염병 위기 시 감염병 환자의 이동 경로 등의 정보공개 범위와 절차를 구체적으로 규정 • 감염병으로 인한 국가 위기 상황에 효율적으로 대처할 수 있도록 감염병에 관한 강제처분 권한을 강화하고, 역학조사관 규모를 확대하는 등 현행 제도의 일부 미비점을 개선, 보완
법률 제17472호 2020.08.11. 타법개정	• 보건복지부의 보건 업무 전문성 강화를 위하여 복수차관제도를 도입하여 보건을 담당하는 차관을 별도로 두도록 하고, 감염병 관리체계를 강화하기 위하여 질병관리본부를 보건복지부 장관 소속 중앙행정기관인 질병관리청으로 승격
법률 제17475호 2020.08.12. 일부개정	• 감염병 환자 등이 급격히 증가하는 경우 감염병 관리기관 및 격리 시설의 부족 문제가 발생할 우려가 있어, 환자의 전원(轉院) 및 의료기관 병상 등 시설의 동원에 관한 법적 근거 마련 • 코로나19는 높은 전파력을 보여 집단감염 예방을 위해서는 마스크 착용 등 방역 지침의 준수가 중요하나 현행법에는 이를 의무화할 수 있는 근거가 미비하여 그 명시적 근거를 마련하고 실효적 제재 수단 확보 • 현행법은 외국인 감염병 환자 등에 대해서도 치료, 조사, 진찰 등에 드는 경비를 제한 없이 국가가 지원하고 있어, 방역 활동과 의료자원의 효율적 활용에 부담이 되는 상황이므로, 해외에서 감염되어 입국하는 외국인에 대하여는 치료비 등을 부담시킬 수 있는 근거 마련
법률 제17491호 2020.09.29. 일부개정	• 실제 현장에서 감염병에 대응하고 있는 지방자치단체의 역량을 지원하기 위하여 지방자치단체의 장에게 감염병 환자의 이동 경로 등 정보공개 의무, 방역관에 대한 한시적 종사 명령 권한, 관계 기관 등에 대한 감염병 환자 및 의심자 관련 정보 제공 요청 권한 부여 • 감염병 대응 과정에서 개인정보를 보호하기 위하여 감염병 환자의 정보공개 시 불필요한 정보의 제외, 삭제 근거를 마련하고, 감염병 관련 업무 종사자가 업무상 취득한 정보를 업무 목적 외에 사용하는 것을 금지 • 감염병의 장기화에 따른 환자와 의료진 등을 보호하기 위하여 심리지원과 환자의 중증도 변화에 따라 적절한 의료가 제공될 수 있도록 전원(轉院) 등의 조치권자에 보건의료체계를 책임지고 있는 보건복지부 장관 추가 • 감염병 예방을 위한 각종 방역 조치 준수 의무의 실효성을 확보하기 위하여 감염병 의심자 격리에 필요한 이동 수단 제한, 위치정보 수집, 감염 여부 검사 근거 마련 • 감염병 예방 및 확산 방지를 위하여 소독 조치 대상을 확대하고, 방역지침 준수 명령을 위반하여 운영하는 장소, 시설에 대한 운영 중단 명령 등의 근거를 마련하는 등 예방적 조치 강화 • 그 밖에 감염병관리통합정보시스템 구축, 운영 근거 마련 등 현행 제도의 일부 미비점 개선 및 보완
법률 제17642호 2020.12.15. 일부개정	• 심각한 감염병 위기 상황 시 환자 및 의료인의 감염 예방과 의료기관 보호를 통한 대응력 강화를 위하여 국가 및 지방자치단체의 감염병 예방, 관리 업무 전문인력에 대한 보호 책무를 규정하고, 감염 취약계층의 범위를 확대하며, 한시적 비대면 진료의 법적 근거와 감염병 예방, 관리 업무에 조력한 약사에 대한 재정 지원 근거를 마련하는 한편, 비축, 관리 등의 대상인 의약품, 의약외품, 물품, 장비 등의 용어를 정비하는 등 현행 제도의 일부 미비점을 개선, 보완

출처 : 「감염병예방법」을 토대로 작성

감염병 대응의 자원을 효과적으로 확보하고 움직일 수 있도록 구성하였다. 이는 남한도 마찬가지였다. 다만 남한의 경우 4개의 위기 단계마다 설치 조직에 차이를 가졌다.

중앙인민보건지도위원회는 2018년에 새롭게 조직하였고 이를 사후에 법적으로 담보하기 위하여 2019년에 「전염병예방법」을 개정하였다. 남한이 2015년 메르스 확산을 계기로 신종 감염병 대응에 변화를 가졌다면 북한은 이보다 늦은 2018년에야 신종 감염병 대응에 새로운 조직을 구축하며 변화를 모색했다고 하겠다.

특히 2018년에는 남북 정상회담을 개최하면서 그 후속 조치로 분과별 회담을 전개하였고 이때 보건의료 분과회담도 개최하였다. 2018년 11월에 열린 보건의료 분과회담의 공식 의제는 전염성 질환에 대한 협력이었고 이를 반영하여 북한에서는 감염병 예방과 대응의 주무관청인 보건성 국가위생검열원 원장 박명수를 협상 대표로 파견하였다. 분과회담을 통하여 남북이 전염성 질환의 정보를 공유하기로 하였으나 2019년 2월 북미회담의 결렬로 남북관계가 근본적으로 개선되지 못하면서 논의는 이어지지 않았다.

북한은 중앙인민보건지도위원회의 실행 조직으로 비상방역지휘부를 구성하였고 이 조직은 평양과 도, 시(구역), 군 등 행정구역과 전국의 기업소, 단체 등에도 설치하여 코로나19 방역에 대응하였다.

한편 2020년 코로나19 팬데믹을 겪으며 북한은 「비상방역법」을 새롭게 제정하였고 기존의 「전염병예방법」도 2020년 한 해 동안 2차례나 개정하였다. 「비상방역법」 또한 제정 이후 2021년까지 3차례 수정 및 보충하여 정비해 나갔다. 이 또한 남한의 상황과 비슷하였는데, 남한의 「감염병예방법」도 코로나19 초기인 2020년에만 5차례 개정하였다.

특히 「비상방역법」은 국가의 코로나19 대응을 강력하게 추진하기 위하여 위반 행동에 대한 처벌에 초점을 둔 것을 확인 가능하다. 또한 개정 사항도 처벌의 경우를 더욱 세분화하는 방향으로 나아갔고 간부들의 법 위반 조항을 확대하여 사업을 책임지는 간부들의 법질서 위반 행위가 심각하였음이 짐작된다.

참고문헌

- 『로동신문』, 2020.01.01~2023.12.31
- 박서화, 「최근 북한 입법의 경향(上) : 전염병예방법 수정 보충(2020.3)까지」, 『IFES 브리프』 NO.2021-03, 경남대 국동문제연구소, 2021
- 법제처 국가법령정보센터(www.law.go.kr)
- 통일부 북한정보포탈(nkinfo.unikorea.go.kr)

3장

코로나19 방역

| 최 | 성 | 우 |

북한의 코로나19 대응의 기본 원칙은 초기부터 '국경 봉쇄와 격폐[1]'였다. 미국 및 유엔의 강력한 대북 제재로 인해 방역물자와 의약품이 부족하였기에 북한의 코로나19 대응은 여러모로 한계에 부딪힐 수밖에 없었다 이런 상황에서 다른 나라처럼 일반적인 방역 정책을 시행하기엔 역부족이었다. 따라서 북한은 중국과 같이 '봉쇄와 격폐'를 방역의 기본 원칙으로 정하고 소독, 위생선전, 격리, 검병 검진, 검사 등 나름의 방역 방법을 동원하여 코로나19 팬데믹 시기를 버티었다.

> **경애하는 총비서동지께서는 우리의 방역부문이 다른 나라 선진국들의 방역정책과 방역성과와 경험들을 잘 연구하는 것도 매우 중요하다고 하시면서 특히 중국당과 인민이 악성전염병과의 투쟁에서 이미 거둔 선진적이며 풍부한 방역성과와 경험을 적극 따라 배우는 것이 좋다고 말씀하시였다.**(『로동신문』, 2022.05.14)
> **우리 당과 정부가 주동적으로 과단성있게 취한 지역별봉쇄와 단위별격폐조치의 합리성과 효률성은 이미 확증되였으며 이것은 모든 부문, 모든 단위에서 방역사업에 대한 작전과 지휘를 보다 치밀하게 할 때 더욱 뚜렷해지게 된다.**(『로동신문』, 2022.05.25)

한편 남한은 국경 봉쇄 없이 불필요한 입국은 차단하면서도 개방성을 유지하려고 노력하였다. 초기에는 해외 유입 차단을 위해 검역을 강화하고 3T 전략(Test, Trace, Treat)을 통해 환자 조기 발견에 중점을 두

---

1. 북한은 격폐를 격페로 표기함. 이에 원문을 인용할 때는 격페로, 본문 내에서는 격폐로 표기함. 북한의 『조선말대사전』에 따르면 봉쇄는 문이나 통로 같은 것을 굳게 막아버리거나 잠그는 것, 격페는 서로 통하지 못하고 따로따로 갈라지게 사이를 가로막는 것을 의미함

었다.

이를 위해 선별진료소를 운영하고 대규모 진단 및 검사를 진행하였으며 GPS, CCTV, 카드사용 기록을 추적하여 접촉자를 찾아 격리하고 치료하였다. 이후 백신과 치료제가 개발됨에 따라 유입 차단에서 발생 억제로 전환하였고, 이를 위해 사회적 거리 두기와 코로나19 백신 예방접종을 강조하였다. 점차 예방접종 효과가 감소하고 면역 회피 바이러스가 출현함에 따라 중증화 예방으로 전환하였다.[2]

1. 소독

1) 북한 상황

소독은 북한이 코로나19 예방에서 첫 번째로 강조하는 방역 조치이다. 병원과 학교, 기차역 등 공공장소뿐 아니라 감염 요소가 될 수 있는 현금, 핸드폰, 각종 손잡이 등의 소독을 지속적으로 강조하였다. 이는 그나마 소독수의 자체적인 생산이 가능했기에 시행할 수 있었다.

2016년에 김일성대학 나노기술연구소가 '고체 이산화염소와 안정화 이산화염소'에 계면활성제 등을 결합한 4세대 염소계 소독제를 개발하였고 이를 코로나19 방역에 활용하였다. 또한 1% 소금물과 12V 전지 등을 이용하여 매우 저비용으로 방역용 소독수를 생산할 수 있었다.[3] 이처럼 소독은 현실적으로 주민들을 독려하여 실행할 수 있는 몇 안 되

2. 질병관리청, 『2020-2021 질병관리청 백서』, 질병관리청, 2022, 66~74쪽
3. 강영실, 「코로나19에 대한 북한의 기술적 대응」, 『북한경제리뷰』. 2020년 9월호, KDI, 2020, 35쪽

는 방역 방법이었고 이는 코로나19뿐 아니라 수인성 및 식품 매개 감염병 등의 예방에도 도움이 되었을 것이다.

(1) 2022년 5월 오미크론 확진자 발생 이전

2020년 중국에서 코로나19 환자 발생 이후 북한에선 마스크 착용, 체온 재기와 함께 지속적인 소독을 통해 어떻게든 북한 내에서 코로나19가 발생하지 않도록 부단히 노력하였다. 각 생활 단위별, 직장별, 지역별로 충분한 소독수를 확보하기 위해 기존 소독기기를 개량하고, 소독수 생산설비를 갖추도록 독려하였다.

집단생활 단위들과 사람이 많이 다니는 공공장소 및 대중교통수단에서 소독을 방역학적 요구에 맞게 진행하도록 『로동신문』은 날마다 이런 회사들을 찾아가 기사화하였다. "모든 봉사실에 대한 소독 횟수를 훨씬 늘였으며 봉사에 리용하는 설비들과 도구, 기재 등에 대한 소독을 하루에도 여러 차례에 걸쳐" 실시하였고, "사람들의 손이 많이 닿는 출입구와 봉사실의 문손잡이에 대한 소독을 자주 진행"하였다. 이와 함께 "손님들이 자주 다니는 곳마다에 갖추어놓은 바닥깔개에 대한 소독을 방역규정대로 함으로써 위생환경을 철저히 보장"하고 "손님들에 대한 체온재기, 손소독 등을 엄격히 진행하여 비상방역규정과 어긋나는 현상이 절대로 나타나지 않도록 교양과 통제를 강화"하였다.[4]

북한의 각종 사업장에는 위생담당성원들을 지정하여 "위생담당성원들의 역할을 높여서 각 사업장에서 소독사업을 방역학적 요구에 맞게 정확히 진행"되도록 하였고, "이와 함께 위생담당성원들이 소독사업 정

4. 「단위의 특성에 맞게 빈틈없는 대책을」, 『로동신문』, 2021.01.17

[사진 1] 련못무궤도전차사업소의 소독 모습

출처 : 『로동신문』, 2021.01.04

형을 구체적으로 료해하고 적시적인 대책을 세워나가도록 하는 한편 그에 대한 총화를 엄격히 진행하여 방역학적 요구와 어긋나는 현상이 절대로 나타나지"[5] 않도록 강조하였다.

또한 공장이나 기술소 등에서는 기존 소독기를 개량하거나 자동 손소독 분무기를 개발하여 보급하려는 모습도 있었다. 평양베아링공장에서는 "자동 손소독 분무기를 자체의 힘으로 제작할 것을 결심"하였고, 부족한 기술로 인해 "처음에는 해당 단위의 기술자들과 협력"하였지만 "자체의 힘으로 만든 자동 손소독 분무기들을 공장의 여러 방역초소에 설치하였다."[6] 평양326전선종합공장에서는 "시일이 지남에 따라 기존 소독수 제조기의 효과성이 종전보다 낮아지고 손소독 기재의 능력도 떨어지는 편향이 나타나 보다 효과적인 손소독기재와 성능이 높은 소

5. 「소독사업에서 높은 책임성을」, 『로동신문』, 2022.02.11
6. 「방역강화에로 이어지는 자각적열의」, 『로동신문』, 2022.01.13

[사진 2] 강서국수집에서의 소독 모습

출처 : 『로동신문』, 2022.02.05

독수 제조기"로 새롭게 개선하였다.[7]

> 청남군위생방역소 방역일군들은 신형코로나비루스감염증을 막기 위한 사업이 인민들의 생명안전을 지키는 책임적인 사업이라는 높은 자각을 가지고 방역초소들에 보내줄 소독수생산에 계속 큰 힘을 넣고 있다. 여러대의 소독수제조기를 구비해놓고 소독수생산량을 늘인데 맞게 주민지구들에도 정상적으로 보내주고 있다. 또한 방역일군들은 농장을 비롯한 담당단위들에 자주 나가 소독수생산량에 대하여 알아보고 필요한 대책을 세우고있으며 근로자들이 손소독과 체온재기 등 방역규정을 철저히 준수해나가도록 교양사업도 실속있게 짜고들고 있다. 위생방역소에서는 수질검사를 정상적으로 하면서 먹는물의 위생안전성을 보장하기 위한 사업에서 방역일군들이 책임성을 높이도록 적극 이끌어주고 있다.(『로동신문』, 2021.01.07)
> 력포구역의약품관리소의 일군들이 비상방역사업을 모든 사업의 첫자리에 놓고 그 완벽성을 철저히 보장하기 위해 적극 노력하고 있다. 관리소에서는 많은 사람들을 대상하는 단위의 특성에 맞게 비상방역대책을 2중, 3중으로 세우기 위한 조직사업을 치밀하게 짜고들었다. 방역력량을 강화하는것과 함께 여러곳에 소독기재들을 더 전개하고 소독수보장에 지장이 없도록 필요한 조치도 취하였다.(『로동신문』, 2022.04.30)

7. 「소독기재의 성능을 더욱 높여」, 『로동신문』, 2022.01.12

북한 당국은 인체 호흡기를 통한 바이러스 전파만이 아니라 물체 표면에 바이러스가 붙어 사람들에게 전파되는 것에 특히 유의하였다. 국경 폐쇄로 사람의 이동은 막혔으나 식료품, 의료품, 인도주의적 지원품 등을 통해 코로나19가 전파될까 매우 경계하였다. "중국 천진시의 한 화물적재장에 있던 수입 랭동 소고기의 겉포장에서 신형코로나비루스가 검출"되고, "료녕성 대련시에서도 수입산 공업품의 겉포장에서 악성비루스가 발견"[8]되었다는 소식이 전해진 후여서 코로나19 바이러스가 물체 표면에 최장 28일까지 생존 가능하다는 일부 해외 연구들이 발표되자 북한 당국은 해외 반입물자들을 최대 3개월간 자연 방치 후 방역지도서에 따라 내부 물품까지 모두 소독하였다.[9]

또한 "해상에서 밀려들어오는 물체들에 대해서도 경각심을 갖고 대처"하도록 군(郡) 비상방역기관 일군들이 해안 감시초소들을 순회하고, "감시초소들에서 철새들의 이동에도 각별한 주의를 돌려 철새들이 내려앉는 지대들을 빠짐없이 장악하도록 방역학적 감시를 강화"하였다.[10]

(2) 2022년 5월 오미크론 확진자 발생 이후

2022년 5월 오미크론 확진자 발생 이후 북한 당국은 소독을 더욱 강화하였다. 그 이전에는 주로 공공시설, 작업장, 운송시설이 주요 소독 대상이었다면, 오미크론 환자 발생 이후에는 "사업공간, 작업공간, 생활공간의 구석구석에 이르기까지 소독사업을 강화"함으로써 "전파 근원을 차단, 소멸하도록 선차적인 힘을 쏟았다."[11] 『로동신문』은 그 이전

8. 「여러 나라에서 방역사업 강화」, 『로동신문』, 2021.01.16
9. 박대로, 「코로나에…北, 中 유입 물품 최장 3개월 자연 방치할 듯」, 『뉴시스』, 2022.01.20
10. 「긴장되고 동원된 태세를 견지하며 공세적으로」, 『로동신문』, 2021.01.17
11. 「조선로동당 중앙위원회 제8기 제8차 정치국회의 진행」, 『로동신문』, 2022.05.12

에는 볼 수 없었던 주민 개개인이 각 가정을 스스로 소독하라는 기사를 날마다 실어 강조하였다.

방역대전에서 누구나 알아야 할 상식, 가정에서 일상적인 예방을 어떻게 하여야 하는가
①위생과 건강에 대한 인식을 바로가지고 몸의 면역력을 높여야 한다.
②좋은 개체위생습관을 유지하며 기침이나 재채기를 할 때 위생종이로 입과 코를 막고 항상 깨끗하게 손을 씻어야 한다. 어지러운 손으로 눈과 입, 코를 다치지 말아야 한다.
③살림방의 물품들은 항상 깨끗한 위생상태를 유지해야 한다.
가정용소독제를 리용하여 자주 만지는 물품을 소독하여야 하며 적어도 하루에 한번씩 목욕실과 위생실, 특히 랭동기나 극동기 내외부를 청소하여야 한다. 일반세탁비누로 옷이나 침대깔개, 목욕수건, 수건 등을 빨거나 세탁기로 하는 경우 60~90℃의 더운물에 빨아야 한다. 빨래한 후에는 완전히 말리워야 한다. 매주 적어도 한번 가구와 주변을 잘 닦아야 한다. 물품표면 등이 호흡기분비물, 게우기물 혹은 배설물에 오염되였을 때에는 먼저 물흡수력이 센 1회용 수건으로 보이는 때를 제거한 다음 알맞는 소독제로 오염된 곳과 그 주변을 깨끗이 청소하여야 한다. (중략)
⑬일용제품을 준비해야 한다.
가정에 체온계와 1회용 마스크, 가정용소독용품 등의 제품을 갖추어놓아야 한다.(『로동신문』, 2022.05.20)

전염병의 전파 공간과 감염통로를 차단하기 위한 사업으로 소독사업이 더욱 강화됨에 따라 소독수 요구량이 급증하였고, "평양시에만도 수천 톤의 소금이 긴급 수송되여 소독약생산에 투입되었다."[12] 따라서 충분한 소독수 생산보장이 시급한 문제가 되었다. "묘향산의료기구공장, 남포의료기구공장, 흥남제약공장 등에서는 생산능력을 높여 각종 소독약과 소독설비 생산을 활성화"[13]하는 한편, 새로운 소독수 생산기술을 개발하기 위한 연구에 집중하였다. 이는 아마도 소금을 이용한 소독수

12. 「당중앙의 결정지시에 대한 사고와 행동의 통일, 자각적인 일치보조 속에 비상방역전 심화」, 『로동신문』, 2022.05.19
13. 「당중앙위원회 제8기 제5차 전원회의 결정을 높이 받들고 당면한 방역위기를 타개하면서 나라의 방역능력건설에 박차를 가하자, 과학성과 선진성을 보장하기 위한 대책 적극 강구」, 『로동신문』, 2022.06.12

생산이 한계에 이르렀기에 다른 생산방법의 모색이 필요했기 때문으로 보인다. 『로동신문』은 "인체에 해를 주지 않는 자외선 소독을 이용한 자외선 소독체계를 시험도입하거나 농장에서 태양빛 전지판을 리용하여 소독수를 생산하는 방법"[14]에 대해 소개하였다.

또한 코로나19 바이러스가 물체 표면에 붙어 전파될 가능성에 대해 북한 당국의 경각심은 더욱 높아졌다. 코로나19 환자 발생 직후 『로동신문』은 연속적으로 화폐 소독에 대해 기사화하여 "화폐는 묶지 않고 소독하는 것을 원칙으로 하고 소독기에 넣고 60~65℃의 온도에서 80~90분 동안 건열소독"하도록 했다.[15] 또한 휴대폰도 "접촉이 가장 많은 물건이므로 알콜수건이나 70~75% 에틸알콜에 적신 깨끗한 천으로 손전화기 표면을 닦아내야 한다"[16]고 강조하였다. "악성비루스에 오염된 물체와의 접촉에 의한 전염병 전파" 가능성에 대한 북한 당국의 집착은 남북의 정치적 상황과 맞물려 코로나19 유입의 원인으로 남한에서 날아 온 대북 전단이라고 공식 선언하기에 이르렀다.[17]

북한 당국의 코로나19 소독사업에 있어서 빠지지 않는 부분은 생활오수를 관리하고 하천을 소독하며 안전한 식수를 확보하는 것이었다. "강하천들에 수십개의 방역위험개소를 선정하고 채수와 검사를 책임적으로 하고 있으며 많은 량의 생활오물과 오수 등을 방역학적요구대로 소독처리"하고 "도시경영 부문에서는 위생안전성이 담보되고 수질이 좋은 음료수를 주민들에게 정상 공급하고 있다."[18] 하지만 『로동신문』에서 소독수 질 관리와 적정한 소독농도 유지를 강조한 기사가 빠지지

14. 「실정에 맞는 소독수생산방법을 받아들여」, 『로동신문』, 2022.10.21
15. 「방심하지 말아야 할 약국들에서의 화페소독」, 『로동신문』, 2022.05.25
16. 「방역대전에서 누구나 알아야 할 상식, 손전화기를 어떻게 소독해야 하는가」, 『로동신문』, 2022.06.06
17. 「전국비상방역총화회의에서 한 보고, 토론」, 『로동신문』, 2022.08.11
18. 「비상방역사업의 과학화, 전문화수준을 높이는데 주력」, 『로동신문』, 2022.06.01

이미 세계보건기구는 각이한 물체표면에서의 비루스생존기간을 연구하고 사람들이 비루스로 오염된 식품이나 물품, 물체표면이나 포장지를 만진 후 눈과 코, 입을 만질 때 감염될수 있다는 견해를 밝힌바 있습니다. 세계적으로도 많은 나라들이 악성비루스에 오염된 물체와의 접촉에 의한 전염병전파의 위험성에 대해 다시금 인식하고 보다 효과적인 방역조치들을 강구하고 있는 시기에 남조선것들이 삐라와 화페, 너절한 소책자, 물건짝들을 우리 지역에 들이미는 놀음을 하고있는것은 매우 우려스러운 일입니다. 악성비루스가 물체를 통해서도 전파된다는 것, 때문에 물체표면소독을 강화해야 한다는것이 국제사회의 공인된 견해인 것입니다. 이러한 과학적해명은 그 누가 부정한다고 하여 달라지는 것이 아닙니다. 우리가 얼마전 전염병 발생경위를 설명했듯이 전선가까운 지역이 초기발생지라는 사실은 우리로 하여금 깊이 우려하고 남조선것들을 의심하지 않을수 없게 하였으며 경위나 정황상 모든것이 너무도 명백히 한곳을 가리키게 되였는바 따라서 우리가 색다른 물건짝들을 악성비루스류입의 매개물로 보는것은 당연합니다.(『로동신문』, 2022.08.11)

않고 등장한 것을 보면 북한의 코로나19 대처에서 양질의 소독을 지속적으로 유지하는 것이 쉽지 않았던 것으로 보인다. 결국 2022년 6월 15일 황해남도 해주시에서 급성장내성전염병이 발생하였다.[19]

2) 남한 상황

남한에서도 코로나19 팬데믹 초기에는 어떤 소독제를 사용해야 하는지, 소독은 어떻게 해야 하는지 명확한 소독지침이 없어서 시민들은 혼란스러웠다. 지자체 등에서는 보여주기식의 분무소독을 실시하였고 언론은 효과가 있을지 의문의 눈초리로 바라보았다.[20]

질병관리청에서는 소독 관련 실천 지침을 만들어 가정과 사무실 및

19. 「경애하는 김정은동지께서 가정에서 마련하신 약품들을 조선로동당 황해남도 해주시위원회에 보내시였다」, 『로동신문』, 2022.06.16
20. 문예슬, 「길거리에 흩뿌리는 '신종 코로나' 소독약, 효과 있을까?」, 『KBS 뉴스』, 2020.02.11

공공장소를 수시로 소독하고, 분사 소독은 효과가 미흡하므로 표면 소독하도록 안내하였다.[21] 이후 개정을 통해 분사 소독이 효과가 미흡한 정도가 아니라 오히려 감염원 흡입위험을 증가시키므로 분사 소독을 금지하였다.[22] 하지만 여전히 소독제를 공중에 살포하거나[23] 분무소독을 표면 소독과 혼용하는 곳이 많았다.[24]

남한과 비교하면 북한에서는 분무소독에 대한 명확한 금지 지침은 없었고 『로동신문』 기사 사진을 보면 코로나19 팬데믹이 종식될 때까지 분무소독을 지속했을 것으로 파악된다.

2. 위생선전

위생선전은 코로나 발생 이전부터 호담당의사의 주요 업무 중 하나였다. 사회주의 의학은 예방의학임을 표명해 온 북한은 주민의 질병 예방 및 보건교육의 일환으로 호담당의사가 각 가정을 방문하여 위생선전을 담당하였다. 코로나19 팬데믹이 장기화함에 따라 위생 및 보건교육뿐 아니라 주민들의 방역 수칙 준수가 태만해지지 않도록 사상교양을 실시하는 것도 호담당의사의 몫이 되었다.

21. 질병관리본부, 안전하고 올바른 코로나19 소독 방법(www.kdca.go.kr)
22. 질병관리본부, 올바른 소독방법 3편(www.kdca.go.kr)
23. 윤현서, 「[취재후] 코로나19 막는다며…'독성 소독제' 공중살포」, 『KBS 뉴스』, 2020.04.15
24. 「효과 없고 흡입독성 위험 있는 '분무소독'…계속해도 괜찮을까?」, 『한겨레』, 2020.09.23

1) 북한 상황

(1) 2022년 5월 오미크론 확진자 발생 이전

코로나19 팬데믹이 2년 넘게 지속됨에 따라 북한 당국은 위생선전의 형식화를 경계하였다. 『로동신문』은 "직업도 나이도 성격도 각각인 주민들을 대상하는 것만큼 누구나 알기 쉽고 리해할 수 있게 위생선전을 설득력있고 참신하게 하는 것이 중요하다. 그런데 일부 의료일군들 속에서는 이 사업을 실무적으로 대하면서 방법론이 없이 해당한 자료를 그대로 전달하거나 건수나 채우는 식으로 진행하는 편향이 나타나고 있었다."[25]고 질책하고, "특히 호담당의사들이 주민들 속에 들어가 위생선전의 폭을 넓히는 것과 함께 옳은 방법론을 가지고 그 실효를 철저히 보장하도록"[26] 강조하였다.

하지만 북한 당국이 효과적인 위생선전 방법을 제공하기보다 "세계적인 보건위기가 날로 악화되고 있는 현 상황에서 의료일군들이 자기 지역 주민들의 생명안전을 믿음직하게 지켜내겠다는 비상한 각오를 안고"[27] 나아가도록 호담당의사의 강력한 정신력을 주문했다. 그런 과정에서 일부 호담당의사는 위생선전 자료 카드를 활용하였고 비상방역기동선전대에서는 출근 및 등교 시간에 이동식 음향증폭기재를 활용하는 한편, 동영상 편집물을 활용한 위생선전 방식도 등장하였다.[28]

25. 「실효성을 높이자면 방법론이 있어야 한다」, 『로동신문』, 2022.01.15
26. 「위생선전에 품을 들여」, 『로동신문』, 2022.01.26
27. 「비상한 각오 안고 각성분발해 나섰다」, 『로동신문』, 2022.01.09
28. 「위생담당성원들을 각성분발시켜」, 『로동신문』, 2022.02.26

평성수의축산대학에서 교직원, 학생들과 일군들의 방역열의를 높여나가기 위한 사업을 계속 짜고들고 있다. 대학에서는 교직원, 학생들과 일군들이 올해에도 비상방역사업을 국가사업의 제1순위로 놓고 사소한 해이나 빈틈, 허점도 없이 강력하게 전개해나갈데 대한 당의 뜻을 높이 받들고 모두가 비상방역사업의 주체가 되여 완벽성을 철저히 보장하도록 하는데 총력을 집중하고 있다. 여기서 중요하게 틀어쥐고나가는 문제는 위생담당성원들의 책임성과 역할을 백방으로 강화하는 것이다. (중략)
대학에서는 오늘의 비상방역전에서 순간의 자만과 방심은 절대금물이라는것을 모든 교직원, 학생들과 일군들에게 깊이 인식시키기 위한 교양사업의 실효성을 높이는데 힘을 넣고 있다. 이러한 속에 출근 및 등교시간에 이동식음향증폭기재를 통한 교양사업과 함께 비상방역기동선전대활동이 적극적으로 전개되고 있다. 좀처럼 수그러들줄 모르는 세계적인 악성전염병전파상황에 대비하여 비상방역사업을 더욱 강화하는 사업의 중요성을 인식시켜주는 기동선전대활동은 대학의 방역분위기를 한층 고조시키고 있다. 매일 아침 실감있게 진행되는 해설사업과 동영상편집물을 통한 위생선전 그리고 상식학습도 교직원, 학생들이 다름아닌 자기자신들이 방역사업의 직접적담당자라는것을 다시한번 자각하도록 하는데서 커다란 실효를 나타내고 있다.(『로동신문』, 2022.02.26.)

[사진 3] 교육기자재공급관리국 종이중간시험공장의 모습

출처 : 『로동신문』, 2022.01.10

(2) 2022년 5월 오미크론 확진자 발생 이후

2022년 5월 북한에 코로나19 발생이 확인된 후 북한 당국은 호담당 의사뿐 아니라 병원 의료진, 퇴직 의사, 의과대학 학생까지 위생선전을 비롯한 방역 활동에 총동원하였다.

『로동신문』은 기사를 통해 "현재 전국적으로 호담당의사들과 각급 병원 의료일군들, 의료일군양성기관 교원, 학생들, 각 단위의 위생담당 성원들을 비롯하여 백수십만명이 악성전염병의 전파근원을 철저하게 차단, 소멸하기 위한 방역투쟁에 참가"하고 있고 현역 의료인들뿐 아니라 "보건부문에서 사업하다 년로보장을 받고있던 수많은 사람들도 최대비상방역체계가 가동한 때로부터 현재까지 위생선전사업과 검병 검진사업에 자각적으로 참가"[29]하고 있다고 전했다. 이로써 북한은 가용이 가능한 모든 의료인력을 코로나19 방역에 투여하였다.

> **세계적인 악성비루스전파상황이 날로 악화되고있는 지금 대중적인 방역의식과 위기의식을 견지하는것은 매우 중요한 문제로 나선다.** (중략) **특히 호담당의사들이 주민들에 대한 위생선전을 진행하기에 앞서 그 준비사업에 품을 넣도록 사상교양사업을 잘해나가고 있다. 위생선전이 단순히 선전내용을 주민들에게 알려주는 과정이 아니라 대중을 각성 분발시키는 중요한 계기가 되게 호담당의사들로 하여금 자기의 책임과 역할을 다 해나가도록 하고 있다.** (중략) **이들은 선전자료들의 내용을 환히 꿰들고 위생선전을 대중이 알기 쉽게 그리고 그들의 귀에 쏙쏙 들어가게 참신한 방법으로 진행하기 위해 적극 노력하고 있다. 자료에만 매여달리지 않고 세계적인 악성비루스전파상황도 구체적으로 알려주면서 주민들속에서 자만, 방심하거나 무경각한 현상이 절대로 나타나지 않도록 하고 있다. 이와 함께 계절적질병들을 미리막기 위한 상식자료들도 잘 안받침하여 위생선전이 주민들의 건강보호에 적극 이바지되게 하고 있다.**(『로동신문』, 2022.08.28)

29. 「각지 보건 및 방역부문 일군들과 교원, 학생들 검병 검진과 치료전투, 위생선전 맹렬히 전개」, 『로동신문』, 2022.05.19

북한 당국은 코로나19 환자 발생 이후에는 의료진뿐 아니라 『로동신문』 등 언론매체를 위생선전에 적극적으로 활용하였다. 오미크론 환자의 발생을 인정한 5월 16일부터 코로나19 종식을 선언한 8월 10일까지 『로동신문』은 「전국적인 전염병 전파 및 치료상황 통보」 섹션을 따로 만들어 총 유열자 수, 신규 유열자 수, 완쾌자 수, 현재 치료자 수, 사망자 수를 날마다 보도하였다.

<전국적인 전염병전파 및 치료상황 통보>
국가비상방역사령부의 통보에 의하면 5월 18일 18시부터 19일 18시까지 전국적으로 26만 3,370여명의 유열자가 새로 발생하고 24만 8,720여명이 완쾌되였으며 2명이 사망하였다. 지난 4월말부터 5월 19일 18시 현재까지 발생한 전국적인 유열자총수는 224만 1,610여명이며 그중 148만 6,730여명이 완쾌되고 75만 4,810여명이 치료를 받고 있다. 현재까지의 사망자총수는 65명이다.(『로동신문』, 2022.05.20)

『로동신문』에서는 환자 발생 이후 매일 「방역대전에서 누구나 알아야 할 상식」이라는 세션을 통해 주민들에게 코로나19와 관련된 정보와 예방법 및 대처방안 등을 알렸다. 북한 당국이 제공한 내용을 간추려 소개하면 다음과 같다.

<방역대전에서 누구나 알아야 할 상식>
- **신형코로나비루스감염증환자가 집에서 자체로 몸을 돌보는 방법**
- **자택에서의 신형코로나비루스감염증치료방법과 자택격리시 지켜야 할 섭생**
- **o(오미크론)변이비루스에 감염된 어린이들속에서 나타나는 증상과 그 치료방법**
- **o(오미크론)변이비루스감염으로 인한 첫 증상이 나타날 때의 치료방법**
- **신형코로나비루스감염증환자를 집에서 간호하는 방법**
- **신형코로나비루스감염증특효약에 대한 소개**
- **신형코로나비루스감염증의 예방치료에 도움을 줄수 있는 민간료법**
- **자택격리치료기간 운동의 중요성과 치료시의 행동질서**
- **엄격히 경계해야 할 약물과다복용**
- **o(오미크론)변이비루스에 대하여 알아야 할 점**

- 가정에서의 신형코로나비루스감염자 치료방법
- 자택격리시 스트레스를 해소하자면
- o(오미크론)변이비루스감염을 예방하는 방법
- 신형코로나비루스감염증에 대해 제일 예민하고 위험한 사람들은 누구인가
- 신형코로나비루스감염증의 예방과 치료에 도움을 주는 소금물코함수[54]
- 감염증에 쉽게 걸릴수 있는 사람이 면역력을 높이는 방법
- 손은 어떻게 씻어야 하는가
- 민간료법 몇가지
- 후유증 치료방법
- 소독방법 몇가지
- 철저히 준수해야 할 마스크착용
- 어린이들의 열나기증상에 대한 대책
- 비루스감염을 악화시키는 음식물속의 콜레스테롤
- 면역력을 높이는 식품들에는 어떤것들이 있는가
- 알약을 부스러뜨려 먹으면 안되는 리유
- 남새와 고기, 알류로부터의 전파를 막자면
- 소화기장애증상이 왜 나타나는가
- 자택격리기간 집에서 할수 있는 간단한 체조
- 외출시 어떤 예방대책을 세울것인가
- 신형코로나비루스감염증을 앓고난 후 숨차기증상이 나타나는 주요원인

북한 당국은 보건의료인들이 "최량화되고 최적화된 약물 투여방법을 비롯하여 과학적인 치료방법과 치료전술을 확립할수 있게" 자체 작성한 어른용, 어린이용, 임산모용 「치료안내지도서」를 『로동신문』을 통하여 각각 공개하였다. 각종 지도서는 부록에 첨부하였다.

또한 북한 당국은 『로동신문』뿐 아니라 『조선중앙방송』도 위생선전매체로 활용하였다. 기존 평일 오후 3시부터 시작했던 방송을 코로나19 환자 발생 이후 재난방송 체제로 전환하여 종일 방송하였다. 『조선중앙방송』에서는 국가비상방역사령부 간부인 류영철이 직접 나와 코로나 현황을 발표하면서 지역별 유열자 규모를 치료 중 환자, 당일 발생자,

---

30. 가글

[사진 4] 국가비상방역사령부의 방송 모습

출처 : 『조선중앙텔리비죤』 2022.08.13. 보도 화면 캡쳐(YouTube)

당일 완쾌자, 당일 사망자 등으로 구분해 설명하고 예방법 및 치료법 등 코로나19 관련 정보를 제공하였다.

2) 남한 상황

남한에서는 미디어와 SNS를 통해 정확한 정보를 전달하기 위하여 위기 소통에 집중하였다. 질병관리청은 2015년 메르스 사태 이후 국가방역체계를 개편하면서 소통전담부서인 '위기소통담당관(현, 대변인실)'을 신설하였고 위기 소통 5대 기본 원칙(신속, 정확, 투명, 신뢰, 공감)에 따라 전문과학적 근거를 바탕으로 국민과 소통하였다.

아울러 질병관리청장이 코로나19 상황에 따라 수시로 브리핑을 진행하여 감염병 발생 현황과 대응수칙 등의 정보를 전달하였다. 또한 기존의 기자 질의응답 중심의 브리핑에서 벗어나 국민과 직접 대화하는 양

방향 소통으로의 전환을 시도하였다. SNS 관련 업체와 협업하여 질병관리청 카카오 채널을 개설하였고 재난안전문자 발송으로 정확한 상황인식과 방역 예방 활동을 촉진하였다.[31]

3. 검병 검진

1) 북한 상황

코로나19 팬데믹 초기에는 주로 호담당의사가 주민들의 검병 검진을 담당하였다. 이때 호담당의사 한 명이 500명 정도의 주민을 방문 검사하였다.[32] 오미크론 환자 발생 이후에는 호담당의사뿐 아니라 병원의사, 의과대학 교수 및 학생, 정년퇴직한 의료진까지 총동원하여 '전주민 검병검진사업'을 실시하였다. 하지만 진단키트나 PCR 장비의 부재로 인해 모든 주민 대상의 검병 검진이 효과적으로 시행하기에는 현실적인 제약이 따랐을 것으로 짐작된다.

(1) 2022년 5월 오미크론 확진자 발생 이전

중국에서 최초로 코로나19 환자 발생 직후 북한 보건당국은 국경과 지상, 해상, 공중 등 바이러스가 침입할 수 있는 모든 통로를 완전히 차단 봉쇄하고 "국경, 항만, 비행장 등 국경 통과지점들에서 검사검역을 강화하며 각급 비상방역지휘부들에서 외국 출장자들과 주민들에 대한

31. 질병관리청, 『2020-2021 질병관리청 백서』, 질병관리청, 2022, 92~105쪽
32. 신영전, 「북한의 코로나19 대응과 최근 동향」, 『KDI 북한경제리뷰』 2021년 5월호, KDI, 2021, 51~61

의학적 감시와 검병 검진을 빠짐없이 진행"[33]하였다. 먼저 "2020년 1월 13일 이후 다른 나라에서 입국한 사람들 전체를 대상으로 검병 및 검진을 시행"[34]하였다.

이후 2021년도부터 유열자와 이상 증상이 있는 주민을 찾기 위해 병원의 의료진, 호담당의사 등이 담당구역의 주민들을 방문하여 검진하였다. 위생선전과 마찬가지로 검병 검진도 2년 넘게 지속되자 호담당의사를 비롯한 담당자들이 "마음의 탕개를 늦추고 해이"하지 않도록 경계하였고, "시, 군비상방역기관 일군들의 책임성과 역할을 비상히 높여 하루사업의 전 과정에 방역학적 요구가 엄격히 준수되도록 함으로써 자기 지역안에서 사소한 해이나 빈틈, 허점도 절대로 나타나지 않게 작전과 지휘를 치밀하고도 엄격하게 진행"하도록 독려하였다.[35]

> **혜산시 혜신종합진료소의 의료일군들이 방역전선의 제일선을 지켜선 전초병의 본분을 명심하고 담당구역 주민들에 대한 위생선전사업과 검병검진을 책임적으로 진행해 나가고 있다. (중략) 진료소에서는 매일 비상방역사업정형을 심도있게 따져보면서 의료일군들이 담당한 인민반들에 나가 맡은 임무를 원만히 수행할수 있도록 조직사업을 짜고들고 있다. 이곳 호담당의사들은 비상방역규정학습을 강화하는것과 함께 필요한 자료준비에 품을 들인데 기초하여 주민들에 대한 해설선전, 위생선전을 실속있게 진행하기 위해 적극 노력하고 있다. 이와 함께 인민반장, 위생담당성원들과의 련계밑에 인민반들에서 비상방역사업을 철저히 규정대로 하도록 실질적인 대책을 세우면서 주민들의 방역열의를 더욱 고조시키고 있다. 담당세대들을 찾아가 체온을 잰 정형은 물론 누가 무슨 리유로 검병검진에 참가하지 못하였고 어떻게 대책하였는가 등이 구체적으로 기록되여있는 일지들에는 호담당의사들의 높은 책임성이 그대로 비껴있다.**(『로동신문』, 2022.03.02)

33. 「사설, 신형코로나비루스감염증을 막기 위한 사업을 강도높이 전개하자」, 『로동신문』, 2020.02.01
34. 「우리 나라에 절대로 들어오지 못하게 하기 위한 사업을 강도높이 전개」, 『로동신문』, 2020.02.03
35. 「비상한 각오 안고 각성분발해나섰다」, 『로동신문』, 2022.01.09

(2) 2022년 5월 오미크론 확진자 발생 이후

북한은 오미크론 확진자 발생 이후 기존의 검병 검진을 '전주민집중검병검진사업'으로 격상하고 의료진이 하루에도 여러 차례 주민을 방문하도록 하였다. 이에 따라 기존 호담당의사들 외에도 각급 병원의 의료진과 의료진 양성기관의 학생 및 교원, 인민반장 등 140만 명의 관계자들을 총동원하였다.

하지만 진단키트나 PCR 장비가 거의 없는 상황에서 할 수 있는 것은 많지 않았다. 북한 당국은 "호담당의사들을 비롯하여 검병검진에 동원된 모든 보건일군들은 자신들이 맡고 있는 임무의 중요성을 항상 자각하고 높은 책임성과 무한한 헌신성을 발휘해나가야 한다"며 담당자들의 책임성을 강조하고 검병 검진에서 형식주의를 철저히 경계하라고 주문했다.[36] 『로동신문』에서는 "전주민검병검진사업에서 빈틈이 없도록 요구성을 부단히 높이면서 적극적인 대책들을 따라세우고 있다. 과학적인 방역은 과학적인 검사 수단으로부터 출발하며 방역부문의 검사수단은 인민들의 생명안전과 직결된 사활적인 문제라는 것을 명심한 일군들은 해당한 대책을 세우기 위해 적극 노력하고있다"라며 연일 검병 검진 소식을 전했지만, 실제 내용은 특별한 것이 없었다. 결국 의료일군들은 체온계만으로 "주민들 속에서 발열 증상이 나타나는 즉시 악성전염병으로 의심"[37] 할 수밖에 없었기에 북한 당국이 내놓을 수 있는 통계는 코로나19 확진자가 아닌 유열자였다.

북한 당국은 2022년 8월 코로나19 종식을 선언하면서 "방역전쟁의 승리를 안아오는 데서 제일 수고를 많이 하고 공적을 세운 것은 방역부

36. 「검병검진은 방역강화를 위한 필수적요구」, 『로동신문』, 2022.09.22
37. 「전주민검병검진사업을 책임적으로 실속있게」, 『로동신문』, 2022.06.16

문과 보건부문의 일군들"[38]이라고 검병 검진에 나선 의료인들을 칭찬하였다. 하지만 진단키트가 없는 상황에서 정확한 감염자를 찾는 것은 애초에 불가능하였고 30%가 넘었을 것으로 예상되는 무증상자들은 유열자 통계에서도 제외되었을 확률이 높다. 또한 검병 검진에 나선 140만 명이 넘는 보건의료인 중에 무증상 환자가 포함되어 있었더라면 이들은 코로나19 예방이 아닌 오히려 전파자가 되었을 것이다.

이번에 우리 나라 보건제도의 인민적성격과 생활력이 남김없이 발양되였습니다. 비록 우리 보건의 물질기술적토대는 미약하지만 이미 확립된 우리 식의 의료봉사체계가 효과적으로 가동함으로써 방대한 방역과제, 치료과제가 성과적으로 달성될수 있었습니다. 의사담당구역제와 구급의료봉사체계, 먼거리의료봉사체계와 같은 인민적이며 선진적인 의료봉사제도에 토대하여 유열자장악과 전주민검병검진사업이 매일 진행되고 격리 및 치료가 정확히 실시된것은 전국적범위에서 방역형세의 안정화를 획득하고 감염근원을 없애는데 커다란 작용을 하였습니다. 방역전쟁의 승리를 안아오는데서 제일 수고를 많이 하고 공적을 세운것은 방역부문과 보건부문의 일군들입니다. 설사 본연의 임무라 할지라도 위험한 악성전염병과의 투쟁에서 일선참호에 서있는 방역부문, 보건부문 일군들의 부담과 고생이 제일 컸다고 할수 있습니다. 우리의 방역, 보건전사들은 당과 국가가 맡겨준 인민의 생명수호를 위한 방역전에 서슴없이 온몸을 내대고 누구도 물러서거나 주저앉지 않았으며 자기 임무에 끝까지 충실하였습니다. 인간에 대한 뜨거운 사랑, 환자들을 위해 자기를 바치는 무한한 희생정신, 혁명임무에 대한 높은 책임감과 성실성이 우리 방역, 보건부문 일군들이 자기를 지탱하고 악성병마와의 싸움에 헌신분투할수 있게 한 정신적힘이였습니다. 최대비상방역기간 전국적으로 주민세대들과 인원들에 대한 검병검진을 진행하고 유열자들을 찾아내여 완쾌시키는 사업에 매일 보건일군 7만 1,200여명, 위생열성일군 114만 8,000여명이 동원되고 수천명의 보건부문경력자들이 자원적으로 참가하였으며 이들모두가 이러한 정신으로 애써 노력하였습니다. (중략) 우리 나라가 이번 보건위기속에서 감염자수에 비해 사망자수가 특별히 적은것은 우리 방역, 보건일군들이 한계를 초월하는 노력과 헌신으로 당과 정부의 방역정책, 보건정책을 결사관철하였기 때문입니다. 전국의 방역, 보건일군들은 평소의 몇십배에 달하는 과중한 부담속에서도 매일 24시간 방역초소와 치료초소를 떠나지 않고 심신을 깡그리 바치였습니다.(『로동신문』, 2022.08.11)

38. 「전국비상방역총화회의에서 하신 경애하는 김정은동지의 연설」, 『로동신문』, 202.08.11

[사진 5] 주민들에게 집중 검병 검진을 진행하고 있는 평양의학대학 학생들

출처 : 『로동신문』, 2022.05.20

2) 남한 상황

의료진이 주민 개개인을 방문하여 검병 검진한 북한과 다르게 남한에서는 국민이 자발적으로 진료소를 방문하여 검사받도록 하였고 이를 위해 시군구별 보건소 및 지방 의료원 등에 총 288개소의 선별진료소를 지정하였다. 이후 지속적으로 선별진료소를 확대하여 2021년 12월 31일 기준 전국 선별진료소는 총 631개소에 이르렀다. 또한 철도와 지하철 역사(驛舍), 휴게소, 운동장 등 유동 인구가 많은 곳에 임시 선별검사소를 설치하여 검사 접근성과 편의성을 높였고 세계 최초로 드라이브스루 방식의 코로나19 검사를 시행하였다.[39]

39. 질병관리청, 『2020-2021 질병관리청 백서』, 질병관리청, 2022, 124~129쪽

4. 격리

1) 북한 상황

(1) 2022년 5월 오미크론 확진자 발생 이전

코로나19 발생 초기 북한에서 격리대상자는 크게 두 부류이었다. 먼저는 외국인, 해외 출장자, 이들과 접촉한 주민이었다. 두 번째는 이들을 제외한 전체 주민들로, 전국의 보건의료인들은 담당지역에서 격리 및 치료할 환자를 찾았다.[40]

격리 장소는 지역마다 존재하였다. 평안북도의 경우 관문 여관을 비롯한 여러 곳에서 의학적 감시받고 있다는[41] 보도를 보면 병원이 아닌 곳을 지정하여 격리하였던 것으로 여겨진다. 격리 장소를 관리하였던 조직은 각 지역의 위생방역소였고 책임자들은 격리 장소의 침실, 휴게실, 복도 등에 대한 청소 및 소독을 매일 제정된 규정대로 엄격하게 하도록 요구받았다. 또한 건물의 통풍과 목욕탕 및 화장실에 대한 관리, 격리자들이 사용하는 집기류와 생활필수품들의 소독을 담당하였고 격리 장소에서 나오는 퇴수(退水) 처리와 그 주변의 관리 및 소독도 책임져야 하였다.[42]

격리 장소로는 각 세대를 활용하기도 하였다. 평천구역 위생방역소에서는 격리 세대들이 분산된 실정에 맞게 구역 내의 진료소 호담당의사들과 병원의 의료진 등과 힘을 합쳐 하루 세 차례 이상의 체온 재기

40. 「각지에서 신형코로나비루스감염증 예방사업 적극 전개」, 『로동신문』, 2020.02.02
41. 「자체실정에 맞게 위생선전사업을 짜고들어, 평안북도위생방역소 위생선전관에서」, 『로동신문』, 2020.02.02
42. 「2중, 3중으로 물샐틈없이」, 『로동신문』, 2020.03.09

및 의학적 감시를 하루도 어기지 않고 진행한다고 밝혔다.[43]

격리 기간은 발생 초기보다 감염자와 사망자가 계속 증가하고 코로나19 바이러스의 잠복 기간이 2~14일에서 24일이라는 해외 연구 결과를 확인하면서 2020년 1월 격리 기간 연장 문제가 대두되었다. 이에 2월 중순, 비상설중앙인민보건지도위원회는 최고인민회의 상임위원회에 관련 논의를 제기하였다. 최고인민회의 상임위원회는 「전염병예방법」에 따라 비상설중앙인민보건지도위원회의 제의를 심의하고 승인 및 결정하면서 격리 기간을 잠정적으로 30일로 연장하였다. 이와 함께 국가의 모든 기관과 부문뿐 아니라 북한에 주재 및 체류하는 외국인들에게 이를 무조건 준수하여야 한다고 공지하였다.[44] 이에 2월 13일부터 해당자는 30일간 격리되었다.

2020년 2월 26일 『로동신문』 보도에 따르면, 외국인 총 380명을 전국적으로 격리하였고 외국 출장자와 접촉자들, 이상 증세를 보이는 사람들에 대해도 격리하여 의학적 감시와 함께 검병 검진을 보다 강화하고 있다고 밝혔다.[45] 2020년 2월 말에 격리된 북한주민은 평안남도에서 2,420여명이었고, 강원도는 1,500여명이었다.[46]

(2) 2022년 5월 오미크론 확진자 발생 이후

북한 당국은 2022년 5월 12일 최초로 코로나19 유입 상황을 보도하였다. 다음 날인 5월 13일에는 지역 봉쇄와 단위별 격폐를 시행하고, 유열자는 격리하여 치료한다고 보도하였다.[47] 5월 15일 기사를 통해 봉쇄

43. 「전인민적인 방역사업에서 발휘되고있는 각지 보건일군들의 아름다운 소행」, 『로동신문』, 2020.03.20
44. 「신형코로나비루스감염증을 철저히 막기 위해 격리기간을 연장」, 『로동신문』, 2020.02.13
45. 「위생방역사업을 책임적으로, 각지에서」, 『로동신문』, 2020.02.26
46. 「비루스전염병을 막기 위한 선전과 방역사업 강도높이 전개」, 『로동신문』, 2020.03.01
47. 「경애하는 김정은동지께서 국가비상방역사령부를 방문하시고 전국적인 비상방역상황을 료해하시였

와 격폐가 5월 12일 오전부터 이미 시작되었으며[48] 검병을 통해 발견된 유열자와 이상 증상자를 격리 및 치료하기 위한 긴급 조치가 마련되었다고 하였다.[49]

유열자 수가 감소하던 2022년 5월 31일에는 확진자와 접촉자들에 대해 격리와 치료를 세분화하였고 6월 21일에 '핵산 검사'에서 양성으로 판정된 사람들은 격리지에서 치료받았다고 보도하였으나[50] 그 이전 유열자가 대량으로 발생하던 시기에는 이들을 어떻게 격리 및 치료하였다는 구체적인 내용 확인은 어려웠다.

> **전국각지에 전개된 검사장소들에서 검체검사의 신속성과 정확성을 보다 높여 일반유열자와 악성비루스감염자 등을 감별하는데 각방의 노력을 기울이고 있다. 무엇보다도 전염병을 경과하지 않은 대상들속에서 나타나는 발열자들에 대한 핵산검사를 빠짐없이 진행하며 양성으로 판정된 대상들은 즉시 격리장소에서 치료를 받도록 철저한 대책을 세우고 있다.(『로동신문』, 2022.06.21)**
>
> **발열증상을 나타내는 대상들이 장악, 보고되는 즉시 신속기동방역조와 신속진단치료조성원들이 긴급동원되여 해당 지역들을 봉쇄하고 의진자들과 접촉자들을 빠짐없이 찾아격리시키고 중앙급병원들과의 련계밑에 발열원인을 과학적으로 규명하고 있다.(『로동신문』, 2022.08.08)**

오미크론 감염자가 급증하던 2022년 5월부터 8월까지 북한 당국이 공식 발표한 유열자는 누적 477만 명이었고 일일 최대 39만 명에 이르렀다.[51] 문제는 이들의 격리 방법이었다. 집단 격리 시, 식량 및 생활용품 공급이 제대로 이루어지기 힘들어 결국 대부분은 자가격리를 해야

다」, 『로동신문』, 2022.05.13

48. 「전염병전파사태를 신속히 억제하기 위한 국가적인 긴급대책 강구」, 『로동신문』, 2022.05.15
49. 「최대비상방역체계 가동, 국가적인 긴급대책 강구, 전국의 모든 지역과 부문, 단위들에서」, 『로동신문』, 2022.05.13
50. 「전국적인 집중검병검진 조직, 전염병통제관리체계 더욱 강화」, 『로동신문』, 2022.06.21
51. 「전국적인 전염병전파 및 치료상황 통보」, 『로동신문』, 2022.08.04

만 했을 것으로 추정된다. 『로동신문』에서도 「방역대전에서 누구나 알아야 할 상식」에서 자택 격리 시 스트레스 해소 방법, 자택에서의 코로나19 치료법과 지켜야 할 섭생, 감염증 환자를 집에서 간호하는 방법, 자택 격리 시 운동의 중요성과 행동 질서 등 주로 자택에서 격리할 때 필요한 정보를 제공하였다. 이에 집단 격리보다 자택 격리가 대다수를 차지했을 것으로 보인다.

다만 자택 격리가 불가능한 경우, 즉 단위별 격폐로 인해 사업장이나 공장 등에서 환자가 발생했을 때에는 따로 격리시설을 운영하였고[52] 영농전투가 벌어졌거나 화성지구 1만 세대 주택 건설 현장 등에서는 '림시격리장소를 곳곳에 전개'[53]한 것으로 파악된다.

북한 주재 러시아 특명전권대사는 회견에서 "환자들이 발생한 살림집과 아빠트들은 즉시 봉쇄되였으며 그곳으로는 오직 방역복을 입고 약을 공급하는 군의들만 들어갈 수 있었다"라고 당시 상황을 전하였다.[54] 집합건물의 특정 세대에 유열자가 발생했을 경우 그 세대만 격리한 것이 아니라 집합건물 전체를 격리했다는 뉘앙스로 읽힌다.

> **대학병원, 진료소의 의사, 간호원들이 방역전쟁의 선봉에 서서 당의 보건전사로서의 책임과 본분을 다하기 위하여 피타게 노력하고있다. 그들속에는 계응상사리원농업대학진료소 의사 박영순동무도 있다. (중략) 년로한 몸으로 매일 100여개에 달하는 기숙사호실들을 수시로 돌아보면서 유열자들을 빠짐없이 찾아내고 그들에 대한 치료전투를 벌리는 박영순동무를 보며 모두가 감동되지 않을수 없었다. 낮과 밤이 따로 없이 환자들의 곁에서 치료전투를 벌리는 과정에 유열자들이 하나둘 줄어들게 되였으며 이 나날에 490여명의 유열자들이 완쾌되게 되었다.**(『로동신문』, 2022.06.09)

52. 「당중앙의 결정지시에 대한 사고와 행동의 통일, 자각적인 일치보조속에 비상방역전 심화」, 『로동신문』, 2022.05.19
53. 「전염병위기를 해소하고 방역안정을 회복하는데 총력 집중」, 『로동신문』, 2022.06.12
54. 「조선민주주의인민공화국이 어떻게 신형코로나비루스감염증을 타승하였는가, 우리 나라 주재 로씨야련방 특명전권대사 로씨야신문 기자와 회견」, 『로동신문』, 2022.08.26

2022년 5월 19일에 보도된 기사에는 격리 기간과 격리 해제 기준이 「치료안내지도서」에 규정되었다고 하였지만, 지도서에서 실제 격리 환자 및 가족의 생활 보장 문제나 격리 중 치료의 문제 그리고 격리 해제에 관한 명확한 지침은 찾기 어려웠다.[55]

다만 북한이 코로나19 종식을 선언한 이후 2022년 11월 7일 보도된 「돌림감기와 신형코로나비루스혼합감염증 치료안내지도서」에 2코로나19 격리 해제 기준이 제시되었다. 이 기준에 따르면 "발열증상이 없어진 때로부터 10일간 격리시키며 격리마감에 PCR검사를 24시간 간격으로 2차 진행하여 음성으로 판정되면 격리에서 해제시켜 10일간 의학적감시를 진행"하도록 했다.[56] '하지만, 이 기준이 유열자가 대량으로 발생하던 시기부터 적용되었다면, 그 많은 인원에 대한 PCR 검사가 실제로 가능했는지 여전히 의문이 남을 수 밖에 없다.'

2) 남한 상황

코로나19 팬데믹 초기에는 모든 확진자를 격리병동과 음압병상에 입원하여 치료하였다. 코로나19 환자가 급증함에 따라 입원이 가능한 병상이 부족해졌고 자가격리 중에 사망하는 일까지 발생하여 사회적으로 큰 문제가 되었다.[57] 정부는 공공병원 등을 코로나19 전담병원으로 지정하여 부족한 병상을 해결하려고 했으나 소규모 공공병원만으로는 병상 부족 해결이 불가능했다. 이에 국가시설 및 숙박시설을 '코로나19 생

55. 「당중앙의 결정지시에 대한 사고와 행동의 통일, 자각적인 일치보조속에 비상방역전 심화」, 『로동신문』, 2022.05.19
56. 「《돌림감기와 신형코로나비루스혼합감염증 치료안내지도서》(어른용, 어린이용, 임산모용)」, 『로동신문』, 2022.11.07
57. 구대선, 「대구서 13번째 사망자 발생…병실 없어 자가격리 중 숨져」, 『한겨레』, 2020.02.27

활치료센터'로 지정하여 경증 환자를 격리 입원시키고 의료진이 24시간 상주하여 환자들을 모니터링하였다.

질병관리본부는 코로나19 초기부터 대응 지침을 지자체용, 의료기관용, 집단시설 및 다중이용 시설용으로 다양하게 개발하였다. 대응 지침(지자체용)에는 확진자 격리에 관한 내용(입원이 필요한 경우, 입원이 필요하지 않고 생활치료센터 격리, 자가격리), 확진자 격리 해제 기준, 접촉자 격리 해제 기준 등을 촘촘히 설정하였다. 또한 코로나19 바이러스에 대한 새로운 과학지식이 업데이트되거나 상황이 변하면 즉각적으로 지침을 개정하여 변화된 격리 및 격리 해제 기준으로 관련 기관들이 발 빠르게 대응하였다. 지자체용 대응 지침은 2023년 12월까지 수십 차례 개정되었다. 또한 입원 및 격리자들이 생활고에 시달리지 않도록 생활지원비를 지급하였다.

[표 7] 생활지원비 지원 내용

구분		이전 (~'22.2.13.)	1차 개편 ('22.2.14.~)	2차 개편 ('22.3.16.~)	3차 개편 ('22.7.11.~)
		지침 2-7판	지침 3판	지침 3-2판	지침 4판
생활지원	대상	가구원 전체	가구원 중 격리자	가구원 중 격리자	기준 중위소득 100% 이하 가구의 격리자
	기간	기간 제한 없이 지원	14일	5일	5일
	방식	가구원 수별 차등 지원 (전체 가구원 수 기준)	격리자 수별 차등 지원 (격리자 수 기준)	정액 지원 (격리자 1인 10만 원, 2인 이상 15만 원)	정액 지원 (격리자 1인 10만 원, 2인 이상 15만 원)
	단가	3.5만 원(1人)	3.5만 원(1人)	2만 원(1人)	2만 원(1人)
유급휴가	대상	모든 기업	모든 기업	중소기업	30인 미만 기업
	내용	1일 13만 원 상한, 기간 제한 없이 지원	1일 7.3만 원 상한, 최대 14일 지원	1일 4.5만 원 상한, 최대 5일 지원	1일 4.5만 원 상한, 최대 5일 지원

출처 : 중앙방역대책본부, 『코로나바이러스감염증-19 관련 입원·격리자 생활지원비 지원사업 안내』 4판, 2022.7.11

5. 검사

1) 북한 상황

(1) 2022년 5월 오미크론 확진자 발생 이전

코로나19 팬데믹 초기에는 전 세계적으로 PCR 장비나 진단키트가 부족하여 북한을 비롯한 저소득국가에는 지원되지 못했다. 2020년 7월에 국제적십자연맹이 북한에 PCR 장비 1대와 진단키트 1만 개를 지원하였다고 밝혔고,[58] 세계보건기구도 1천 명이 검사가 가능한 코로나19 검사용 시약, PCR 장비 6대, 의료용 산소발생기 20개, 적외선 체온계 600개 등을 전달한 것으로 알려졌다.[59] 그 외 중국이나 러시아에서 PCR 장비를 지원했다고 보도되었지만[60] 실제 지원 여부는 확인되지 않았다.

한편 『로동신문』은 2021년 8월 "111호제작소의 과학자들과 일군들은 생물공학분원, 채굴기계연구소의 과학자들과 협동하여 우리나라에서 처음으로 되는, 주요 특성지표들이 세계적 수준에 도달한 실시간 PCR 설비를 개발하여 해당 단위에 보내주었다"고 전하였다.[61] 하지만 세계보건기구는 북한이 실시간 PCR 검사 장비를 자체 개발했는지 알지 못한다고 밝혀[62] 북한의 PCR 기기 자체 개발에 의문을 표했다. 그 후 『로동신문』에서도 북한 내에서 일반주민들을 대상으로 PCR 검사를 시행한다는 소식은 나오지 않았다.

---

58. 정아란, 「적십자연맹 "코로나 진단키트 1만개·마스크 4천개 북한 도착」, 『연합뉴스』, 2020.07.14
59. 지정은, 「WHO "북한, 코로나19 확진자 전무"… 개성 사례 확인 못해」, 『자유아시아방송』, 2020.08.27
60. 구경하, 「[영상] 북한, '정은경' 흉내에도 PCR 검사에는 없는 것」, 『KBS 뉴스』, 2022.05.20
61. 「과학기술결사전으로 혁신적인 성과들을 마련해간다, 국가과학원에서」, 『로동신문』, 2021.08.23
62. 정유진, 「세계보건기구 "북한 PCR 검사 설비 자체 개발 여부 알지 못해"」, 『KBS 뉴스』, 2021.08.24

> **중국에서 55명**(경외로부터 들어온 환자 25명, 강소성 19명, 호남성 6명, 중경시 6명, 료녕성 1명, 복건성11명, 사천성 1명)**이 신형코로나비루스감염으로 인한 전염성페염환자로 새로 확진되였다. 강소성 남경시에 있는 한 비행장에서 직원들에 대한 정기적인 핵산검사과정에 감염자들이 발생하였다. 시에서는 해당 성원들을 집중격리시키고 검사를 다시 진행하였으며 국내 및 국제정기항로운행을 잠정중지시키는 조치를 취하였다.**(『로동신문』 2021.08.01)

세계보건기구 동남아시아 지역 사무소(WHO SEARO)의 『COVID-19 Weekly Situation Report』를 살펴보면 2022년 4월 8일까지 북한의 누적 PCR 검사 건수는 총 64,207건이었다.[63] 비슷한 시기 남한의 검사 건수가 총 1억 7,200만 건이었던 것에 비교하면 남한 대비 0.04%에 불과하여 PCR 장비나 진단키트가 절대적으로 부족했을 것으로 추정된다.[64]

(2) 2022년 5월 오미크론 확진자 발생 이후

오미크론 환자 발생 이후 북한 당국은 PCR 검사 능력 확보를 위해 노력한 것으로 보인다. 『로동신문』의 PCR 장비 관련 보도들을 살펴보면, 2022년 6월 "비상방역부문과 과학연구단위들에서는 핵산검사능력을 높이는 데서 나서는 과학기술적 문제들을 적시적으로 풀어나가고"[65] "의학연구원 의학생물학연구소 등의 치료약물개발단위들에서는 핵산검사 시약의 국산화 실현에 박차를 가하고 있다."[66]고 연구개발 상황을

63. WHO, COVID-19 Weekly Situation Report, Week #13 (31 March - 6 April 2022) 8 April 2022, p. 5. searo-weekly-situation-report-13-2022.pdf (who.int)
64. Thom Poole & Robert Greenall, 「Covid: What will the pandemic look like in North Korea?」, 『BBC News』, 2022.05.15
65. 「비상방역사업의 과학화, 전문화수준을 높이는데 주력」, 『로동신문』, 2022.06.01
66. 「방역, 보건부문의 물질기술력증대를 위한 사업 적극화」, 『로동신문』, 2022.06.24

전했다.

겨우 두 달 후, 2022년 8월에는 "방역위기에 대처할 수 있는 정연한 사업체계를 세우고 제약공장들에서 수입에 의존하던 의약품 생산원료들을 국산화하며 실시간PCR검사설비와 검사시약을 우리 식으로 개발"[67] 하였다고 공식 선언하였다. 뿐만 아니라, "국가적인 핵산검사망을 조밀하게 구축"[68]하였고 "7월 28일부터 8월 7일까지의 기간에 10만여 명에 대한 PCR검사를 실시"[69]할 정도로 검사능력을 구축하였음을 보도하였다.

하지만, 미국 및 유엔제재로 모든 물자가 부족하고 코로나19로 국경이 봉쇄된 상황에서 이렇게 단기간에 PCR 장비를 자체 개발하여 전국적인 검사망까지 구축했다는 말을 사실 그대로 믿기는 어렵다.

북한은 이와 더불어 도·시·군 비상방역기관에 생물안전 2급 수준의 PCR 검사실을 설치하는 사업을 진행하였다.[70]

최대비상방역체계가 가동한 이후 지금까지의 상황을 총괄해보면 악성전염병이 전파되기 시작한 초기 수십만명에 달하였던 하루유열자수가 한달후에는 9만명이하로 줄어들었으며 지속적인 감소세를 유지하다가 7월 29일부터는 악성비루스감염자로 의심되는 유열자가 한명도 발생하지 않았습니다. 이 기간 사망자는 모두 74명으로서 치명률에 있어서 세계보건계의 전무후무한 기적으로 될 매우 낮은 수치가 기록되였습니다. 전국적인 감염자발생수는 어제까지 련 12일간 령을 기록하였으며 마지막완쾌자가 보고된 때로부터도 7일이 지났습니다. 이로써 우리 령토를 최단기간내에 악성비루스가 없는 청결지역으로 만들데 대한 우리의 비상방역투쟁의 목표가 달성되였습니다. 국내에

67. 「전국비상방역총화회의에서 한 보고, 토론」, 『로동신문』, 2022.08.11
68. 「방역제도의 공고화를 위한 보다 효률적인 정책 조정, 실시」, 『로동신문』, 2022.07.04
69. 「안정적인 방역환경을 위협하는 요소들을 빠짐없이 찾아 대책」, 『로동신문』, 2022.08.08
70. 「방역토대강화를 위한 사업 각방으로 추진」, 『로동신문』 2022.11.13

서 악성전염병의 재발을 근원적으로 방지할수 있는 조건들이 마련된것도 방역위기종식을 확신할수 있는 유력한 근거로 됩니다. 우선 마지막감염자들이 모두 완쾌되고 핵산검사에서도 음성으로 판명되였으므로 우리 나라에서 신형코로나비루스의 전염원이 완전히 제거되였으며 전사회적으로 방역규정준수기풍이 철저히 확립되고 소독사업이 더욱 강화되여 악성비루스가 전파될수 있는 각이한 경로들이 차단되였습니다.(『로동신문』 2022.08.11)

2) 남한 상황

질병관리청은 2019년 12월 코로나19 발생이 최초 보고되었을 때부터 상황을 면밀히 감시하여 2020년 1월 9일 모든 코로나19를 검출할 수 있는 검사법(판코로나바이러스 검사법)을 구축하였다. 이 검사법을 이용해 해외 유입 의심 사례 및 국내 의심 사례를 검사하여 1월 20일 국내 최초 환자를 확인하였다. 이후 판코로나바이러스 검사법을 보완하여 학계에 공개된 코로나19 유전자 염기서열 정보를 바탕으로 2020년 1월 25일 실시간역전사중합효소연쇄반응법(Real-Time RT-PCR)을 구축하였다.

RT-PCR 개발 후, 전국 시도 보건환경연구원을 대상으로 검사법 교육과 평가를 실시하고 검사 시약을 보급하여 2020년 1월 29일에는 모든 시도 보건환경연구원에서 코로나19 검사를 개시하였다. 또한 코로나19 검사체계를 공공기관을 넘어 민간 의료기관까지 확대하여 2021년 12월 기준 총 244개 검사기관이 코로나19 검사를 시행하였다. 이로써 하루 약 75만 건의 PCR 검사를 수행할 수 있는 검사역량을 확보하였다.

또한 코로나19 검사가 정확하고 원활하게 이루어질 수 있도록 「코로나19 검사실 진단지침」을 마련하여 배포하고 코로나19 검사기관이 더욱 정확하게 검사의 질을 관리할 수 있도록 「코로나19 실험실 진단검사 내부 정도관리 지침」을 마련하고 배포하여 이를 준수하도록 하였다.

한편 일부 언론에서 북한 평양에서 타액 PCR도 진행되었다고 보도하여 진위 여부에 논란이 일었다.[71] 질병관리청에서도 반복적인 검사에 따른 비인두 도말 검체 채취에 대한 거부감 등으로 인해 타액 검체의 PCR 검사 적용 가능 여부를 검토하였다.

검토 결과 개인이 스스로 검체를 채취할 수 있는 것은 장점으로 나타났으나 비인두 도말 검체 대비 타액 검체의 정확도는 약 92% 수준에 그쳤고 PCR 검사 수행 과정에서는 타액 검체의 별도 전처리 과정이 필요하여 인력, 시간이 추가 소요되는 등 전반적인 검사역량에 부담이 가중되는 점이 확인되어 최종적으로 타액 검사의 전면 현장 도입은 시행되지 못했다.

6. 소결

북한은 코로나19 예방을 위해 주민들에게 소독을 강조하였다. 초반에는 주로 교통수단이나 공공장소 소독에 치중하다가 자국에서 확진자가 발생한 이후에는 개인 생활공간 소독을 강조하기 시작하였다. 그리고 이를 위해 소독수 생산능력을 높이고 새로운 소독수 개발법을

71. 문동희, 「발열자 색출 위해 대대적 검사 中…평양서는 타액 PCR도 진행」, 『DALIY NK』, 2022.05.20

모색하였다.

북한 당국은 코로나19가 물체 표면에 붙어 사람에게 전파되는 것을 극히 경계하여 지폐, 휴대전화 등의 표면 소독을 강조하고 해외에서 유입된 물자는 무려 3개월간이나 자연 방치하였다. 무엇보다 북한 내 코로나19 환자 발생이 남한의 대북 전단을 통해 접경 지역에서 시작되었다고 주장하였다.

하지만 물자나 우편물 등을 통해 코로나19에 걸린 공식 사례는 한 건도 없고 물체 표면에 잔존한 바이러스를 통한 감염은 사실상 불가능하다는 것이 세계보건기구를 비롯한 전문가들의 공통된 견해이다.[72]

북한 당국은 위생선전에 『로동신문』이나 TV 등 미디어를 활용하였다. 특히 조선중앙TV에 이례적으로 국가비상방역사령부 담당자가 날마다 나와 지역별 유열자 현황이나 치료자 및 사망자 수 등 주요 데이터를 공개하고 주민들에게 치료법 및 예방법 등을 설명한 점은 그전에는 보지 못했던 새로운 모습이었다. 하지만 공개되는 데이터의 수집 및 보고 과정에 대해서는 공개하지 않았기에 여전히 데이터의 신뢰성을 의심하게 된다.

북한 당국은 모든 의료진을 총동원하여 검병 검진을 실시하였다. 하지만 대부분 진단키트나 PCR 장비 말고 오로지 체온계만으로 유열자를 선별하였기에 다른 열성 질환들과의 감별은 불가능하였고 30%가 넘는 무증상자들은 찾기 어려웠을 것이다. 『로동신문』은 110만여 명의 보건의료인들이 하루에도 서너 차례 각 가정을 방문하여 검병 검진했

72. 김환용, 「북한, 코로나 유입 원인 대북 전단 지목...한국 "가능성 없다" 반박」, 『VOA Korea』, 2022.07.01

다고 선전하였으나 그 의료진 중 무증상자가 존재했다면 오히려 전파자 역할을 했을 것이다. 더불어 전주민검병검진사업에 모든 의료인이 총동원됨에 따라 일반 의료 시스템은 거의 제대로 작동하지 못했을 것이다.

『로동신문』은 코로나19 환자 발생 석 달 만인 2022년 8월 PCR 진단 장비와 시약을 자체 개발하여 충분히 생산한 후, 전국적인 검사망까지 구축하여 10일간 10만 건 이상의 검사역량을 갖추었다고 보도한다. 미국 및 유엔 제재로 모든 물자가 부족한 상황에서 현실적으로 이런 기사를 100% 신뢰하긴 어렵다. 기사 내용을 어느 정도 사실로 인정해도 유열자가 급증했던 초기 2022년 5~7월에는 PCR 검사가 이루어지지 못했음을 반증한다.

참고문헌

- 강영실, 「코로나19에 대한 북한의 기술적 대응」, 『북한경제리뷰』 2020년 9월호, KDI, 2020
- 『뉴시스』, 2022.01.20
- 『로동신문』, 2020.01.01~2023.12.31
- 신영전, 「북한의 코로나19 대응과 최근 동향」, 『북한경제리뷰』 2021년 5월호, KDI, 2021
- 『연합뉴스』, 2020.07.14
- 『자유아시아방송』, 2020.08.27
- 질병관리본부(https://www.kdca.go.kr/gallery.es?mid=a20503010000&bid=0002&list_no=146163&act=view)
- 질병관리청, 『2020-2021 질병관리청 백서』, 질병관리청, 2022
- 『한겨레』, 2020.02.27 / 2020.09.23
- 『BBC NEWS』, 2022.05.15
- 『KBS 뉴스』, 2020.02.11 / 2020.04.15 / 2021.08.24 /

- 2022.05.20
- WHO, COVID-19 Weekly Situation Report, Week #13(31 March - 6 April 2022) 8 April 2022. searo-weekly-situation-report-13-2022.pdf (who.int)

4장

방역물자 연구 및 확보

|임|성|미|

코로나19 팬데믹 기간 북한 당국의 대응 방식에 대하여 일부 외부 분석가들은 북한 의료 시스템의 강점과 한계를 모두 보여주었다고 평가하였다.[1] 하지만 북한이 보건의료 인프라를 어떻게 이용하여 공중보건 관리를 시행하였는지에 대한 정보는 매우 적다. 그럼에도 불구하고 북한의 방역 관련 물품의 연구 및 확보와 교육 상황에서 어떤 흐름이 있었는지 살펴보았다.

1. 북한 상황

가장 기본적인 방역물자는 개인 보호장비(PPE, Personal Protective Equipment) 와 마스크다. 『로동신문』에는 개인 보호장비를 입은 북한의 방역 인력의 모습이 자주 등장하였다. 이는 감염의 위험으로부터 주민과 방역 담당자들을 보호할 뿐 아니라 대중들에게 위험을 알리고 북한 당국이 코로나19 방어에 노력하는 모습을 극대화하여 보여주는 선전 수단이었다.

북한 당국은 코로나19 방어를 위해 모든 기관에서 방역에 필요한 개인 보호장비와 마스크 확보를 주문하였고 각 기관은 이를 갖추기 위하

1. North Korea Appears to Have Managed Its COVID-19 Outbreak: What Comes Next? BY: HEEJE LEE AND SAMUEL S. HAN, AUGUST 15, 2022COMMENTARY, HUMAN SECURITY

여 노력하였다.

> 특히 평양역수출입품검사검역분소에서 마스크, 장갑, 보호안경을 비롯한 개인보호수단들, 체온측정설비들의 구비정형과 사용방법을 료해하고 필요한 대책을 세우는 한편 검사검역원들이 국제렬차에 대한 2차위생검역을 진행하여 사소한 징후도 제때에 적발하기 위한 사업에 만전을 기하도록 하였다.(『로동신문』, 2020.01.31)
>
> 검사검역소에서는 모든 일군들이 신형코로나비루스감염증을 철저히 막는 사업이 인민의 생명, 국가의 안전과 관련되는 중대한 문제라는 높은 자각을 가지고 한사람같이 떨쳐나서도록 하고있다. 검사검역소에서는 일군들의 임무분담을 면밀히 한데 기초하여 보호복과 보호안경, 마스크를 비롯한 방역기재들을 갖추어놓고 검역사업을 실속있게 진행해나가고있다. 특히 검역일군들은 자기 단위의 특성에 맞게 배들이 항으로 들어오기 전부터 검진 및 검역사업을 진행하고있다. 이들은 소독기재들을 구비하고 배의 갑판과 의장품, 내부시설 등을 책임적으로 소독하고있다. 검사검역소에서는 또한 검역일군들에 대한 의학적감시대책도 철저히 세우고있다. 검역일군들 모두가 마스크, 보호안경을 비롯한 개인보호수단들을 착용하고 검역활동을 진행하며 의학적감시속에서 사업하도록 하고 있다.(『로동신문』, 2020.02.12)

남한에서 개인 보호장비는 주로 의료인이 코로나19 환자를 접촉할 때 착용하였다. 『로동신문』 사진에서는 주로 거리나 일정 장소에서 소독하는 사람들이 개인 보호장비를 착용하였다. 이를 통하여 환자를 보는 의료진과 방역대원, 격리자에게도 개인 보호장비를 제공하기 위해 노력하였고 감염에 관한 가이드라인도 작동함이 확인된다.

> 모든 단위에서 국경연선지역에 대한 출장, 려행을 극력 제한하고 다른 나라 사람들과의 접촉을 완전차단하도록 하며 국가비상방역체계가 해제될 때까지 국제렬차, 국제항로운영과 관광봉사를 근절하며 입국자들에 대한 격리 및 의학적감시대책을 엄격히 세워야한다. 국경주변에 입국자들을 격리시키는데 필요한 시설들을 갖추어놓고 보호복, 보호안경, 마스크를 비롯한 의료품과 전력, 식량, 부식물, 먹는물, 생활용품 등을 원만히 보장해주도록 하여야 한다. 해당 단위들에서 신형코로나비루스검사시약을 시급히 확보하기 위한 대책을 세우도록 하여야 한다.(『로동신문』, 2020.02.01)

또한 북한은 개인 보호장비 및 마스크 등의 방역 물품을 격리자들에게 보급하기도 하였는데, 마스크 생산량을 늘리기 위해 평양피복공장, 만경대피복공장, 형제산피복공장을 적극 가동하였다.

> 도비상방역지휘부에서는 격리자들을 대상하는 성원들을 고정시키고 보호복과 마스크를 비롯한 의료품 등을 원만히 보장해주기 위한 대책을 세우고 있다. 또한 의학적감시를 받고있는 사람들이 위생방역규정을 철저히 준수하도록 하고있다. 종합진료소의료일군들은 주민들을 대상으로 물을 반드시 끓여마시는것이 전염병을 철저히 막는데서 나서는 매우 중요한 문제의 하나라는것 등 필요한 대책적문제들에 대하여 구체적으로 알려주고있다. 이밖에도 이들은 동, 지구별위생선전사업 등도 계획적으로 근기있게 진행해나가고 있다. 단 한사람도 빠지지 않게 위생선전사업이 여러가지 형식과 방법으로 강도높이 벌어진 결과 모든 주민들이 각성되여 방안공기갈이를 하고 손을 자주 씻으며 밖에 나갈 때에는 마스크를 착용하는 등 전염병을 막기 위한 사업에 주인답게 참가하고 있다. 평양시피복공업관리국 일군들과 로동계급이 마스크생산을 본격적으로 하고있다. 관리국에서는 자재보장으로부터 생산에 이르기까지 단위별, 공정별임무분담을 짜고들고 생산조직과 지휘를 기동적으로 전개하였다. 인민의 생명과 건강증진을 제일가는 중대사로 내세우고있는 우리 당의 숭고한 뜻을 심장에 새겨안고 평양피복공장, 만경대피복공장, 형제산피복공장에서는 마스크생산을 위한 긴급대책을 세우고 내부예비를 총동원하였다. 강동피복공장, 사동옷공장 등에서도 합리적인 가공방법들을 적극 받아들이고 설비들의 만가동을 보장함으로써 매일 수만개의 마스크를 생산하였다.(『로동신문』, 2020.02.05)

미국 식품의약국(FDA, Food and Drug Administration)에서 지정한 의료용 보호복은 호흡기 장비와 고글 및 마스크 유무에 따라 A, B, C, D로 구분된다. 북한에서 사용한 보호장비는 주로 방역복과 마스크, 안경이었고 이에 level C와 D였을 것으로 짐작된다.

『로동신문』에 게재한 관련 사진을 자세히 보면, 보호복의 외형이 마치 level B처럼 보이기도 한다. level B 의료용 보호복의 경우 유독가스로부터 호흡기를 보호하기 위한 공기 호흡 장치가 마스크와 연결되어야 한다. 하지만 북한의 대부분 사진은 방역 담당자의 등에 공기 호흡 장치가 아닌 소독수 통이 연결되었으니 level B가 아닌 level C 정도로 보아야 한다.

[사진 6] 미국 FDA의 의료용 보호복 구분

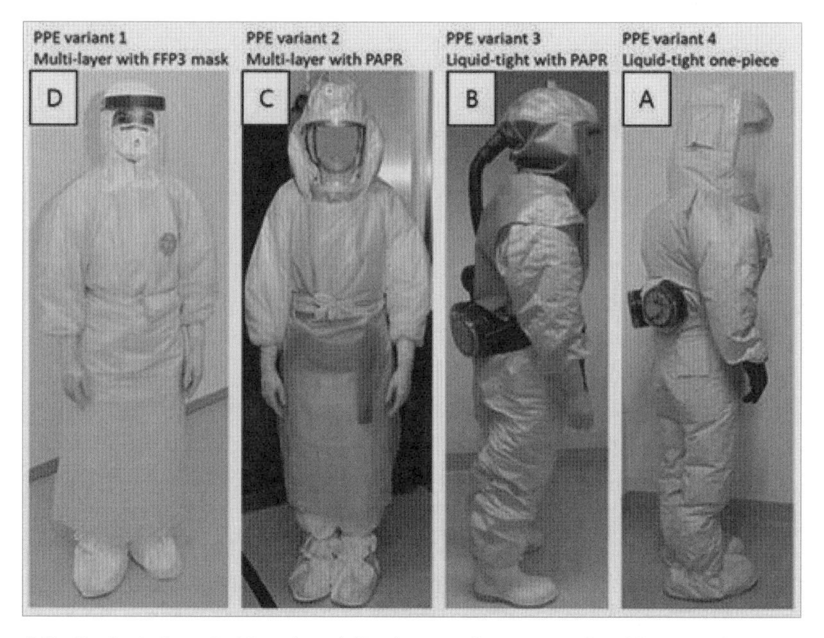

출처 : Martina Loibner, Paul Barach et al., 「Resilience and Protection of Health Care and Research Laboratory Workers During the SARS-CoV-2 Pandemic: Analysis and Case Study From an Austrian High Security Laboratory」, 『CONCEPTUAL ANALYSIS』 Volume 901244, 22 July 2022, p.5

[사진 7] 평양가방공장의 방역 모습(level D)

출처 : 『로동신문』, 2021.06.18

[사진 8] 락랑구역에서(level C)

출처 : 『로동신문』, 2022.05.25

또한 의료용 보호복은 입을 때보다 벗을 때 감염이 잘 발생하므로 탈의 시 주의를 기울여야 하고 이에 대해 사전교육이 충분히 이루어져야 한다. 하지만 북한에서 의료진과 방역 요원들 대상으로 의료용 보호복 착탈 교육을 시행하였는지는 언급이 안 보인다.

단순 방역물자 외에 관련 의약품이나 의료장비 등을 확보하기 위한 북한 당국의 움직임은 2020년 1월경부터 시작되었다. 국경이 인접한 중국에서 시작된 코로나19의 빠른 전파를 지켜보면서 북한도 위기의식을 느꼈기에 코로나19에 대한 감시 및 진단, 치료제를 자체 생산하기 위해 다양하게 시도하였다.

> **모든 당조직들에서는 신형코로나비루스감염증의 전파를 막기 위한 사업을 국가존망과 관련된 중대한 정치적문제로 여기고 정치사업을 강화하며 각급 비상방역지휘부들과 위생방역기관, 치료예방기관, 의학연구기관들에서 진행하는 주민들에 대한 의학적감시와 진단, 치료약물개발과 관련한 연구 등이 성과적으로 진행될수 있게 적극 떠밀어주어야 한다.**(『로동신문』, 2020.01.29)

우선 항바이러스제와 진단검사법에 관한 연구를 추진하였다. 그리고 약초를 활용한 한약을 개발하고자 하였다. 하지만 연구가 곧바로 상용할 수 있는 의약품의 개발로 이어진 것은 아니었다.

악성전염병인 신형코로나비루스감염증이 급속히 전파되는것과 관련하여 여러 과학연구기관에서는 전염병을 미리막기 위한 연구사업을 활발히 벌리고 있다. (중략) **신형코로나비루스감염증에 대하여 항상 각성있게 대하고 즉시적인 대책을 세우기 위하여 의학연구원 의학생물학연구소와 약학연구소에서는 항비루스약개발을 힘있게 다그치고 있다.** (중략) **고려의학종합병원 연구사들은 고려항비루스약연구에 큰 힘을 넣고있으며 약초들의 항비루스성분을 리용하기 위한 연구를 심화시키고 있다.** (중략) **과학자들은 우리 실정에 맞는 검사방법을 확립하여 외국출장자들, 그들과 접촉한 사람들을 비롯하여 의학적감시대상자들에 대한 관찰을 보다 정확히 할수 있게 하였다.**(『로동신문』 2020.02.27)

북한이 연구하여 제품화한 항바이러스제는 '우웡항비루스물약'이었다. 하지만 이 의약품은 2016년 9월에 개발한 것이다. 해당 약물은 평양시 선교구역 남신종합진료소 의사 장미란을 비롯한 의료인들과 평양의학대학, 의학과학원 약학연구소, 국가미생물검정소의 과학자 등이 협업하여 완성한 것이다. 이 의약품이 지카, 에볼라 등 세계적으로 유행하던 급성 호흡기 바이러스의 예방 및 치료에 효과가 크다고 선전하였다.[2]

이에 맞게 각지의 호담당의사들은 담당한 주민지구를 돌면서 주민들속에서 열이 있는 환자와 치료에 잘 반응하지 않는 폐염환자들을 찾아 확진하는것과 함께 의진자가 발견되면 방역기관과의 련계밀에 철저히 격리시키기 위한 사업들을 미리미리 선행시켜나가고 있다. 약물생산단위들에서는 우리 나라에 흔한 약재를 가지고 만든 우웡항비루스물약을 비롯하여 항비루스제들을 많이 생산하기 위한 전투를 벌리고있으며 이에 맞게 해당 단위들에서는 필요한 약물들을 공급하기 위한 조직사업을 따라세우고 있다.(『로동신문』 2020.01.28)

2. 엄주현, 『북조선 보건의료체계 구축사 II』, 247~248쪽

시에서는 보건기관들에 각종 의약품들과 의료용소모품, 마스크와 소독약들을 제때에 더 많이 보내주기 위한 사업을 통이 크게 작전하고 실속있게 집행해나가고있다. 현재 시에서는 구역, 군들에 수십종에 수만L의 소독약을 집중적으로 공급하여 위생방역사업에 적극 이바지하게 하고있다. 구역, 군고려약공장들에서는 항비루스물약들을 대량적으로 생산하여 보건부문들에 보내주는 사업을 힘있게 벌리고 있다.(『로동신문』, 2020.02.22)

북한은 코로나19가 전 세계적으로 유행하기 시작하면서 우웡항비루스물약을 대량으로 생산하여 코로나19 치료에 사용했던 것으로 보인다. 또한 해당 약물은 2022년 북한에 오미크론 환자가 발생했을 때 치료제로 사용되기도 하였다.[3]

우웡항비루스물약 외에 코로나19 팬데믹 기간 북한이 개발한 항바이러스제로는 "뉴풀린광폭항비루스주사약"이 있다. 하지만 이 주사제는 단 한 번 보도에 그쳤고 이후에는 전혀 언급되지 않아 실제로는 사용했는지는 확인이 안 된다.

악성전염병인 신형코로나비루스감염증이 급속히 전파되는것과 관련하여 여러 과학연구기관에서는 전염병을 미리막기 위한 연구사업을 활발히 벌리고 있다. 신형코로나비루스감염증에 대하여 항상 각성있게 대하고 즉시적인 대책을 세우기 위하여 의학연구원 의학생물학연구소와 약학연구소에서는 항비루스약개발을 힘있게 다그치고 있다. 국가과학원 생물공학분원에서 내놓은 뉴풀린광폭항비루스주사약은 국가미생물검정소의 검사에서 합격되였다고 한다. 평양의학대학 약학부와 비루스연구소에서는 돌림감기비루스 등에 의한 질병을 치료하는데 도움이 되는 피돌린산감기겔을 새로 연구하였다. 고려의학종합병원 연구사들은 고려항비루스약연구에 큰 힘을 넣고있으며 약초들의 항비루스성분을 리용하기 위한 연구를 심화시키고 있다. 연구기관들에서는 이미 개발한 항비루스약들의 효능을 더욱 높이기 위한 사업도 적극 추진시키고 있다.(『로동신문』, 2020.02.27)

---

3. 「신형코로나비루스감염증치료안내지도서-어른용(2)」, 『로동신문』, 2022.05.21

북한에서 방역과 관련한 물자의 연구에서 성과를 낸 분야는 소독제와 관련한 내용이다. 자원과 기술의 한계로 인하여 치료제와 백신의 개발에는 한계가 있었고 방역은 소독에 중점을 두었기 때문에 소독제를 많이 필요로 하였다.

평안북도고려약생산관리처에서는 자체의 힘으로 염소계소독약인 이산화염소수생산공정을 번뜻하게 꾸려놓고 신형코로나비루스감염증을 막기 위한 위생방역사업에서 성과를 거두고 있다. 이산화염소수는 상업 및 급양망들과 병원을 비롯하여 모든 건물들과 각종 상품, 의료기구 등의 소독에서 좋은 효과를 나타낸다. 관리처에서는 이산화염소수생산공정을 새로 꾸리기 위한 구체적인 조직사업을 하는것과 함께 기사장 리금철동무를 비롯한 8명의 성원으로 기술혁신조를 뭇고 필요되는 설비와 시약들을 보장해주었다. 부닥치는 애로와 난관을 자체의 힘으로 뚫고 이들은 10여차에 걸치는 긴장한 실험끝에 기준에 맞는 이산화염소수를 생산하는데 성공하였다. 관리처에서는 이에 맞게 소독약을 긴급히 생산보장하는데 총력을 집중하여 하루생산량을 지난 시기보다 두배로 늘이였다. 그리하여 짧은 기간에 많은 량의 소독수를 생산하여 애육원, 육아원을 비롯한 수십개 단위에 보내주어 신형코로나비루스감염증을 막기 위한 방역사업에 이바지하였다.(『로동신문』, 2020.02.13)

북한이 약 4년 동안 코로나19를 방어하면서 연구에 성과를 보이며 실제 사용한 방역물자는 항바이러스제와 소독제였다. 그러나 2022년 5월 오미크론 확진자가 발생하면서 방역에 필요한 물자의 확보가 절실해지면서 관련 물자의 연구가 이루어졌다. 코로나19 진단을 위한 PCR 장비가 대표적인데 북한에서는 '핵산신속검사설비'를 개발하였다고 공개하였다.

평양의학대학과 국가과학원 지구환경정보연구소, 농업연구원 농업정보화연구소의 일군들과 과학자들은 선진적인 핵산신속검사설비개발, 밀보리두벌농사지역선정을 위한 전자지도작성과 관련한 대상과제들을 성과적으로 결속하였다. (중략) 천리마제강련합기업소와 국가과학원 흑색금속연구소 그리고 김일성종합대학과 김책공업종합대학에서는 일군들부터가 앞장에 서서 단위들사이의 협동을 긴밀히 하고 과학자, 기술자들의 책임성과 역할을 백방으로 강화함으로써 많은 중요과학연구대상과제수행에서 성과를 거두고 있다.(『로동신문』, 2022.09.04)

[사진 9] 의학연구원 의학생물학연구소의 연구 모습

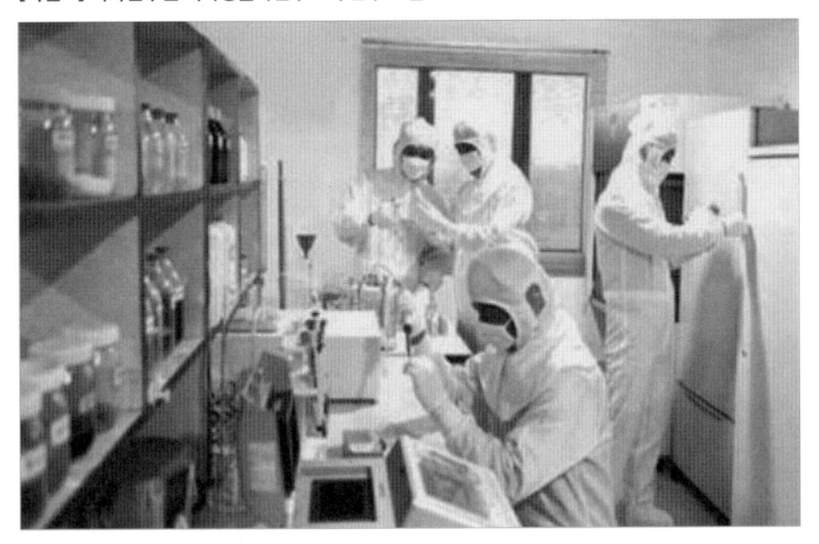

출처 : 『로동신문』, 2020.01.30

2022년 8월에는 이동형 음압 이송 카트가 도입되었다고 보도하였다. 해당 장비는 '음압 전용 격리형 들것'으로 코로나19와 같은 병원체가 외부로 퍼지는 것을 차단하면서 감염이 의심되는 환자를 오염구역으로부터 치료가 가능한 지정장소로 이동하는 데 사용되는 장비라고 설명하였다. 또한 카트 안은 지속적으로 음압을 유지하여 외부 공기를 유입하고 필터가 달린 모터를 통해 카트 안의 오염된 공기를 여과하여 배출하는 원리라며 공개하였다([사진 10]).

[사진 10] 황해남도 은률군에 도입한 음압 이송 카트

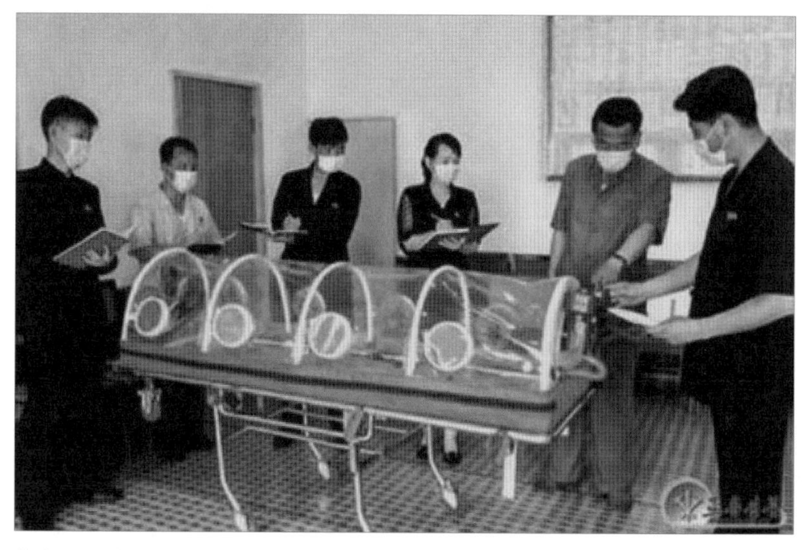

출처 : 『로동신문』, 2022.08.02

남한에서 사용하였던 이동형 음압 텐트와 거의 비슷한 모습이었다. 또한 코로나19 확진자가 점차 증가하자 인공호흡기와 자동제세동기에 관한 심층 연구도 진행한 것으로 보인다.

보건부문에서 현대적인 구급의료설비를 개발하기 위한 사업이 힘있게 벌어지고 있다. 보건성 의료기구공업관리국 의료기구연구소에서 이미 개발한 자동인공호흡기와 탈세동기 등을 보다 높은 수준에서 세련완성시키기 위한 연구가 심화되고있으며 의료기구공장들에서 계렬생산을 위한 준비사업들이 적극 추진되고 있다. (중략) 묘향산의료기구공장, 평양전자의료기구공장에서는 개발사업이 끝나는것과 동시에 계렬생산에 들어갈 수 있도록 공정들을 꾸리는 사업들을 진행하고 있다.(『로동신문』, 2022.06.30)

북한에서 자체적으로 관련한 물자를 연구하여 생산하려는 움직임이 나타난다. 그리고 일부 물자는 개발한 것으로 보인다. 하지만 얼마나 생산하였고 의료기관에 어느 정도 보급되었으며 해당 장비들이 환자의

진단에 얼마나 사용되었는지 확인하기 어려웠다. 만약 코로나19 방어에 필요한 물자를 개발하여 널리 활용하였다면 북한 언론의 특성상 관련 사진을 보도했을 것이 확실하다. 아마도 필요한 만큼의 물자 생산은 어려웠던 것으로 짐작된다.

2. 남한 상황

코로나19 팬데믹으로 인해 의료인력을 포함한 의료자원 배분의 최적화는 남한에서도 중요한 문제였다. 우선 코로나19 대응 의료인력 확보를 위하여 중앙정부와 지자체는 은퇴나 휴직하고 있는 의사, 간호사, 간호조무사, 임상병리사 등을 모집하였다.

중앙정부는 2020년 2월 1차 대유행 당시 대구 파견 인력에 대한 경제적 보상 등의 내용을 담은 「코로나19 치료를 위해 파견된 의료인력 지원, 운영 지침(안)」을 마련하여 파견 인력의 근무수당, 위험수당, 교육수당, 초과근무수당, 출장비 등을 지원하였다. 하지만 코로나19 환자가 급증하고, 확산세가 장기간 지속되면서 업무량이 늘고 강도가 증가함에 따라 의료진의 피로도가 높아졌다. 같은 코로나19 환자를 진료하더라도 파견된 인력과 기존에 근무하는 인력의 처우가 달라 사회적으로 논란이 되기도 하였다.[4]

인공호흡기와 코로나19 진단키트, 마스크 및 개인 보호장비 등은 전 세계적으로 부족을 겪었고 남한도 예외는 아니었다. 특히 마스크 품귀

4. 신정우, 천미경, 「코로나19 대응을 위한 보건 의료 자원의 확충: 세 개의 축」, 『보건복지 Issue & Focus』, 408호, 2021

대란을 겪으며 건강보험심사평가원의 DUR(Drug Utillization Review, 의약품안전사용서비스) 시스템을 이용하여 약국에서 제한적으로 배포하기도 하였다. 진료 현장에서도 개인 보호장비가 부족하였다. 일부 지역에서는 검체 채취 시 level D 방역복 대신 의료용 가운을 착용하라는 정부 지침이 내려와서 현장 의료인들의 반발을 사기도 하였다.[5]

또 다른 곳에서는 물품 부족으로 감염지침을 자체적으로 하향 조정하였는데, 예를 들어 당시 지침상 N95 마스크를 착용해야 했으나 자체적으로 KF94 마스크로 하향 조정하거나 방역 당국이 level D를 권고해도 AP 가운을 사용하기도 하였다. 또한 당시 음압기 수급의 문제로 음압기가 설치되지 않은 병실에 환자가 입실하는 등의 문제가 발생하기도 하였다.[6]

3. 소결

북한의 코로나19 방역 물품의 종류와 질적 수준, 공급 현황 등은 자료의 부족으로 인해 명확하게 평가하기 어려웠다. 그럼에도 2020년부터 2023년까지 『로동신문』을 통해 알아본 코로나19 팬데믹 기간의 북한 의료시설과 장비 관련 대응 노력은 다음과 같이 정리 가능하다.

첫째, 코로나19 진단 및 고려약을 이용한 치료약 개발을 위해 고군분투하였다.

둘째, 코로나 확진자를 위한 격리 치료시설 및 검사실을 각 도에 만

5. 권민지, 「방역복 대신 가운 입어라. 의료계 "의사가 일회용이냐" 반발 확산」, 『의사신문』, 2020.02.28
6. 김은영, 「코로나19 2년째인데, 여전히 방호복은 '스테이플러 땜질'」, 『청년의사』, 2021.06.22

드는 사업과 보건산소공장[7]을 건설하였다. 『로동신문』의 대부분 기사는 소독수 생산 강화를 독려하는 내용이었다. 이것으로 보아 자원의 한계로 다른 의료시설 및 장비에 대한 충분한 공급은 힘들었을 것으로 보인다.

참고문헌

- 『로동신문』, 2020.01.01~2023.12.31
- 신정우, 천미경, 「코로나19 대응을 위한 보건 의료 자원의 확충: 세 개의 축」, 『보건복지 이슈와 논점』 제408호, 국회입법조사처, 2021
- 엄주현, 『북조선 보건의료체계 구축사 II』, 선인출판사, 2023
- 『의사신문』, 2020.02.28
- 『청년의사』, 2021.06.22
- HEEJE LEE AND SAMUEL S. HAN, North Korea Appears to Have Managed Its COVID-19 Outbreak: What Comes Next?, AUGUST 15, 2022, COMMENTARY, HUMAN SECURITY

7. 의료용 산소를 만드는 공장

5장

해외 유입 물자와 사람에 대한 검역 및 봉쇄

| 강 | 영 | 아 |

1. 북한 상황

감염병 유행을 통제하는 방법으로 검역(Quarantine)은 감염병에 노출되었을 가능성이 있는 사람, 동물, 물자 등을 일정 기간 격리하여 건강 사회로의 감염병 유입을 예방하기 위한 활동이다. 국가 간 교역과 여행이 일상화된 글로벌 시대에는 한 국가나 지역의 감염병이 인접 지역뿐만 아니라 전 세계 건강 문제가 되기까지 기간이 점점 짧아졌다.

특히 신종감염병은 인간의 면역력, 치료제, 백신 등이 정립되어 있지 않아 국제적인 보건의료와 관련한 문제를 일으킬 수 있다. 이미 1970년대부터 에볼라바이러스, 인간면역결핍바이러스, 장출혈성대장균 등이 등장했다. 신종감염병 중 국가 간 신속한 전파로 세계적인 보건 이슈가 된 질환으로는 중증급성호흡기증후군(SARS)을 들겠는데, 2002년 11월부터 이듬해 7월까지 약 37개 국가로 확산하였다. 각 국가는 이후부터 더욱 적극적으로 감염병의 해외 유입을 차단하기 위한 검역체계를 강화하고 국가 간 협력체계를 통하여 공동으로 대응해 왔다.

검역은 중세 시대 페스트 유행 때부터 국가 간 감염병 전파를 예방하기 위해서 실시해 온 격리 방법이다. 우리나라에서 검역 대상이 되는 감염병은 콜레라, 페스트, 황열 외에 사스, 동물인플루엔자 인체감염증, 신종인플루엔자, 메르스, 에볼라바이러스이다. 그 외 긴급 검역 조치가 필요한 감염병의 경우 질병관리청장이 고시한다.

북한은 해외 감염병 유입을 방지하기 위하여 1947년 6월 「해항검역에 관한 규정」을 제정하였다. 이후 1949년 11월 보건성 규칙 제11호로 「검역소에 관한 규정」을 제정하였는데, 해상, 공중, 육로로 유입이 가능한 페스트, 콜레라, 두창(천연두) 등의 검역을 규정하였다.[8] 1996년 1월에 제정된 「국경위생검역법」에서는 국제검역전염병인 콜레라, 페스트, 황열과 '중앙보건지도기관'이 공포하는 지정 검역 전염병을 검역의 대상으로 한다.[9]

2002년과 2003년 사스의 전파로 인해 시행된 국가 간 교류 중지는 국내 유입을 막는 초기 단계의 중요한 감염병 확산 억제 정책이었다. 그러나 국경을 막고 모든 국가와 교류를 완전히 중지하겠다는 봉쇄정책은 경제, 사회적으로 밀접하게 연결된 지금에는 그 실행 정도를 고민하게 된다.

하지만 북한은 세계적인 감염병이 유행할 때 자국 유입을 막기 위하여 매우 적극적으로 국경 봉쇄 정책을 추진하였다. 2020년 코로나19가 발생하자 북한 당국은 "신형코로나비루스의 감염을 막는 제일 좋은 방도는 이 비루스가 우리나라 경내에 들어오지 못하도록 경로를 완전히 차단하는 것이다"라며 국경과 지상, 해상, 공중 등 모든 공간의 통로를 선제적으로 완전히 차단, 봉쇄하였다. 동시에 국경, 항만, 비행장 등 국경 통과 장소에서 검사 및 검역사업을 강화하였고 해외 출장자 및 이들과 접촉한 주민들에 대한 검병 검진을 진행하여 의심자를 찾아냈다.

8. 김수연·김지은, 「비상방역법 제정을 통해 본 북한의 코로나-19 대응과 향후 협력 방안」, 『통일과 법률』 제48호, 법무부, 2021년, 76쪽
9. NK chosun, 자료실, 법규, 국경위생검역법(https://nk.chosun.com/bbs/view.html?idxno=505&sc_category=) (검색일 : 2024.08.09)

이렇게 북한은 코로나19 유행 초기부터 검역과 봉쇄정책을 매우 강조하였다.[10] 특히 이번 코로나19 대응은 어느 때보다 더 강력하였다. 2000년대 초 사스 유행 당시에는 인접국인 중국에서 유행이 시작되었고 치명률도 10%에 가까웠으나 평양-베이징 항공 노선과 신의주 세관의 일시적인 폐쇄로 대응하였다.[11] 그러나 코로나19 유행이 알려지자마자 북한은 2020년 1월 22일 어느 국가보다 먼저 국경을 봉쇄했다.[12]

국경을 완전하게 봉쇄하는 것은 국경을 마주하는 국가와의 교역도 중단하는 의미로 경제적인 파급성을 고려해야 한다. 북한은 2017년 하반기부터 국제사회로부터 대북 제재가 강화되어 무역 규모가 크게 줄었다고 알려졌다. 코로나19에 따른 국경 봉쇄 이후 자본재와 중간재의 수입이 거의 중단됨에 따라 제조업의 생산량이 많이 감소했을 것이고 소비재의 수입 감소로 인하여 주민들의 소비생활 수준을 악화시켰을 것으로 보인다.[13]

북한은 2020년 1월 13일 이후 다른 나라에서 입국한 사람들을 전국적 범위에서 "빠짐없이 장악하는 것과 동시에 그들에 대한 의학적 감시대책도 빈틈없이 세웠다"고 주장하였다.[14] 이때 북한은 "국경, 항만, 비행장 등에서 위생검역사업을 실시하고 있으며 외국 출장자에 대한 의학적 감시를 책임적으로 하여 의진자가 발생하는 경우 제때에

10. 「사설, 신형코로나비루스감염증을 막기 위한 사업을 강도높이 전개하자」, 『로동신문』, 2020.02.01
11. 김호홍·김일기, 「북한의 코로나19 대응 : 인식, 체계, 행태」, 『INSS연구보고서』, 국가안보전략연구원. 2021, 24쪽
12. 오택성, 「북한 국경봉쇄 1년…"경제 타격 치명적, 인도지원 차질"」, 『VOA Korea』, 2021.01.22
13. 홍제환, 「국경봉쇄 조치 이후 북한경제의 동향 : 진단과 전망」, 『KDI 북한경제리뷰』, 2021년 5월호, KDI, 62~69쪽
14. 「우리나라에 절대로 들어오지 못하게 하기 위한 사업을 강도높이 전개」, 『로동신문』, 2020.02.03

격리시키기 위한 조직사업들을 치밀하게 진행하고 있다"고 밝힌 것으로 보인다.[15]

북한은 국경 봉쇄 이후인 2020년 1월 29일 비상설 중앙인민보건지도의원회의의 결정으로 "신형코로나비루스 감염증의 위험성이 없어질 때까지 위생방역체계를 국가비상방역체계로 전환"하고 "중앙과 도, 시, 군에 비상방역지휘부를 조직"하였다. 또한 각급 비상방역지휘부에 '봉쇄 및 검역분과'를 두어 코로나19의 유입 경로를 파악하고 대책을 수립하며 국경 통과 장소에서 검사와 검역을 강화하도록 지시하였다.[16]

또한 비상방역지휘부는 "국경, 항만, 비행장 등 국경통과지점에서 검사 검역사업을 보다 철저히 짜고 들며 외국 출장자들과 주민들에 대한 의학적 감시와 검병 검진을 빠짐없이 진행하여 환자, 의진자들을 조기에 적발하고 격리치료하는 문제, 검사 및 진단시약, 치료약들을 확보하는 문제, 위생선전을 강화하는 문제 등에 대한 조직사업을 치밀하고 강도 높이 전개해 나가고 있다"고 밝히며 해외 유입 물자에 대한 검사와 검역에 집중하는 모습을 보였다.[17]

국경의 주요 지점에서 검사 및 검역을 담당하는 주체는 국가품질감독위원회였고 산하의 각급 검역소가 사업을 진행하도록 '해외출장자 귀국 및 수입물자에 대한 위생검역대책'을 수립하였다.[18] 또한 담당자를 지역의 수출입품검사검역소로 파견하여 지역의 비상방역지휘부와

15. 「신형코로나비루스감염증을 막기 위한 긴급대책, 보건부문에서」, 『로동신문』, 2020.01.28
16. 김호홍·김일기, 「북한의 코로나19 대응 : 인식, 체계, 행태」, 50~53쪽
17. 「신경코로나비루스감염증을 철저히 막기 위한 비상대책 강구」, 『로동신문』, 2020.01.30
18. 국가품질감독위원회는 북한의 품질인증 관리기관으로 우수제품 선정 등 자체 품질인증제도와 ISO, HACCP 등 국제품질인증제도도 운영. 이유진, 「북한의 품질인증제도 운영 현황」, 『Weekly KDB Report』, 2021.08.17., KDB산업은행 미래전략연구소, 1쪽

합동으로 검역업무를 수행하도록 조직을 정비하였다.[19] 특히 평양으로 코로나19가 유입되는 것을 방지하기 위해 평양으로 통하는 모든 통로에서 검사, 검역, 검병 검진을 강화하였다.[20]

검사, 검역을 위한 지침서도 제작하여 관련 기관에 하달하였는데, 주요 지침서로는 「다른 나라에서 들여오는 물자들에 대한 소독지도서」, 「신형코로나비루스 감염증을 막기 위한 국경검사검역규정」 등을 들 수 있으며 "그 요구를 무조건 지키기 위한 강한 실무적 대책들을 세워나갈" 것을 강조하였다.[21]

「다른 나라들에서 들여온 물자들에 대한 소독지도서」에는 관련 기관이 수입 물자를 취급할 때 지켜야 할 규정을 자세히 담았고 소독약(이산화염소)과 방역 인력이 착용해야 할 개인 보호장비 등을 규정하였다. 특히 소독약의 사용법을 세세하게 안내하면서, "운수 수단과 수입 물자들에 대한 1차 소독은 분무기로 사용하고 소독액은 고체이산화염소 2봉지를 물 10리터에 풀어 만들도록 하고 있다. 또한 훈증 소독할 때는 소독 용적이 160m^3 이하일 때는 이산화염소 1봉지, 이상일 때는 160m^3당 한 봉지씩 더 사용하도록 규정"하였다.[22]

신형코로나비루스감염증을 막기 위한 「국경검사검역규정」에는 국경은 물론이고 북한의 영해, 영공, 영토를 통과하는 모든 운수 수단(자동차, 트럭, 선박, 비행기 등)이 전염병의 전파와 환경 오염이 가능한 매개물이라며 철저한 소독을 요구하였다. 그 검역 과정을 살펴보면, 국경과 무역항 등으로 들어온 물자들은 먼저 격폐된 장소에서 열흘 동안 자연 상태에

19. 「신형코로나비루스감염증을 막기 위한 위생검역에 큰 힘을, 국가품질감독위원회에서」, 『로동신문』, 2020.01.31
20. 「전염병을 차단하기 위한 사업을 강하게 내민다, 전국각지에서」, 『로동신문』, 2020.02.08
21. 「위생방역사업을 책임적으로, 각지에서」, 『로동신문』, 2020.02.26
22. "수입물자취급에서 지켜야 할 중요한 요구(1)," 『로동신문』, 2020.03.12.

[사진 11] 강원도 수출입품검사검역소의 소독 현장

출처 : 『로동신문』, 2020.02.12

서 방치하였다. 그리고 지도서의 규정대로 소독한 다음에야 물자를 국내로 반입하도록 하였다. 물자들을 소독할 때는 포장 용기뿐만 아니라 포장 용기 속 물자들까지 소독하였다.[23]

국경통과지점에 머물러있는 운수수단과 우리 나라의 령해나 령공, 령토를 통과하는 모든 운수수단에서 전염병을 전파시킬수 있거나 환경을 오염시킬수 있는 물질이나 배의 짐조절물같은것을 마음대로 버릴수 없다고 지적되여있다. 모든 지역과 해당 단위 일군들은 우리 나라 령해와 대동강류역에 격리되여있는 무역선박들에서 오수를 령해와 대동강에 버리지 않도록 강한 대책을 세워야 한다. 무역선박들에서 오수탕크가 넘지 않도록 매일 선박들에 정상적으로 알아보고 오수탕크가 차는 경우 오수처리를 위한 림시저장탕크의 제작과 리용, 오수처리배의 만가동보장 등 실무적인 대책을 철저히 세워야 한다. 특히 대동강류역과 동서해에 위치한 항들에서는 현재 가박지들에 격리되여있는 모든 무역선박들이 오수를 대동강과 령해에 절대로 버리지 않도록 감시와 통제를 강화하여야 한다.(『로동신문』, 2020.03.09)

23. "검사검역을 사소한 빈틈도 없게, 남포수출입품검사검역소에서", 『로동신문』, 2020.03.09.

[사진 12] 남포항의 수출입품검사검역소에서 소독하는 모습

출처 : 『로동신문』, 2020.03.09

평양국제비행장은 평양항공역 수출입품검사검역분소에서 검역을 담당하였고 비행기 안에서부터 검진 및 검역을 수행하였다. 관계기관과 협력하여 비행기, 수하물, 승강기 등을 소독하였다. 검역 담당자들이 코로나19에 감염되는 것을 예방하기 위하여 "의학적 감시대책"을 운영함과 동시에 "검역일군 모두가 마스크, 보호안경을 비롯한 개인보호수단을 착용하고 검역활동을 한다"고 보도하였다.[24]

24. 「관문초소를 지켜서 높은 책임감을 안고」, 『로동신문』, 2020.02.02

[사진 13] 평양국제공항에서 항공기 수하물 소독 모습

출처 : 『로동신문』, 2020.02.02

북한에서 취한 검사, 검역에서 중요한 부문은 소독이었다. 이에 소독을 더욱 견고하게 할 수 있는 방안을 찾았다. 남포 수출입품검사검역소에서는 미립자 분무가 가능한 소독 장치를 제작하여 배에서 내리는 사람과 물자를 하선하는 인원에 대해 신속하게 검역 가능했고 이를 다른 검역소에서도 사용하도록 전파하기도 하였다.[25]

한편 북한은 해외에서 유입 가능한 모든 매개물에 대한 우려를 나타냈다. "강물과 미세먼지 등을 정상적으로 세밀히 검사하고 있으며 해안으로 밀려 들어오는 각종 오물과 죽은 원인이 불명확한 조류, 야생동물들의 처리를 철저히 방역 요구에 준해 하면서 악성비루스전파공간에

25. 「검사검역을 보다 철저히 시행」, 『로동신문』, 2020.08.04

[사진 14] 남포 수출입품검사검역소 방역요원의 근무 모습

출처 : 『로동신문』, 2020.02.07

대한 차단, 봉쇄의 강도를 더욱 높인다"고 밝혀 바이러스가 묻어 자국 내로 들어올 매개물을 막고자 하였다.[26]

해외에서 들어온 출장자나 외국인들에 대한 관리는 어떻게 하였을까? 이 또한 일반적인 모습보다 과도한 태도를 보였다.

전 세계적으로 코로나19의 격리 기간을 통상 14일로 지정하였다. 하지만 북한은 열흘이나 많은 24일이었다. 이마저도 불안했던지 이를 늘리는 논의를 하기도 하였다. "세계적으로 신형코로나비루스감염증으로 인한 감염자와 사망자수가 증가되고 2~14일로 되여있던 잠복기가 24일로 늘어나 인류의 커다란 불안과 우려를 자아내고 있다"며 최고인민

26. 「제반방역원칙과 조치들을 과학적인 실천력으로 철저히 집행」, 『로동신문』, 2022.06.04

회의 상임위원회에서는 코로나19의 최장 잠복 기간이 24일이라는 연구 결과를 근거로 북한 내에서 코로나19 격리 기간을 30일로 확대하였다.[27] 그러나 이마저도 불안했는지 실제로는 40일까지도 격리하였음을 언론 보도를 통해 확인 가능하다.

> 비상설중앙인민보건지도위원회에서는 2차위험대상(접촉자)들과 격리기일이 30일이 지난 외국인들, 그들과 함께 격리되였던 공무원, 안내원, 통역, 운전사들에 대한 격리해제사업을 책임적으로 할데 대한 지시문을 모든 지역과 단위에 하달하였다. 이에 따라 해당 지역과 단위들에서 지시문에 지적된 절차와 규범대로 격리해제사업이 진행되고 있다. 자택과 기관들에 따로 격리되여있는 2차위험대상(접촉자)들가운데서 1차위험대상(입국자)들과 접촉한 때로부터 40일이 지났지만 신형코로나비루스감염증으로 의심할만한 증상이 없는 대상들은 먼저 해제시키고 그들에 대한 의학적감시를 계속 철저히 하고 있다. 여기서 1차위험대상과 함께 격리되여있는 2차위험대상은 제외된다. 해당 기관들에서 자택 및 기관에 격리된 2차위험대상들을 사람별로 건당 1차위험대상과 접촉하여 40일이 지났는가를 본인과 해당 기관, 기업소책임일군들을 통하여 확인하며 검진을 철저히 하고 열나기와 호흡기장애증상을 비롯하여 신형코로나비루스감염증으로 의심할만 한 증상이 없을 때에만 해제시키고 있다. (중략) 격리기일이 30일이 지난 외국인들에 대한 격리를 해제하는것과 관련하여 그들과 같은 장소에 격리되였던 공무원, 안내원, 통역원, 운전사들의 격리해제도 제정된 규률과 질서에 따라 엄격히 진행되고 있다.(『로동신문』, 2020.03.09)

2. 남한 상황

북한이 완전한 국경 봉쇄를 추진한 것과 달리 남국은 국가별 코로나19 위험도 평가에 따라 방역강화국가, 추이감시국가, 교류가능국가로 분류하고 이에 따라 맞춤형 검역 대응을 하였다. 그 결과 남한은 대외적

---

27. 「신형코로나비루스감염증을 철저히 막기 위한 격리기간을 연장」, 『로동신문』, 2020.02.13

개방성을 유지하면서도 코로나19의 해외 유입을 실질적으로 차단하였다고 평가받았다. 실제 2021년 1월부터 12월까지 해외 유입 확진자 수를 하루 평균 30명 내외 선으로 유지하였다.[28]

[표 8] 코로나19 위험도에 따른 국가분류

구분	주요 내용
방역강화 국가	• 비자 발급 제한 • 정기편 운항 제한 : 증편 및 재개 불가, 좌석점유율 60% 이하 유지 • 부정기편 운항 중지: 교민 이송 목적으로 제한적으로 이용, 좌석점유율 60% 이하, 교민 탑승률 90% 이상 유지
추이감시 국가	• 부정기편 운항 제한 : 내국인, 기업인, 결혼비자 소유자 등 이송으로 제한
교류가능 국가	• 내국인 단기 출장 후 입국 시 격리 면제제도를 활용하여 자가격리 면제

출처 : 질병관리청, 『2020-2021 질병관리청 백서』, 112쪽

해외 입국자들의 격리 장소는 2009년 신종인플루엔자 유행 당시에는 공무원 교육시설 등을 격리 장소로 사용했고 코로나19 유행 때에는 2020년 3월부터 임시생활(검사)시설을 개소하여 격리하였다. 이 임시생활(검사)시설은 2021년 1월 기준으로 서울 1곳, 인천 2곳, 경기 3곳 등 6곳을 운영하였다.

3. 소결

감염병 유행은 개인의 감염 예방 활동뿐만 아니라 지역사회나 국가

28. 질병관리청, 『2020-2021 질병관리청 백서』, 질병관리청, 2021, 112쪽

가 적극 개입해야 그 피해의 효과적 감소가 가능하다. 감염병의 전파에는 개인위생과 예방 접종이 옆 사람뿐 아니라, 멀리 떨어진 사람의 건강에도 영향을 주는 외부효과가 명확하기 때문이다. 모든 국가에는 공중보건에 영향을 미치는 정도를 고려하여 법정 감염병을 지정하고 국가의 통제 규칙을 적용한다.

그렇지만 개인의 위생역량도 감염병 관리에 매우 큰 요소를 차지하므로 감염병의 국가정책에서 빼지 말아야 할 중요 전략 중 하나가 위기소통(Risk Communication)이다. 적시에 올바른 정보를 국가에서 국민에게 전달하고 쌍방향 소통을 하는 것이다. 우리나라는 이미 「감염병예방법」과 「검역법」에 이러한 내용이 포함되었고 이번 코로나19 유행 초기에서부터 적극적인 위기 소통을 해왔다.

북한의 코로나19 대응을 『로동신문』에서 제공되는 정보들이 충분치 않아 정확한 시점, 해당 정책의 추진 배경 등을 파악하기에는 제한이 많았다. 특히 국경의 봉쇄 시기와 그 배경, 국경 봉쇄로 인한 경제적, 사회적 어려움 등에 대한 정보는 북한 주민들에게 제공하지 않는 것으로 보여 코로나19 유행 속에서 북한 주민들은 어느 지역 사람들보다 많은 어려움을 겪었을 것으로 추정된다.

국가의 검역체계는 자국의 경제, 사회적 요인을 고려할 뿐만 아니라 국제표준과 국제규칙을 반영하여야 하는 종합적인 정책 과제이다. 경제적, 외교적 어려움 속에 코로나19 팬데믹이 발생하여 완전한 봉쇄에 의존해야 했던 북한의 현실이 안타깝다.

참고문헌

- 김수연, 김지은, 「비상방역법 제정을 통해 본 북한의 코로나-19 대응과 향후 협력 방안」, 『통일과 법률』 제48호, 법무부, 2021
- 김호홍, 김일기, 「북한의 코로나19 대응 : 인식, 체계, 행태」,
- 『로동신문』, 2020.01.01~2023.12.31
- 이유진, 「북한의 품질인증제도 운영 현황," 『Weekly KDB Report』 2021.08.17, KDB산업은행 미래전략연구소, 2021
- 질병관리청, 『2020-2021 질병관리청 백서』, 질병관리청, 2021
- 홍제환, 「국경봉쇄 조치 이후 북한경제의 동향 : 진단과 전망」, 『북한경제리뷰』 2021년 5월호, KDI, 2021
- 『INSS연구보고서』, 국가안보전략연구원, 2021
- NK chosun(https://nk.chosun.com/bbs/view.html?idxno=505&sc_category=)
- 『VOA Korea』, 2021.01.22

6장

취약 집단 및 시설 관리

| 이 | 재 | 인 |

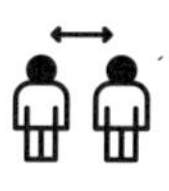

집단생활이 이루어지는 시설에서는 감염병의 확산이 빠르고 집단 내 감염률이 높다. 또한 감염병은 일반적으로 고령층과 만성 기저질환자, 면역 결핍자 등의 취약층에서 높은 사망률을 보인다. 그러므로 어느 정부든 감염병이 발생했거나 발생이 예측되는 상황에서는 취약 시설과 취약층에 대해서는 일반 집단이나 개인에게 취하는 것보다 강한 보호 조치를 시행한다. 코로나19는 확산 초기부터 감염력과 치명률이 매우 높은 것으로 알려졌다. 코로나19 유행 시기 북한과 남한에서 취약 시설과 취약층에 대해 어떻게 대처했는지 살펴본다.

1. 북한 대응

전 세계에서 코로나19 확산 우려가 커질 무렵인 2020년 2월과 3월에 발행한 『로동신문』에도 어떠한 사람들이 코로나19에 취약한지, 그리고 개인과 사회는 어떻게 대응해야 하는지에 대한 보도가 이어졌다.[1] 북한에서도 백신이 개발되지 않고 치료법이 정립되지 않은 상황에서 코로나19가 확산하자 다른 나라들과 마찬가지로 위기의식이 높아졌다. 이

1. 「사소한 빈틈도 없이, 신의주시 친선동종합진료소에서」, 『로동신문』, 2020.02.10; 「어린이건강보호에서 나서는 문제」, 『로동신문』 ,2020.03.22; 「신형코로나비루스방역과 관련한 대중상식 몇가지(1)」, 『로동신문』, 2020.02.27; 「신형코로나비루스방역과 관련한 대중상식 몇가지(2)」, 『로동신문』, 2020.02.28; 「과학적인 방역을 위해 로인들이 알아야 할 문제」, 『로동신문』, 2020.03.05; 「로인들과 어린이들에 대한 보호대책을 철저히 세워」, 『로동신문』, 2020.03.07

에 취약 집단과 취약 시설에 방역을 강화하는 조치가 필요함을 강조하였다.[2]

코로나19로 인한 다른 국가의 노인 사망 상황을 거론하며 북한도 "각지 당, 정권기관들과 위생방역기관들에서는 이 전염병을 철저히 막기 위한 방역사업에서 로인들과 어린이들의 건강을 담보하는데 각별한 관심을 돌리고 필요한 대책들을 세워나가고 있다"며 취약층에 관한 관심을 높였다. 국가 차원에서 진행한 방역 조치라고 하여 특별한 것은 아니었다. 취약 시설에 대해 제시한 필요한 대책은 시설과 물품에 대한 소독과 환기 방침, 입소자에 대한 검진, 위생에 대한 해설선전 등이었다. 취약층에 대해서는 마스크 착용과 손 씻기 등의 개인위생과 사회적 거리두기 등의 지침을 제시하였다. 취약 시설 방역과 관련한 해설선전은 '보건부문 일군'이 담당하였고 고령자와 만성 기저질환자에 대한 의학적 관찰과 건강 상태 점검 등은 호담당의사가 맡았다.[3]

1) 2022년 5월 오미크론 확진자 발생 이전

감염에 취약한 시설로는 유치원과 각급 학교, 고아들을 위한 보육시설인 육아원, 애육원 등과 함께 양로원, 요양소를 들겠다. 북한 보건당국은 코로나19 팬데믹 초기부터 취약 시설에 대한 "방역 규정과 지침을 정하여 엄격한 규정 준수를 요구"하였다.[4] 그리고 특정 시설이나 기관

2. 「신형코로나비루스감염증을 철저히 막자」, 『로동신문』 2020.01.26; 「신형코로나비루스감염증을 막기 위한 긴급대책, 보건부문에서」, 『로동신문』 2020.01.28; 「신형코로나비루스감염증을 철저히 막자면」, 『로동신문』 2020.01.29
3. 「로인들과 어린이들에 대한 보호대책을 철저히 세워」, 『로동신문』 2020.03.07
4. 「방역전초선을 지켜선 자각을 안고」, 『로동신문』 2020.08.13

각지 양로원들에서 비상방역조치들을 철저히 시행하고 있다. 평양양로원의 일군들과 종업원들은 보양생들의 건강을 책임졌다는 자각을 안고 비상방역사업에서 사소한 빈틈도 나타나지 않게 더욱 각성분발하고 있다. 이곳 일군들은 종업원들속에 비상방역사업과 관련한 당정책을 적극 해설선전하고 세계적으로 악성비루스가 급속히 전파되여 재난을 초래하고있는 자료들도 알려주면서 단위의 특성에 맞게 강철같은 방역체계와 질서를 확고히 유지하는데서 책임성을 높이도록 하고 있다. 양로원에서는 방역초소들을 증설하고 그 역할을 높이는것과 함께 종업원들이 치료실과 식당의 집기류들에 대한 소독을 실속있게 하며 침실과 침구류소독을 매일 규정의 요구대로 하도록 하는데 큰힘을 넣고 있다. 또한 보양생들에 대한 체온재기와 손소독, 침실들에 대한 공기갈이도 책임적으로 하게 하고 있다. 이곳 일군들은 보양생들속에서 해설선전, 위생선전사업을 정상적으로 진행하여 누구나 마스크착용을 의무화하는것을 비롯한 비상방역규정을 자각적으로 지켜나가도록 하고 있다.(『로동신문』 2020.11.06)

사리원육아원의 일군들은 현시기 신형코로나비루스감염증을 미리막는 사업이 가지는 중요성을 종업원들속에 깊이 인식시켜 그들이 최대의 각성을 가지고 방역사업에 떨쳐나서도록 하고 있다. 공기갈이를 자주 하고 주방의 화식기재, 집기류소독 등을 엄격하게 하고 있다. 또한 원아들이 손씻기를 위생학적요구에 맞게 하도록 하고 많이 리용하는 비품과 시설물들에 대한 소독사업을 매일 여러차례에 걸쳐 진행하고 있다. 그리고 보육원들과 의사들이 원아들을 잘 돌봐주도록 하기 위한 사업에 그 어느때보다 특별히 관심을 돌리고있다.
사리원애육원 일군들도 신형코로나비루스감염증의 위험성을 종업원들속에 매일 알려주면서 그들이 예방사업에 한사람같이 떨쳐나서도록 교양사업을 짜고들고 있다. 애육원에서는 매일 원아들의 체온을 수시로 측정하고 해당한 대책을 세우고있으며 마스크착용방법과 손씻기방법 등을 알기 쉽게 해설해주어 개체위생을 자각적으로 잘 지키도록 하고 있다.(『로동신문』 2020.03.05)

에서 방역 조치가 어떻게 시행되는지 꾸준히 보도하였다.

주요 보도 내용을 살펴보면, 우선 각 취약 시설 구성원들을 대상으로 "당조직에서는 정치사업을 추진하여 시설의 구성원들이 각성된 자세로 방역에 적극적으로 임하도록"하였다. 정치의식을 높인 이후 각 시설에서 수행한 방역사업은, 소독수 자체 생산을 통한 전체 시설의 소독, 마달천영예군인료양소에서 모든 의료일군들과 료양생들이 비상방역사업에서 첫째가는 적은 해이성이라는것을 명심하고 방역규범과 규정들을 자각적으로 엄격히 지키도록 하고 있다. (중략) 일군들은 치료장과 치료실 등에서 방역규범의 요구에 맞게 모든 조건들이 구비되여있는가를 엄밀하게 따져보고 철저한 대책을 세우는 사업을 내밀고 있다. 과별로, 단위별로 소독수생산설비들을 갖추어놓고 많은 량의 소독수를 생산하여 소독사업을 원만히 보장하게 하고 있다. 이로 하여 료양소에서는 치료사업에 지장을 주지 않으면서도 료양생들이 많이 리용하는 탈의실과 휴식실 등에 대한 소독을 정상적으로 진행하고 있다. 또한 여러곳에 소독거점들을 꾸려놓고 료양생들이 소독규정을 자각적으로 지키도록 하는 한편 사소한 비정상적인 현상이 나타나는 경우 즉시 대책을 세울수 있게 조직사업을 짜고들고 있다. 료양소에서는 료양생들이 비상방역기간 지켜야 할 행동질서, 생활준칙들을 잘 알려주어 누구나가 각성을 늦추지 않도록 하고 있다. 또한 료양생들이 많이 다니는 장소들에 이동식증폭기재들을 설치하고 위생선전사업을 근기있게 벌려 방역사업을 만성적으로 대하는 현상이 나타나지 않게 하고 있다.(『로동신문』 2020.06.18)

[사진 15] 사리원애육원과 육아원의 방역 모습

출처 : 『로동신문』 2020.03.15

스크 착용, 방문자들에 대해 체온 측정과 위생선전, 적극적인 검병 검진, 철저한 손 소독, 방역 규정 준수 등 기사 내용 대부분은 대동소이하였다.[5]

북한 내 취약 시설이라고 할 양로원과 요양소, 육아원 및 애육원 기사와 사진을 통하여 다음과 같은 추진 내용을 확인하였다.

> 황해북도양로원에서는 비상방역사업과 관련한 선전사업을 다양한 형식과 방법으로 하고있으며 특히 위생상식자료를 카드화하여 매 호실에 갖추어놓고 모든 보양생들이 늘 보며 생활에 구현해나가도록 하고 있다. 이곳 양로원에서는 종업원들이 책임성을 높여 매일 복도, 문화후생시설 등에 대한 소독을 빈틈없이 진행하도록 더욱 분발시키고, 있다. 또한 보양생들에 대한 검병검진을 정상적으로 하는 한편 날씨가 추워지는데 맞게 감기를 비롯한 질병에 걸리지 않도록 깊은 관심을 돌리면서 잘 돌봐주고 있다. 특히, 보양생들이 반드시 끓인 물을 마시도록 조건보장사업을 잘해나가고 있다.(『로동신문』 2020.11.06)
>
> 사리원육아원과 애육원의 일군들과 보육원, 교양원들이 신형코로나비루스감염증을 미리막기 위한 사업에서 사소한 빈틈이라도 있을세라 깐깐히 따져보며 방역사업을 실속있게 진행하고있다.(『로동신문』 2020.03.05)
>
> 보건성아래 각지 료양소의 의료일군들이 최대로 긴장되고 동원된 태세에서 방역사업을 책임적으로 진행하고 있다. 료양소에서는 아직까지 우리 나라에 신형코로나 비루스감염증이 들어오지 않았다고 하여 순간이라도 방심하거나 마음의 탕개를 늦추는,현상이 절대로 나타나지 않도록 하는데 힘을 넣고 있다.
> 뿐만아니라 료양생들이 죽은 짐승 등을 발견하는 즉시 해당 기관에 통보하는 체계를 엄격히 지키도록 하고 있다. 료양소에서는 매일 방역사업정형에 대한 총화를 심도있게 진행하면서 이 사업에서 자그마한 빈틈도 나타나지 않도록 요구성을 부단히 높여나가고 있다.(『로동신문』 2020.06.18)

5. 「의료일군의 본분을 다해나가도록,」 『로동신문』 2020.09.22; 「비상방역사업의 완벽성보장에 계속 총력을 집중,」 『로동신문』 20205.18

[사진 16] 모란봉구역 진흥초급중학교에서의 방역 모습

출처 : 『로동신문』 2021.04.29

사리원시 신양초급중학교 일군들이 자기 단위의 비상방역사업은 자신들이 책임진다는 높은 자각을 안고 더욱 엄격한 방역체계를 세워나가고있다.
교정의 곳곳에 소독거점을 꾸려놓고 교직원, 학생들이 소독규정을 자각적으로 지키도록 하는 한편 사소한 비정상적인 현상이 나타나도 즉시 대책을 세울수 있는 준비를 빈틈없이 세워가고있다. 그리고 필요한 조건을 잘 갖추어놓아 보건일군들이 진행하는 검병검진사업에 지장이 없게 하고있다.
학교에서는 상식소개판에 학생들이 등교할 때와 교정에서 지켜야 할 행동질서, 규범들과 관련한 자료들을 게시해놓고 누구나가 이것을 통해 더욱 각성하도록 하고있다. 이와 함께 출입인원들에 대한 검진과 소독사업도 엄격히 진행해나가고있다.
학교일군들은 학부형들과의 긴밀한 련계밑에 하루수업이 끝난 후에도 자녀들이 제정된 방역규정들을 철저히 준수할수 있게 가정교양을 잘하게 하고있다.(『로동신문』 2020.06.04)

2020년 봄에는 학교 개학이 늦춰졌다. 등교하지 않으면서 생기는 여유 시간에 학생들과 어린이들이 외출하여 다른 사람들과 불필요한 접촉을 하지 않도록 교양사업이 진행되었다.[6] 코로나19가 영내로 유입되지 않은 상황에서 개학을 연기한 것은 코로나19 확산에 북한 당국의 우려가 상당했음을 보여주는 하나의 단서이다.

사리원교원대학에서는 (중략) 학생들이 체온재기를 정상화하고 소독회수를 정확히 지킨다고 하여 마음을 놓고있던 그릇된 관점을 바로잡고 교원들이 교양사업을 방법론 있게 꾸준히 진행하여 학생들의 방역의식을 높여주기 위한데 기본을 두고 방역사업을 보다 강화해나가기로 하였다. 이에 따라 교원들은 강의 시작전에 학생들에게 비상방역사업과 관련한 해설을 정상적으로 진행하였다. 단순히 전달하는 식으로가 아니라 그 집행이 가지는 중요성을 설득력있게 해설하는 교원들의 이야기는 학생들의 가슴속에 깊이 새겨졌다. 비상방역사업에서 순간의 해이가 어떤 후과를 초래하는가 등의 내용들과 결부하여 진행하는 교양사업을 통하여 학생들의 방역의식은 보다 높아지게 되었다. 교양사업이 심화될수록 학생들속에서는 비상방역규정을 자각적으로 지켜나가는 기풍이 더욱 철저히 확립되게 되었다.(『로동신문』 2020.05.18)

의료기관에서는 더 엄격한 방역수칙 준수가 요구되고 더 정확하고 구체적인 방역지침 파악이 요구되고 더 높은 정치적 각성이 필요하였기에 더 강도 높고 체계적인 정치사업이 진행되었던 것으로 보인다.[7]

---

6. 「위생방역사업에 계속 총력을 집중」, 『로동신문』 2020.03.06; 「로인들과 어린이들에 대한 보호대책을 철저히 세워」, 『로동신문』 2020.03.07
7. 「방역전초선을 지켜선 자각을 안고」, 『로동신문』 2020.08.13; 「전초병의 본분을 다할수 있도록」, 『로동신문』 2020.11.16

고산군인민병원의 의료일군들이 비상방역사업에서 책임과 본분을 다할 일념을 안고 더욱 분발해나서고 있다. (중략) 이곳 일군은 자기 단위의 비상방역사업에 빈틈이 있는것을 발견하게 되었다. 일부 의료일군들이 소독사업을 만성적으로 대하면서 소독회수를 책임적으로 보장하지 못하는것과 같은 현상이 나타난것이였다. (중략) 당조직의 지도밑에 병원에서는 의사, 간호원들에게 인민들의 건강과 생명안전을 책임진 숭고한 사명감을 더욱 깊이 새겨주기 위한 사상교양사업을 여러가지 형식과 방법으로 보다 실속있게 진행하였다. (중략) 이 과정에 의료일군들은 자신들이 맡은 임무의 중요성을 다시금 깊이 자각하고 최대로 각성분발하여 비상방역규정과 어긋나는 현상이 다시는 나타나지 않게 하는데 적극적으로 떨쳐나서게 되었다. 사상동원사업을 앞세운데 이어 병원일군들은 원내소독체계를 보다 강화하기 위한 조직사업을 짜고들었다. 우선 병원내부의 소독을 철저히 비상방역규정의 요구대로 진행하는데 큰 힘을 넣었다. 많은 량의 소독수를 원만히 생산하는 사업을 예견성있게 따라세운데 이어 소독시간을 정해놓고 의사실과 치료실 등에 대한 소독을 빈틈없이 진행하도록 요구성을 높이고 장악통제를 강하게 내밀었다. 그리고 해당 성원들로 료해사업을 심도있게 진행하고 엄격히 총화대책하여 병원에 세워진 비상방역체계를 모든 과들과 의료일군들이 무조건 준수하도록 하였다. 이렇듯 조직정치사업이 끊임없이 심화되는 속에 이곳 의료일군들은 행동과 사고의 일치성을 철저히 보장하면서 비상방역규정을 어김없이 지켜나가는것을 생활화, 습성화하게 되었다.(『로동신문』 2020.09.22)

김만유병원에서 모든 의료일군들이 비상방역사업에 한사람같이 떨쳐나서도록 정치사업을 실속있게 진행하고 있다. 병원에서는 의료일군들을 당중앙위원회 정치국 비상확대회의 사상과 정신으로 무장시키고 그들이 중앙비상방역지휘부의 지시문과 지도서의 내용들을 잘 알도록 반복하여 침투시키는 사업에 선차적인 힘을 넣고 있다. 또한 위생선전의사들의 역할을 높여 여러가지 형식과 방법으로 위생선전을 적극 진행함으로써 입원환자들과 의료일군들을 더욱 각성시키고 있다. 이와 함께 병원에서는 방역초소들에 인원들을 증강하고 소독사업에서 사소한 편향도 나타나지 않도록 하고 있다. 매 과의 비상방역사업이 잘될 때 철통같은 방역망이 구축되게 된다는 관점에서 과일군들부터가 앞장에 서서 책임성을 높이고 있다. 병원일군들은 매일 치료실과 입원실 등을 돌아보면서 비상방역사업정형을 구체적으로 료해하고 앞질러가면서 예견성있는 대책들을 세우고 있다.(『로동신문』 2020.08.13)

[사진 17] 평안북도인민병원의 방역사업

출처 : 『로동신문』 2020.02.21

2) 2022년 5월 오미크론 확진자 발생 이후

북한 당국은 2022년 5월 12일 "원인을 알수 없는 열병이 전국적범위에서 폭발적으로 전파확대"된다고 보도하였고 다음 날인 5월 13일에는 지역을 봉쇄하고 단위별로 격폐한다는 기사를 실었다.[8] 모든 도·시·군을 봉쇄하고 사업 단위, 생산 단위, 거주 단위별로 격폐하는 강도 높은

8. 「경애하는 김정은동지께서 국가비상방역사령부를 방문하시고 전국적인 비상방역상황을 료해하시였다」, 『로동신문』, 2022.05.13

정책을 결정하였으므로 취약 시설에 대해 추가적인 조치는 시행되지 않았던 것으로 보인다.

다만 고령자와 만성질환자 등 감염에 취약한 사람들에 대한 다양한 상식을 보도하여 주의를 기울이라고 강조하였다.[9] 전국의 보건의료인은 해당 지역에서 전염병을 경과하지 않았거나 기초 질병을 앓는 대상, 특히 노인, 어린이, 임산부 등에 대한 관찰을 강화하면서 이상 증상을 발견하는 즉시 치료 대책을 강구하도록 요구받았다.[10]

오미크론 변이 바이러스에 의한 확진자 발표 이후 취약층에 대한 흥미로운 보도는 김정은을 비롯한 간부들이 각 가정에 보관하던 상비약을 취약층에게 제공하였다는 기사였다.[11] 이는 질환이 발생했을 때 의약품 필요성이 더 큰 취약층에게 먼저 제공하는 한편, 주민들의 사재기 심리를 억제하여 의약품이 충분치 않은 상황을 타개하려는 의도로 보인다.

일반적으로 65살이상의 사람들과 만성질병환자들속에서 페염에 의한 사망률이 높다. 늙은이들과 만성질병환자들에게서 증상이 나타나면 의사에게 보이고 치료를 받아야 한다. 늙은이들과 만성질병환자들은 중증에로 넘어갈 위험성이 매우 높다. 이런 사람들에게서 증상이 나타나기 시작하면 그로부터 2~3일내에 치료를 시작해야 한다. 만일 간호자가 늙은이이거나 심장 및 페질환, 당뇨병과 같은 만성질병이 있는 사람이라면 신형코로나비루스감염증에 걸릴 위험성이 더 높다. 이러한 경우 환자와의 거리를 보장하거나 다른 간호자를 물색할수 있다.(『로동신문』, 2022.05.18)

9. 「방역대전에서 누구나 알아야 할 상식, 신형코로나비루스감염증에 대해 제일 예민하고 위험한 사람들은 누구인가,」 『로동신문』, 2022.05.18; 「방역대전에서 누구나 알아야 할 상식, 로인과 어린이는 어떤 예방 및 보호대책을 취해야 하는가,」 『로동신문』, 2022.05.27
10. 「비상방역전의 전초선에서 보건일군들 완강한 실천력 발휘,」 『로동신문』, 2022.06.21
11. 「우리 국가 특유의 미풍, 무한대한 사랑과 헌신으로 승리해가는 전인민적인 방역대전」, 『로동신문』, 2022.05.20

로인들은 신형코로나비루스에 감염될 가능성이 크다. 그러므로 비루스전파기간에 사람들이 많이 모여있는 장소에 가지 말고 불필요한 외부활동을 삼가하여야 한다. 바깥출입시 반드시 마스크를 착용하고 손을 자주 씻으며 실내청소와 소독을 강화하고 환기를 자주 해야 한다.
어린이는 항상 중점적인 보호가 필요하다는 점을 잊지 말아야 한다. 어린이들도 어른들과 마찬가지로 손을 자주 씻고 바깥출입을 삼가하여야 한다. 어린이가 있는 가정에서는 실내공기의 환기에 더욱 주의를 돌려야 한다. 동시에 친척과 친우들은 어린이, 갓난아이와 젖먹이어린이들과의 접촉을 삼가하여야 한다.(『로동신문』, 2022.05.27)

당, 정권기관 책임일군들을 비롯하여 전국의 많은 단위 일군들과 근로자들속에서 가정에서 보관하였던 의약품과 저축하였던 량곡, 자금들을 의료기관들과 전쟁로병, 영예군인가정들과 어렵고 힘든 세대들에 보내주는 진정어린 소행들이 전사회적인 기풍으로 확대되고 있다.(『로동신문』, 2022.05.20)

지난 5월 12일 (중략) 가정에서 준비한 상비약품들을 본부당위원회에 바친다고 하시면서 어렵고 힘든 세대에 보내달라고 제의하시는 경애하는 총비서동지의 영상을 뵈옵는 순간 온 나라는 말그대로 하나의 거대한 격정의 도가니로 화하였다.(『로동신문』, 2022.05.15)

그리고 공식적 제도적 지원과 조치 외에도 사회적 연대, 인지상정, 연민 등 비공식적 지원을 호소하였고 특히 인민반장에게 헌신과 봉사를 요구하였다.

며칠전 해주시 산성동의 어느 한 인민반에서 살고있는 로인이 본사편집국으로 전화를 걸어왔다. (중략)
어느날 로인은 당황함을 금할수 없었다. 갑자기 안해가 고열로 몸져누웠는데 집에는 상비약품들이 하나도 없었던 것이다. 그때 로인의 뇌리에 늘 자기들을 친자식의 심정으로 돌봐주군 하는 인민반장의 모습이 떠올랐다. 하지만 인민반장을 찾아가려던 그는 그자리에 도로 주저앉고말았다. 자정이 훨씬 지났던것이였다. 그때를 돌이켜보며 로인은 이렇게 말하였다.《이러지도 저러지도 못하고있는데 글쎄 인민반장이 우리 집엘 찾아오지 않았겠습니까. 밤늦게까지 전등불이 켜있어 혹시나 해서 들렸는데 참 다행이라고 하는 그를 보느라니 절로 눈물이 나왔습니다.》 이윽고 로인에게 너무 걱정하지 말라고, 치료를 하면 된다고 다정히 이른 인민반장은 어디론가 급히 달려갔다. 잠시후 그는 약봉투를 안고 다시 방안으로 들어섰다. 그 약이 인민반장의 집에 있던 상비약의 전부였다는 것을 로인은 후날에야 알게 되었다. 그날 인민반장은 로인의 집에서 호담당의사를 도와 환자를 간호하느라 한밤을 꼬박 지새웠다.(『로동신문』, 2022.05.26)

수많은 일군들과 근로자들속에서 의약품과 방역물자, 식량, 자금 등을 방역 및 치료예방기관들과 전쟁로병, 영예군인가정, 어렵고 힘든 세대들에 보내주는 진정어린 소행들이 수없이 발휘되고 전국적으로 8,000여개의 각종 이동봉사대들이 조직되였으며 3만여명의 지원자들이 식량과 의약품, 생활필수품 등의 전진공급에 참가하여 주민들의 생활상 편의를 적극 도모해주었습니다.(『로동신문』, 2022.08.11)

한편 2022년 7월 초부터는 전국의 교육 및 보육시설의 운영이 재개되었다. 5월 12일부터 학교 대면 수업을 중단하고 보육시설에서도 교육 활동을 중단하였던 것으로 보인다.

도시지역과 농촌지역의 유열자발생상황, 전국의 교육 및 보육기관들의 운영이 재개된 이후 유열자발생상황에 대한 조사와 분석을 심화시키면서 산발적으로 발생하는 유열자들에 대한 검사를 신속히 진행하여 확진, 대책하기 위한 사업을 전격적으로 내밀고 있다.(『로동신문』, 2022.07.05)

2. 남한 상황

남한의 대응은 질병관리청이 발간한 코로나19 백서와 감염병포털 홈페이지의 내용을 참조하였다.[12]

12. 질병관리청, 『2020-2021 질병관리청 백서』, 질병관리청, 2022; 감염병포털 홈페이지(https://ncov.kdca.go.kr)

보건당국은 2020년 2월에 집단시설과 다중이용시설에 대한 방역 조치를 마련하였다. 집단시설에는 학교, 청소년 · 가족시설, 어린이집, 유치원, 사회복지시설, 산후조리원, 의료기관 등을 포함하였고 다중이용시설에는 도서관, 미술관, 공연장, 체육시설, 영화관, 대형식당, 대중목욕탕, 버스, 철도, 지하철, 택시 등 대중교통과 쇼핑센터(마트, 시장, 면세점, 백화점 등) 등을 포괄하였다.

각 시설은 규정에 따라 소독하도록 하였고 시설 대표자 또는 관리자에게 감염관리를 위한 전담 직원을 지정 배치하여 시설 출입 시 개인위생과 종사자에 대한 발열 또는 호흡기 증상 확인 등 방역 관리 강화를 요구하였다. 또한 증상이 나타난 직원과 이용자에 대해 출근이나 이용을 중단하도록 하는 조치, 이용자와 종사자를 대상으로 위생수칙에 관한 교육과 홍보, 감염 예방을 위한 위생 관리 의무 등을 규정하였다.

특히 학교를 통한 전파를 우려하여 유치원과 어린이집, 초중고등학교 및 특수학교, 대학 등 각급 학교에는 조정하도록 하였다. 2020년 3월 유치원, 초중등학교의 새 학기 개학을 연기하고 2020년 4월 9일부터는 온라인 개학을 도입하였다. 학령기 아동 대상 코로나19 감염 확산 예방을 위해 2020년 8월 26일부터 수도권 유치원, 초중고등학교는 전면 원격수업으로 전환하였고 비수도권 학교는 밀집도를 최소화하며 수업하였다. 원격수업은 학생 접촉을 차단하여 감염 예방과 함께 학생들을 매기로 질환 확산을 억제하려는 두 가지 목적을 유지하였다. 이러한 조치는 학령인구의 감염을 예방하여 이들을 질환으로부터 보호하고, 학생을 매개로 타 집단으로 감염이 확산하는 것을 억제하려는 두 가지 목적으로 시행되었다.

감염 정점을 지연시키고 발생 규모를 감소시켜 의료 대응 부담을 줄이기 위해 남한 당국은 2020년 5월 8일에는 클럽 등 유흥시설 집합 금지 행정명령을 발령하였고 같은 해 6월 10일에는 동선 추적 및 관리를 위한 전자출입명부 시행을 결정하였다.

의료기관 및 요양시설은 집단감염을 방지하기 위하여 코로나19 환자 유입을 차단하고 호흡기 환자를 분리하여 진료하도록 하였다. 이에 대한 구체적인 조치로 국민안심병원을 지정하여 운영하였다. 또한 폐렴 환자 입원 전 검사를 통하여 음성일 경우에만 입원을 가능하게 하였고 면회를 금지하였다.

2020년 10월부터는 감염 취약 시설에서 집단감염을 억제하기 위해 요양병원과 정신병원, 주간보호시설 종사자와 이용자에 대해 선제 검사를 하였다. 2021년 2월 26일 요양병원과 요양시설 입소자 및 종사자를 대상으로 아스트라제네카 백신 예방 접종을 시작하였는데, 이들을 우선 접종한 이유는 감염 시 사망률이 높은 인구집단을 보호하기 위함이었다. 그리고 이러한 조치들은 위기 정도에 따라 강화하기도, 완화하기도 하면서 탄력적으로 운영하였다.

3. 소결

취약 시설을 소독하고 이용자와 종사자에게 마스크나 손 소독 등의 개인위생을 강조하며 출입자 체온을 측정하는 등의 조치는 남북한 동일한 조치다. 또한 학교에서 개학을 연기하거나 등교를 제한하는 조치도 남북이 모두 시행하였다. 하지만 남한에서는 취약층과 취약 시설을 대상으로 선제 검사나 백신의 우선 접종을 하였으나 북한은 그렇지 못하였다. 이는 검사 시약이나 백신과 같은 의료자원이 부족했기 때문이었다.

참고문헌

- 감염병포털(https://dportal.kdca.go.kr)
- 『로동신문』, 2020.01.01~2023.12.31
- 질병관리청, 『2020-2021 질병관리청 백서』, 질병관리청, 2021

7장

진단과 치료

| 이 | 재 | 인 |

2022년 5월 북한 영내에서 코로나19가 확산되자 '건국이래의 대동란'[1]이라는 표현을 사용할 정도로 북한의 위기의식은 심각했다. 다른 나라들에서는 보기 힘든 이런 격한 표현을 북한 당국 스스로 사용한 것은 진단 장비, 치료시설, 의약품 등 의료자원이 부족하기 때문으로 감염병 위기를 타개하기 매우 어려운 상황이라는 것을 스스로 인정한 셈이다. 부족한 의료자원으로 코로나19에 어떤 의학적인 대응을 했는지 진단과 치료로 나누어 살펴보았다.

북한에서 의료인들에게 요구되는 대표적인 자질은 '정성과 의술' 두 가지였다. 환자 치료에 인간애를 가지고 정성을 다할 것과 의학적 지식과 기술이 뛰어나야 함을 강조한 것이다.[2] 의료인의 정성은 단순히 환자를 잘 돌보고 관심을 보이는 정도로 그치지 않았다. 의료인은 담당한 환자 치료를 위해 자신의 신체 일부를 공여하는 것을 당연하게 여겼다.[3] 그리고 '정성' 사례들을 발표하는 '전국보건일군정성경험토론회'를 정기적으로 개최하여 모범 사례를 홍보하고 전파하였다.[4]

코로나19 팬데믹 기간에도 꾸준히 '정성' 사례를 보도하여 의료인이 분발하도록 촉구하였다.[5] 이들의 희생은 코로나19 위기 종식 선언을 통

1. 「사설, 우리당 방역정책의 과학성과 정당성을 깊이 새기고 오늘의 방역대전에서 드팀없이 구현해나가자」, 『로동신문』, 2022.05.22
2. 「인간생명의 기사로서의 본분을 다하기 위한 담보」, 『로동신문』, 2020.03.07
3. 「우리 당이 아끼는 인민들의 건강을 전적으로 책임지자, 붉은 보건전사」, 『로동신문』, 2021.01.22
4. 「제16차 전국보건일군정성경험토론회 진행」, 『로동신문』, 2021.11.05
5. 「순간도 긴장성을 늦추지 말고 비상방역전을 계속 강도높이, 올해에도 여전히 국가사업의 제 1 순위」, 『로동신문』, 2022.01.06

해서도 확인 가능하다.[6]

> **설사 자기 눈이 흐려져도 인민의 맑은 눈은 절대로 흐려져서는 안된다고 하며 자기의 결막을 서슴없이 떼준 황해북도인민병원 책임의사 김명월동무의 희생적인 모습은 보건부문 일군들의 귀감으로 되고 있다.**(『로동신문』, 2021.01.22)
>
> **모든 일군들은 비상방역사업에서 자신들이 맡고있는 임무의 중요성을 다시한번 자각하고 대중적인 방역분위기와 전 사회적인 자각적일치성을 계속 유지하기 위해 최대로 각성분발하며 고도의 긴장상태를 항시적으로 견지하기 위해 끊임없이 사색하고 노력하여야 한다.**(『로동신문』, 2022.01.06)
>
> **우리 나라가 이번 보건위기속에서 감염자수에 비해 사망자수가 특별히 적은것은 우리 방역, 보건일군들이 한계를 초월하는 노력과 헌신으로 당과 정부의 방역정책, 보건정책을 결사관철하였기 때문입니다. 전국의 방역, 보건일군들은 평소의 몇십배에 달하는 과중한 부담속에서도 매일 24시간 방역초소와 치료초소를 떠나지 않고 심신을 깡그리 바치였습니다. 당과 인민에게 충직한 우리의 보건전사들속에는 앓고있는 자기 자식과 남편을 돌보기에 앞서 맡은 주민세대들과 환자들에게 정성을 쏟아부은 의사, 간호원들, 자체로 부족되는 의약품을 마련하고 생활필수품까지 준비하여 환자들에게 힘과 용기를 북돋아준 의료일군들이 수없이 많습니다.**(『로동신문』, 2022.08.11)

북한 의료전달체계는 1차 의료기관부터 4차 의료기관까지 4단계로 구성된다. 1차 의료기관은 리인민병원, 종합진료소(산업진료소), 농장병원 등이다. 시·군·구역인민병원은 2차 의료를 담당한다. 3차 의료기관으로는 도와 광역시 인민병원이고 4차급 의료기관은 평양에 있는 종합병원(조선적십자종합병원, 김만유병원 등)과 전문병원(평양산원, 평양산원 유선종양연구소, 옥류아동병원, 류경치과병원, 류경안과종합병원 등)으로 구축하였다. 하지만 오미크론 확진자 공개 4개월 이후인 2022년 8월부터 병원의 명칭을 변경하였는데, 도인민병원은 도종합병원으로, 시·군·구역인민병원을 '인민'을 빼고 시·군·구역병원으로 명명하였다.[7]

---

6. 「전국비상방역총화회의에서 하신 경애하는 김정은동지의 연설 주체111(2022)년 8월 10일」, 『로동신문』, 2022.08.11
7. 엄주현, 『북조선 보건의료체계 구축사 II』, 183쪽; 「보건사업을 개선하는데서 나서는 중요한 과업-물질기

북한은 사회주의 보건의료체계가 '예방의학'임을 표명하며[8] 이 중 1차 의료기관의 중요성을 강조한다. 1차 의료기관에서는 호담당의사가 주민들의 주치의 역할을 담당한다. 또한 말단 의료기관의 기능을 확대하고 의료의 질을 향상하기 위해 '리진료소의 병원화'와 '먼거리의료봉사체계'를 구축하였다.

의사담당구역제는 '중앙으로부터 각 도, 시, 군, 리에 이르기까지의 모든 지역에 의료기관들과 의사들을 배치해 의사들이 일정 지역의 가정 세대들을 담당하여 돌보는 것'으로 '예방을 기본으로 하는 주민건강관리제도'라고 정의하였으며, 호담당의사는 담당지역 주민을 검병 검진하고 주민이 요청할 시 왕진하도록 했다.[9]

북한 당국은 '먼거리의료봉사체계'가 상당한 성과를 낸다고 평가하였고 이러한 평가에 기반하여 이 제도를 모든 의료기관에 확대 가동하기 위해 노력하는 것으로 보인다. 또한 시스템의 성능을 높이기 위한 기술적인 개선을 위해 관심을 보였다.

말단치료예방단위를 강화하는것은 사회주의보건사업을 추켜세울데 대한 당의 뜻을 하루빨리 실현하는데서 선차적인 관심을 돌려야 할 중요한 사업이다. (중략) **말단치료예방단위를 강화하는것은 무엇보다먼저 의료봉사에서 사회주의의학의 본성적요구를 철저히 구현하는데서 나서는 매우 중요한 문제이다.**(『로동신문』, 2020.02.23)

말단치료예방단위의 위치와 역할이 매우 중요하다. 그것은 주민들과 항시적으로 대상하면서 그들의 건강을 직접 책임지고있는것이 바로 말단치료예방단위이기 때문이다. 진료소와 리인민병원을 통해 인민들은 병이 나기 전에 그것을 미리막고 사람들의 건강을 보호증진시키기 위한 국가의 의료상혜택을 직접적으로 받게 된다.(『로동신문』, 2020.02.23)

술적토대강화, 경쟁결과는 복무관점에 대한 평가로 될 것이다, 보건성 일군들과 나눈 이야기」, 『로동신문』 2021.05.15

8. 김일성, 「사회주의의학은 예방의학이다」, 『김일성저작집 20권』, 평양, 조선로동당출판사, 1982, 524쪽

9. 「누구에게나 담당의사가 있는 고마운 나라」, 『로동신문』, 2021.02.18

당중앙위원회 제8기 제4차전원회의 결정을 높이 받들고 각지에서 리진료소의 병원화를 다그치기 위한 사업이 힘있게 진척되고있다. (중략) 농촌지역 주민들의 건강관리를 직접 맡고있는 리진료소를 병원화하여 환자들이 입원치료를 할수 있도록 해당한 치료과들을 꾸리면 주민들의 건강을 제때에 돌볼수 있을뿐 아니라 여러 질병의 환자들은 큰 병원에 가지 않고도 치료를 받을수 있다.(『로동신문』, 2022.05.04)

우리 나라에서의 의사담당구역제는 1940년대말에 시작되였으며 1961년부터 전면적으로 실시하기 위한 사업이 적극화되였다. 그리고 1980년대말부터 우리 나라에서의 의사담당구역제는 지금의 호담당제로 심화발전되였다.(『로동신문』, 2021.02.18)

의사담당구역제에 기초한 호담당의사들의 계획적인 왕진이라든가 전문병원들에서 진행하는 집중검진사업, 전주민예방접종사업 등 우리 인민은 그가 누구이든, 어디에서 무슨 일을 하든 예방을 치료에 적극 앞세우고있는 사회주의보건제도의 혜택속에서 다양한 의료봉사를 받으면서 일하며 생활하고있다."(『로동신문』, 2020.08.10)

먼거리의료봉사실 실장 류룡철동무는 병원에서 먼거리의료봉사에 대한 사람들의 관심과 요구가 날로 높아가는데 맞게 그 질을 더욱 개선하고 적용범위를 부단히 확대해나가고있다고 말하였다. (중략) 먼거리의료봉사체계는 지방의 의료일군들이 자질을 높일수 있도록 좋은 교육환경도 마련해주고 있다. 의료일군들은 먼거리협의과정에 많은 지식과 경험을 터득하고있으며 주마다 기술전습도 받고 있다.(『로동신문』, 2022.03.02)

지난 5월 어느날 밤 무산군병원으로는 한통의 긴급전화가 걸려왔다. 깊은 밤 전화를 걸어온 사람은 무산군 주초종합진료소의 의사였다. 《구급환자입니다!》 다급한 목소리가 울리는것과 동시에 군병원에서는 먼거리의료봉사체계를 통한 중환자협의회가 진행되였다. (중략) 하여 그는 무사히 애를 낳고 사랑하는 자식의 첫 울음소리를 들을수 있었다.(『로동신문』, 2022.08.16)

1. 진단

코로나19 팬데믹이 시작되던 2020년 초에 진단검사 역량의 부족은 모든 국가에 닥친 현실이었다. 남한에서는 메르스 사태 덕분에 진단검사 키트의 신속 개발이 가능했지만, 그럼에도 현장에서는 급증하는 유증상자들 때문에 진단검사 역량 부족을 염려하였다. 의료자원이 부족한 북한에서 초기에 진단검사 역량이 부족했던 것은 당연한 일이었다. 다만 이후에 검사 역량을 증대시켰는지에 대해서는 파악해 봐야 한다. 검사역량 확보는 코로나19 대응에 가장 기초이기 때문이다.

1) 북한 상황

(1) 2022년 5월 오미크론 확진자 발생 이전

북한은 코로나19 발생 초기부터 해외에서는 PCR 검사를 통해 코로나19를 진단하고 있다는 보도를 매우 빈번하게 게재하였다.[10] 북한 당국이 PCR 검사의 필요성을 인식했던 것이다. 하지만 2019년 12월 중국 우한시에서 코로나19가 발생한 때부터 2022년 5월 북한에서 확진자가 발생했음을 공식 선언하기 전까지 주민 대상 PCR 진단검사는 거의 이루어지지 않은 듯 보인다. 이 추측의 근거는 북한 당국이 코로나19 진단을 위해 PCR 검사가 필요하다고 인정했으나[11] 해당 시기 PCR 검사 실적에 대한 보도를 찾아볼 수 없다는 것이다.

---

10. 「확대되고있는 신형코로나비루스감염증피해, 그에 대처하기 위한 노력, 아시아에서」, 『로동신문』, 2020.12.06; 「확대되고있는 신형코로나비루스감염증피해, 그에 대처하기 위한 노력, 여러 나라에서 방역조치 강구」, 『로동신문』, 2021.01.22; 「확대되고있는 신형코로나비루스감염증피해, 그에 대처하기 위한 노력, 아프리카에서 계속 전파」, 『로동신문』, 2021.05.30; 「확대되고있는 신형코로나비루스감염증피해, 새 변이비루스 약 20개 나라와 지역에 전파」, 『로동신문』, 2021.12.02
11. 「신형코로나비루스감염증피해 계속 확대, 그에 대처하기 위한 노력, 세계보건기구 신형코로나비루스감염증과 돌림감기의 차이점에 관한 론문 발표」, 『로동신문』, 2020.02.16; 「확대되고있는 신형코로나비루스감염증피해, 그에 대처하기 위한 노력, 중국국가위생건강위원회 흑룡강성에서의 집단감염실태를 통보」, 『로동신문』, 2020.05.03

세계보건기구가 최근 신형코로나비루스감염증과 돌림감기의 차이점에 관한 론문을 발표하였다. (중략) 이 질병들은 증상이 대체로 비슷하지만 서로 다른 비루스에 의해 생기며 류사성때문에 증상 하나만을 가지고서는 질병을 확인하기가 어려울수 있다. 따라서 신형코로나비루스감염자를 확진하자면 실험검사가 필요하다.(『로동신문』, 2020.02.16)

중국국가위생건강위원회는 이러한 집단감염상황은 해당 지방과 의료기관들이 전염병 위기의식이 부족하고 현 방역조치들에 빈틈이 있으며 핵산검사가 요구에 따라 제때에 진행되지 못하였다는것을 충분히 보여주었다고 지적하였다.(『로동신문』, 2020.05.03)

이란의 카라쥐시에 신형코로나비루스감염증 진단검사도구들을 제조하는 공장이 건설되여 11일 조업하였다. 조업식에 참가한 이 나라 부대통령은 공장에서 1주일동안에 10만개의 폴리메라제련쇄반응 분석검사도구와 200만개의 혈청검사도구를 생산할수 있다고 밝혔다.(『로동신문』, 2020.04.13)

나미비아정부가 새로운 비루스검사규정을 발표하였다. 이에 따라 외국인려행자들은 72시간전에 받은 비루스검사에서 음성반응을 보였다는 확인서를 지참해야 입국할수 있으며 입국후에도 검사를 받아 음성이라는것이 확인되여야 려행을 할수 있다고 한다.(『로동신문』, 2020.12.02)

우간다에서 12만 2502명이 감염되고 3135명이 목숨을 잃었다.이 나라 대통령은 변이비루스의 류입을 막기 위해 국제비행장을 비롯한 50여개의 입국통로에서 비루스검사를 실시할데 대한 조치를 취하였다.(『로동신문』, 2021.09.24)

진단을 위한 검사가 실시되었을 가능성을 생각해 볼 만한 보도가 전무한 것은 아니었다. 2020년 3월 29일 기사에 「신형코로나비루스검사를 위한 기술지도서」라는 표현이 등장한다.[12] 하지만 구체적인 검사명은 밝히지 않았다. 2020년 7월 26일의 '월남도주자', '불법귀향자' 관련 기사에서도 진단과 관련한 내용이 나온다. 상기도 분비물과 혈액에 대한 여러 차례의 해당한 검사를 실시했는데 감염자로 의심이 되는 석연

12. 「과학적인 방역대책을 세우는데 력량을 집중, 과학연구부문에서」, 『로동신문』, 2020.03.29

치 않은 결과가 나왔다고 보도하였다.[13] 그러나 이 검사를 구체적으로 몇 건 시행하였는지에 대한 보도는 찾기 어렵다. 그래서 북한에서 시행했다고 보도된 이 검사들은 질병 감시를 위해 극히 일부 주민을 대상으로 실시한 검사였을 것이다.

> 국가과학원 생물공학분원 일군들은 신형코로나비루스검사를 위한 기술지도서를 제때에 작성하여 시달할수 있게 하였다. 한편 여러 도의 비상방역사업을 위해 연구사업에 리용하던 설비들도 보장해주고 실력있는 과학자들을 선발하여 우선적으로 파견하였다. 그리고 낮과 밤이 따로 없이 전국적으로 제기되는 검사와 관련한 많은 과학기술적문제들을 제때에 협의해주어 대책을 세우도록 함으로써 국가적인 비상방역사업에 적극 기여하였다.(『로동신문』, 2020.03.29.)
>
> 전문방역기관에서는 불법귀향자의 상기도분비물과 혈액에 대한 여러차례의 해당한 검사를 진행하여 악성비루스감염자로 의진할수 있는 석연치 않은 결과가 나온것과 관련하여 1 차적으로 그를 철저히 격리시키고 지난 5 일간 개성시에서 그와 접촉한 모든 대상들과 개성시경유자들을 해당 부문과의 련계밑에 철저히 조사장악하고 검진, 격리조치하고있다고 밝혔다.(『로동신문』, 2020.07.26)

(2) 2022년 5월 오미크론 확진자 발생 이후

북한 내에서 코로나19 발생을 인정한 후인 2022년 5월 20일부터 5월 25일까지 6일에 걸쳐 「신형코로나비루스감염증 치료안내지도서」가 『로동신문』에 게재되었다. 「치료안내지도서」는 '어른용', '어린이용', '임산모용' 등 3종류였다.[14] 「치료안내지도서」에서 밝힌 코로나19 진단 기준은 아래와 같았다.

---

13. 「조선로동당 중앙위원회 정치국 비상확대회의 긴급소집, 국가비상방역체계를 최대비상체제로 이행할데 대한 결정 채택」, 『로동신문』, 2020.07.26.
14. 「신형코로나비루스감염증 치료안내지도서-어른용(1)」, 『로동신문』, 2022.05.20; 「신형코로나비루스감염증치료안내지도서-어린이용(1)」, 『로동신문』, 2022.05.22; 「신형코로나비루스감염증치료안내지도서-임산모용(1)」, 『로동신문』, 2022.05.24

…신형코로나비루스감염증환자의 확진기준(어른용, 어린이용)
△ 확진지표 : 역학관계, 림상증상, RT-PCR검사, 항체검사로 한다.
△ 확진기준 : 역학관계 또는 림상증상이 있으면서 RT-PCR검사와 항체검사 가운데서 1개 지표가 양성으로 되는 경우 확진한다.

…신형코로나비루스감염증의 확진기준(임산모용)
역학관계 또는 림상증상이 있으면서 RT-PCR검사와 항체검사 가운데서 1개 지표가 양성으로 되는 경우 확진한다.

2022년 5월 12일 북한 내 코로나19 발생 관련 보도에서 '스텔스오미크론변이비루스'[15], '《BA. 2》'[16] 등으로 표현하였다. 이 표현은 PCR 검사를 통해 염기서열을 분석했다는 의미를 담는다. 하지만 이때 이루어진 검사도 질병 감시를 위한 실험실 검사로 추측된다. 왜냐하면 이 시기 광범위한 검사를 통해 진단이 이루어졌다면 오미크론 확산이 시작된 4월 중순에 이미 감염자 발생 사실을 보도하였을 개연성이 높기 때문이다.

또한 코로나19 확진자와 타 질환으로 인한 증상자를 구별하지 않고 '유열자'로 표현하였는데, 어떤 기준으로 이를 분류했는지 파악이 어렵다. 그리고 발열 이외의 증상을 지표로 사용했는지도 확인이 어렵다. 유열자라는 용어는 남한뿐만 아니라 북한에서도 기존에 흔히 사용되던 용어가 아니었다. 일상적으로 사용되지 않던 말까지 동원하여 공식적인 통계에서 하나의 항목으로 설정하여 대내외적으로 발표했다는 것은 '확진자'라는 용어를 쓰지 못할 사정이 있기 때문이다.

오미크론 변이 바이러스에 의한 코로나19 확산 발표 직후부터 『로동

15. 「조선로동당 중앙위원회 정치국 결정서 주체111(2022)년 5월 12일, 조성된 방역위기상황에 맞게 국가방역사업을 최대비상방역체계로 이행할데 대하여」, 『로동신문』, 2022.05.12
16. 「경애하는 김정은동지께서 국가비상방역사령부를 방문하시고 전국적인 비상방역상황을 료해하시였다」, 『로동신문』, 2022.05.13

신문』에는 빈번히 '확진자' 또는 '확진'이라는 표현이 등장하고 북한에서 확진을 위한 검사가 이루어진다고 보도하였다. 5월 16일 『조선중앙TV』를 통해 북한 국가비상방역사령부 류영철이 14일 오후 6시 현재 각 지역의 코로나19 확진자와 유열자 현황을 공개하였다. 이에 따르면 당일 확진자 수는 78명(평양시 4명, 평안북도 20명, 황해남도 23명, 남포시 1명), 누적 확진자 수 168명(평양시 42명, 평안북도 20명, 평안남도 36명, 황해남도 23명, 함경남도 30명, 강원도 16명)으로[17] 5월 16일 『로동신문』에 발표된 유열자 수 392,920명과[18] 비교하면 미미하였다. 이날 발표된 확진자 수와 유열자 수 통계는 유열자 대부분이 확진 검사를 받지 않았음을 보여준다.

전국적으로 근 500개의 신속기동방역조, 신속진단치료조들이 방역사업과 감염자확진, 후송, 치료전투를 전개하고있다.(『로동신문』, 2022.05.18)

보통강구역비상방역기관에서는 봉쇄된 지역안에서 발생하는 각이한 환자들에 대한 감염자 확진, 후송, 치료를 제때에 진행하여 악성비루스의 전파공간을 빈틈없이 완벽하게 차단하는데 적극 이바지하고 있다. (중략) **연탄군비상방역기관에서는 방역조와 치료조성원들이 현지에서 감염자 확진, 후송, 치료 등에서 지켜야 할 행동준칙과 질서를 철저히 준수할수 있게 실무강습을 정상적으로 진행하고 있다.**(『로동신문』, 2022.05.28)

현재 치료중에 있거나 새로 발생하는 중증환자들에 대한 집중치료조치들이 취해지고 악성비루스감염자로 확진된 대상들과 접촉자들, 악성전염병을 경과하지 않은 대상들에 대한 철저한 격리, 치료와 의학적감시대책이 보다 세분화, 구체화되였다.(『로동신문』, 2022.05.31)

5만 9,600들이 호상 협력하고 방조하면서 유열자들에 대한 확진과 치료에서 신속성, 기동성을 확고히 보장하고 있다.(『로동신문』, 2022.06.13)

---

17. 나무위키, 북한 코로나바이러스감염증-19 대유행/경과 (검색일 : 2024.08.03)
18. 「전국적인 전염병전파 및 치료상황 통보」, 『로동신문』, 2022.05.16

2022년 6월 21일에는 전국에 검사소를 설치하여 미감염 발열자에 대해서는 PCR 검사를 전수 실시하였다고 보도하였다.[19] 7월 들어 "핵산검사망을 조밀하게 구축", "전국적인 핵산검사망을 구축하고", "핵산검사망의 밀도를 높이고" 등의 표현을 발견할 수 있다. 이런 표현을 통해 이 시기에 PCR 검사를 통한 진단 비중이 증가했을 것으로 추정할 수 있다.20 실제로 PCR 검사 비중이 증가한 것이라면 이 시기에 '유열자' 발생이 현저히 줄어들었기 때문이었을 것이다.[20] 아울러 "핵산신속검사설비들의 단위별 배정"이라는 보도 내용으로 보아 지방으로 진단 역량이 확대되었을 것 같다.[21]

북한이 가지고 있던 검사 역량을 추정할 근거가 될 만한 수치는 8월 8일 기사에서 발견하였다. 2022년 7월 28일부터 8월 7일까지 11일간 10만여 명에 대해 PCR 검사가 이루어졌다는 보도였다.[22]

전국각지에 전개된 검사장소들에서 검체검사의 신속성과 정확성을 보다 높여 일반유열자와 악성비루스감염자 등을 감별하는데 각방의 노력을 기울이고있다. 무엇보다도 전염병을 경과하지 않은 대상들속에서 나타나는 발열자들에 대한 핵산검사를 빠짐없이 진행하며 양성으로 판정된 대상들은 즉시 격리장소에서 치료를 받도록 철저한 대책을 세우고있다.(『로동신문』, 2022.06.21)

전국의 집단면역수준을 보다 높이고 공고하게 유지하면서 산발적으로 발생하는 악성비루스감염자들을 제때에 확진, 대책하며 국가적인 핵산검사망을 조밀하게 구축하여 검사시간을 단축하고 정확성을 높이기 위한 적시적인 대책들도 취해지고 있다. (『로동신문』, 2022.07.04)

19. 「전국적인 집중검병검진 조직, 전염병통제관리체계 더욱 강화」, 『로동신문』, 2022.06.21
20. 「방역제도의 공고화를 위한 보다 효률적인 정책 조정, 실시」, 『로동신문』, 2022.07.04
21. 「전망적인 전염병위협을 예견한 물리적, 기술적대책 실행」, 『로동신문』, 2022.07.28
22. 「안정적인 방역환경을 위협하는 요소들을 빠짐없이 찾아 대책」, 『로동신문』, 2022.08.08

국가비상방역사령부에서는 전국적인 당일 유열자 발생수가 10단위로 줄어든데 맞게 우리 식의 방역체계를 기술적으로 보다 완비하고 방역능력 건설의 가일층 발전을 가속화하기 위한 사업을 집중적으로 내밀고 있다. 중앙위생방역소와 중앙급병원들의 신속기동방역조, 신속진단협의조들을 급파하여 일부 지역에서 발생하는 유열자들에 대한 핵산검사와 항체검사를 적시적으로 진행하고 발열 원인을 규명하며 마지막 한명의 감염자가 완치될 때까지 긴장성을 늦춤이 없이 격리 및 치료조치들을 취하고 있다.(『로동신문』, 2022.07.27)

중앙위생방역소를 중심으로 전국적인 핵산검사망을 구축하고 병원성미생물검사를 표준화, 과학화하며 국가의 통일적인 감독통제를 실현하기 위한 사업이 강력히 추진되고 있다. 여러가지 성능검사가 완료된 핵산신속검사설비들의 단위별 배정을 구체적인 계획밑에 추진하여 핵산검사망의 밀도를 높이고 악성비루스검사의 신속정확성을 담보하기 위한 사업들도 성과적으로 진행되고 있다.(『로동신문』, 2022.07.28)

발열증상을 나타내는 대상들이 장악, 보고되는 즉시 신속기동방역조와 신속진단치료조성원들이 긴급동원되여 해당 지역들을 봉쇄하고 의진자들과 접촉자들을 빠짐없이 찾아격리시키고 중앙급병원들과의 련계밑에 발열 원인을 과학적으로 규명하고 있다. (중략) 전국적으로 악성전염병에 의한 유열자가 발생하지 않은 지난 7월 28일부터 8월 7일까지의 기간에 감기와 기관지염을 비롯한 기타 열성질병과 머리아픔, 어지러움, 마른기침 등 신형코로나비루스감염증과 류사한 증상을 나타내는 10여만명에 대한 PCR검사를 통하여 악성비루스에 감염되지 않았다는것이 확인됨으로써 현재까지 우리나라에는 악성비루스감염자가 한명도 없다는것이 증명되였다.(『로동신문』, 2022.08.08)

2) 남한 상황

전염병에 있어서 역학조사, 격리, 치료 등 모든 방역행위는 진단을 기반으로 이루어진다. 코로나19 진단에는 의심 증상과 접촉력에 더불어 검사실 검사가 꼭 필요하였다. 남한에서는 2020년 1월 9일 판코로나바이러스 검사법을 구축하였고 이 방법으로 1월 20일 국내 최초 환자를 확인하였다. 판코로나바이러스 검사법은 검사의 난이도가 높고 소요 시간이 1~2일로 길었다. 이런 단점을 보완한 실시간역전사중합효소연쇄

반응법(Real-Time RT-PCR)을 1월 25일에 구축하였고, 1월 29일에 시도 보건환경연구원에 보급하였다. 2021년 12월 기준으로 남한에서는 PCR 검사가 244개 기관에서 하루 약 75만 건이 가능하였다. 선별 검사 목적으로 집단시설, 의료기관, 임시선별검사소 등에서 신속항원검사를 활용하였다. 감염자 증가에 따라 선별진료소와 임시선별검사소, 이동형 검사실을 설치하여 늘어난 검사 수요에 대응하였다. 선별진료소는 2021년 12월 31일 기준으로 631개소가 운영되었다.[23]

2. 치료

1) 북한 상황

북한은 백신과 항바이러스제(팍스로비드, 라게브리오, 렘데시비르 등)를 확보하지 못한 상황에서 코로나19 대유행에 대처해야 했다. 북한 당국이 동원할 수 있었던 것은 인력과 제도뿐이었다고 해도 과언이 아니다.[24] 감염자에 대해 격리와 대증치료 외의 효과적인 치료는 가능하지 않았을 것으로 추측할 수 있다. 민간요법을 소개하는 기사가 많은 것을 보면 대증치료 마저도 충분하지 않았던 것으로 보인다.

북한은 부족한 의료자원을 먼거리의료봉사체계와 구급의료봉사체계, 의사담당구역제 등 기존 의료체계를 최대로 가동하면서 대응하였

23. 질병관리청, 『2020-2021 질병관리청 백서』, 질병관리청, 2022, 120~126쪽
24. 「전국비상방역총화회의에서 하신 경애하는 김정은동지의 연설 주체111(2022)년 8월 10일」, 『로동신문』, 2022.08.11

아직까지 왁찐접종을 한차례도 실시하지 않은 우리 나라에서 기승을 부리던 전염병확산사태를 이처럼 짧은 기간에 극복하고 방역안전을 회복하여 전국을 또다시 깨끗한 비루스청결지역으로 만든것은 세계보건사에 특기할 놀라운 기적입니다. (중략) 비록 우리 보건의 물질기술적토대는 미약하지만 이미 확립된 우리 식의 의료봉사체계가 효과적으로 가동함으로써 방대한 방역과제, 치료과제가 성과적으로 달성될수 있었습니다. 의사담당구역제와 구급의료봉사체계, 먼거리의료봉사체계와 같은 인민적이며 선진적인 의료봉사제도에 토대하여 유열자장악과 전주민 검병검진사업이 매일 진행되고 격리 및 치료가 정확히 실시된것은 전국적범위에서 방역형세의 안정화를 획득하고 감염근원을 없애는데 커다란 작용을 하였습니다. (중략) 최대비상방역기간 전국적으로 주민세대들과 인원들에 대한 검병검진을 진행하고 유열자들을 찾아내여 완쾌시키는 사업에 매일 보건일군 7만 1,200여명, 위생열성일군 114만 8,000여명이 동원되고 수천명의 보건부문경력자들이 자원적으로 참가하였으며 이들모두가 이러한 정신으로 애써 노력하였습니다. 특히 당중앙군사위원회 특별명령으로 수도에 파견된 인민군대 군의부문 전투원들이 인민사수의 전방에서 특출한 공훈을 세웠습니다.(『로동신문』, 2022.08.11)

다. 여기에 더하여 지구별로 '치료중심'을 설치하고 '역학조사조, 감시통보조, 실험조, 분석조'를 조직하고 '신속기동방역조, 신속진단치료조, 신속협의진단조'를 구성하여 비상 상황에 대처하였다.[25] 이들 기관과 조직은 「비상방역법」에 근거를 둔다. 하지만 '치료중심'에 대한 구체적인 기능, 활동, 담당업무 등에 대한 보도는 찾기 어렵다.

평양에 위치한 중앙급병원들은 '신속협의진단조'를 설치하였다. 이 조직의 주된 역할은 전국에서 제기되는 환자들의 진단과 치료를 위해 기술적 도움을 제공하는 것이었다.[26] 진단조 소속 의료인들은 유열자가 발생한 지역에 직접 나가 치료하였고 치료 경험을 공유하여 지방병원의 진료 수준을 향상시키는 역할도 담당하였다.[27] 지방병원들에서 제기

25. 「인민들에게 믿음직한 방역환경을 제공하기 위한 사업 단계별 계획에 따라 추진」, 『로동신문』, 2022.06.16
26. 「신속협의진단조들의 역할을 비상히 높여」, 『로동신문』, 2022.05.17
27. 「치료전술과 방법확립을 위한 사업 더욱 심화」, 『로동신문』, 2022.06.14

되는 문제 해결을 위해서는 원격의료체계가 활용되었다.[28]

'신속진단치료조'는 전국 도·시·군병원 의료진들로 280여 개를 조직하였는데 각 지역에서 유열자가 발생한 지역에 급파되어 현지에서 직접 진단하고 치료하였다.[29] 치료조는 진단조의 통제하에 활동하였던 것으로 보인다.[30]

기사를 종합하여 진단조와 치료조의 작동 방식을 추측해 본다. 호담당의사가 가가호호 방문하여 검병 검진을 실시하고 유열자를 발견하면 「치료안내지도서」에 제시된 기준에 따라 환자 중증도를 분류하여 소속 기관인 리병원이나 진료소 등에 보고하였다. 이들 기관에서 감당할 수 없는 환자들은 상급 기관인 군·구역병원에 보고 및 이송하였고 군·구역병원에서 자체 역량으로 진단과 치료가 어려운 환자는 먼거리의료봉사체계를 활용하여 중앙급병원의 신속협의진단조에 의뢰하고 신속협의진단조에서 조치를 내려주면 신속진단치료조가 직접 현장으로 출동하여 진료하였을 것이다.

중앙급병원들에 조직된 신속협의진단조는 전국각지의 병원들에서 긴급하게 제기되는 유열자들을 비롯한 환자들에 대한 진단을 신속히 진행하고 정확한 치료대책을 세울수 있게 해당한 기술적방조를 주는것을 사명으로 하고 있다. (중략) 또한 신속협의진단조 성원들이 유열자들이 발생한 지역들에 나가 치료사업을 도와주어 전염병전파를 신속히 억제하기 위한 사업에 기여하고있다.(『로동신문』, 2022.05.17)

평안남도비상방역기관에서는 최대비상방역체계가 가동된데 맞게 도인민병원의 실력있는 의료일군들로 신속진단치료조들을 더 조직하여 유열자들이 발생한 군들에 급파하였다. (중략) 연탄군비상방역기관에서는 방역조와 치료조성원들이 현지에서 감염자확진,

---

28. 「비상방역전의 전초선에서 보건일군들 완강한 실천력 발휘」, 『로동신문』, 2022.06.21
29. 「신속기동방역조, 신속진단치료조들의 역할 강화」, 『로동신문』, 2022.05.28; 「전반적의료봉사의 과학성과 선진성을 제고하는 사업 심화」, 『로동신문』, 2022.06.23
30. 「방역전황을 분석, 예측하고 안정적으로 통제, 관리하기 위한 실무적대책 계속 강구, 국가비상방역사령부에서」, 『로동신문』, 2022.06.03

후송, 치료 등에서 지켜야 할 행동준칙과 질서를 철저히 준수할수 있게 실무강습을 정상적으로 진행하고 있다.(『로동신문』, 2022.05.28)

중앙급병원의 신속협의진단조들이 유열자들에 대한 협의진단에 신속히 참가할수 있도록 하며 전국의 수백개 신속진단치료조들이 임의의 시간과 장소에 빠른 시간안에 기동하여 유열자들에 대한 진단과 치료를 제때에 진행할수 있도록 하는 등 장악과 지휘, 통제의 도수를 높이고 있다.(『로동신문』, 2022.06.03)

중앙급병원들에 조직된 신속협의진단조들의 역할을 보다 높여 그들이 먼거리의료봉사체계를 통하여 해당 병원들의 의료봉사수준을 제고하고 환자치료에서 안전성을 철저히 담보할수 있게 적극적인 방조를 주도록 하고있다. 이와 함께 여러 계기를 통하여 선진적이면서도 실용성있는 의료기술들을 적극 보급함으로써 의료일군들의 전문수준을 향상시키는데 이바지하고 있다.(『로동신문』, 2022.06.14)

중앙급병원들에 조직된 신속협의진단조 성원들은 먼거리의료봉사체계를 통해 지방병원들에서 수시로 제기되는 문제들을 종합분석한데 기초하여 기술적방조와 정확한 치료대책을 제때에 세워주고 있다.(『로동신문』, 2022.06.21)

북한의 보건당국은 오미크론 확진자 공개 이틀만인 2022년 5월 14일부터 대중들에게 직접 전달하는 내용으로 '유열자 치료'에 대한 기사를 싣기 시작했다. 그리고 '방역대전에서 누구나 알아야할 상식'이라는 코너를 통해 꾸준히 '신형코로나비루스감염증' 치료와 관련한 정보를 제공하였다.[31]

「유열자들에 대한 치료를 어떻게 할것인가」라는 제목의 기사에 따르면 무엇보다 "섭생을 잘 지키는것이 중요하다"며 잘 먹고 잘 쉬는 것을 우선으로 언급하였다. 증상이 가벼운 환자의 경우 철저히 의사의 처방

31. 「방역대전에서 누구나 알아야 할 상식, 신형코로나비루스감염증환자가 집에서 자체로 몸을 돌보는 방법」, 『로동신문』, 2022.05.15; 「방역대전에서 누구나 알아야 할 상식, 자택에서의 신형코로나비루스감염증치료방법과 자택격리시 지켜야 할 섭생」, 『로동신문』, 2022.05.16; 「방역대전에서 누구나 알아야 할 상식, o(오미크론)변이비루스감염으로 인한 첫 증상이 나타날 때의 치료방법」, 『로동신문』, 2022.05.16

에 따라 약물을 선택하고 치료해야 한다고 전제하며 "항비루스치료에는 재조합사람인터페론 α- 2b주사약(300만단위)을 한번에 150만단위씩 2일에 한번씩 3~5회 근육주사한다. 항생제치료는 기침이나 점액농성가래와 같은 세균감염증상들이 안정되지 않으면 항생제치료를 진행하지 않는다"고 제시하였다.[32]

다른 나라에서 항바이러스제로 팍스로비드, 몰누피라비르(라게브리오)가 개발되었고 면역억제제로 '신형코로나비루스 칵테일중화항체《REGN-COV 2》', '《릴리/군실》중화항체', '아무바르비마브단클론항체(BRII-196), '로물루쎄비마브단클론항체(BRII-198)' 등이 사용 중임을 보도하였나 이들 약제를 확보해 치료에 사용하기는 어려웠던 것으로 보인다.[33]

자체 의료전달체계에 따라 중증도별로 환자를 수용했을 것으로 추측 가능하나 어떤 환자를 어느 병원에서 치료했는지를 확인하는 기사는 찾지 못했다. 또한 의료기관에 구체적으로 어떠한 의료시설을 갖추었는지도 확인하기 어렵다.

의료기구공업관리국, 김책공업종합대학, 국가과학원을 비롯한 해당 단위의 과학자, 기술자, 전문가들은 인공호흡기, 탈세동기의 품질개선과 계렬생산, 각종 의료기구의 개발을 힘있게 다그치고있다.(『로동신문』, 2022.07.18)

의료기구공업관리국, 김책공업종합대학, 국가과학원을 비롯한 단위의 과학자, 기술자, 전문가들이 각종 의료기구개발생산을 힘있게 다그치고있는 가운데 시험제작된 새형의 이동형산소발생기, 자동점적조절기 등은 병원들에서 기술적성능을 확증하고 보다 세련시키기 위한 림상검토단계에 있다.(『로동신문』, 2022.07.28)

---

32. 「유열자들에 대한 치료를 어떻게 할것인가」, 『로동신문』, 2022.05.14
33. 「방역대전에서 누구나 알아야 할 상식, 신형코로나비루스감염증특효약에 대한 소개」, 『로동신문』, 2022.05.17

보건성 의료기구공업관리국 의료기구연구소와 국가과학원 조종기계연구소에서는 이동형산소발생기를 비롯하여 새로 개발한 의료기구들에 대한 림상검토를 중앙급병원들에서 진행하여 안정성과 효과성을 검토확인하고 있다.(『로동신문』, 2022.08.02)

현재 치료중에 있거나 새로 발생하는 중증환자들에 대한 집중치료조치들이 취해지고 악성비루스감염자로 확진된 대상들과 접촉자들, 악성전염병을 경과하지 않은 대상들에 대한 철저한 격리, 치료와 의학적감시대책이 보다 세분화, 구체화되였다.(『로동신문』, 2022.05.31)

다만 인공호흡기와 제세동기 품질 개선과 계열 생산에 돌입하였다는 보도를 통해 치료 현장에서 관련 의료기구를 사용했다고 추측이 되나 에크모에 대한 언급은 안 보인다.[34] 또한 '이동형산소발생기'를 개발하였다고 주장하는 것으로 보아[35] 가정이나 병원 등에서 산소치료를 했을 가능성이 있다. 중증 환자에 대한 집중 치료를 진행한다고 하였으나 구체적인 치료법이나 내용에 대한 언급은 안 보인다.[36]

오미크론 확진자 치료를 위해 「치료안내지도서」를 제작하기 시작하였다. 2022년 5월 13일 보도에 관련 내용이 처음으로 언급되었다.[37] 이 지도서는 보건성에서 중앙비상방역부분과 연계하여 작성하였고 5월 17일 기사에는 「신형코로나비루스감염증 치료안내지도서」가 일선 의료기관에 배포됨을 알렸다.[38] 그리고 바로 다음 날 "중앙과 지방의 각급 치료예방기관들과 해당 단위들에 시달"이 완료되었다며 지도서 내용의

34. 「선진적이며 과학적인 방역능력건설 각방으로 추진」, 『로동신문』, 2022.07.18
35. 「전망적인 전염병위협을 예견한 물리적, 기술적대책 실행」, 『로동신문』, 2022.07.28; 「전국가적, 전사회적으로 완강한 보호방역태세 견지」, 『로동신문』, 2022.08.02
36. 「방역전황에 기동성있게 대처하기 위한 물질기술적보장사업 강화」, 『로동신문』, 2022.05.31
37. 「경애하는 김정은동지께서 국가비상방역사령부를 방문하시고 전국적인 비상방역상황을 료해하시였다」, 『로동신문』, 2022.05.13
38. 「전염병확산추이를 역전시키기 위한 방역전 전당적, 전국가적으로 강도높이 전개」, 『로동신문』, 2022.05.17

일부를 소개하였다.[39] 이후 5월 20일부터 5월 25일까지 6일에 걸쳐 "어른용, 어린이용, 임산모용으로 구분"된 「신형코로나비루스감염증 치료안내지도서」의 전체 내용을 게재하였다.[40] 원문은 첨부 자료에 담았다.

북한에서는 이미 4월 중순부터 오미크론 변이 바이러스가 확산하기 시작하였으나 거의 한 달이 지난 5월 12일에서야 이런 상황을 공식화한 이유 중 하나가 지도서 제작과 관련이 있을 것으로 짐작된다. 지도서가 어느 정도 완성 단계에 이를 때까지 코로나19 확산 상황의 보도를 미룬 것이라면, 당국이 위기 상황에 신속하고 적절하게 대응하고 있다는 선전 효과를 의도했을 가능성도 있다.

코로나19 대유행 이전의 감염병 상황에서도 지도서가 제작되었는지 확인이 어려우나 코로나19 대유행기에는 위의 지도서 외에도 「신형코로나비루스감염증의 후유증치료안내서」, 「원숭이천연두의 치료안내지도서(잠정)」, 「돌림감기와 신형코로나비루스혼합감염증 치료안내지도서」, 「감기증상을 나타내는 호흡기감염증치료안내지도서」 등을 제작, 배포하였다.[41]

> **보건부문과 비상방역부문에서는 유열자들의 병경과특성들을 치밀하게 관찰하고 전문성있는 지도서의 요구에 맞게 과학적인 치료방법과 전술을 전격적으로 따라세우며 국가적인 의약품보장대책을 더욱 강화하여야 한다고 말씀하시였다.**(『로동신문』, 2022.05.13)

---

39. 「신형코로나비루스감염증 치료안내지도서 작성시달」, 『로동신문』, 2022.05.18
40. 「신형코로나비루스감염증 치료안내지도서-어른용(1)」, 『로동신문』, 2022.05.20; 「신형코로나비루스감염증 치료안내지도서-어른용(2)」, 『로동신문』, 2022.05.21; 「신형코로나비루스감염증치료안내지도서-어린이용(1)」, 『로동신문』, 2022.05.22; 「신형코로나비루스감염증치료안내지도서-어린이용(2)」, 『로동신문』, 2022.05.23; 「신형코로나비루스감염증치료안내지도서-임산모용(1)」, 『로동신문』, 2022.05.24; 「신형코로나비루스감염증치료안내지도서-임산모용(2)」, 『로동신문』, 2022.05.25
41. 「《신형코로나비루스감염증의 후유증치료안내서》 작성시달」, 『로동신문』, 2022.07.12; 「《원숭이천연두의 치료안내지도서》(잠정) 작성시달」, 『로동신문』, 2022.07.18; 「《돌림감기와 신형코로나비루스혼합감염증 치료안내지도서》(어른용, 어린이용, 임산모용)」, 『로동신문』, 2022.11.07; 「《감기증상을 나타내는 호흡기감염증치료안내지도서》(어른용, 어린이용, 임산모용)」, 『로동신문』, 2022.11.08

중앙비상방역부문과의 긴밀한 련계밑에 보건성의 일군들은 제일 최량화되고 최적화된 약물투여방법을 비롯하여 과학적인 치료방법과 치료전술을 확립할수 있게 치료안내지도서를 작성하기 위한 조직사업을 치밀하게 짜고들었다. (중략) 성의 일군들은 옥류아동병원, 평양산원을 비롯한 중앙급병원일군들과의 긴급협의회를 열고 여러 나라의 방역성과와 경험들, 우리의 치료경험에 기초하여 치료안내지도서를 과학적으로 작성하기 위한 집체적 토의를 심화시키며 효과적인 방도들을 적극 탐구하였다. 병원관리국의 일군들이 전국적으로 완쾌된 사람들의 치료경험들을 구체적으로 조사장악하여 옳바른 치료전술을 수립하는데 필요한 기초자료를 빨리 준비하기 위해 고심어린 노력을 기울이였다.(『로동신문』, 2022.05.15)

보건부문에서는 림상경험과 비방, 약물의 효과와 부작용, 회복기일, 치료방법 등을 구체적으로 장악하여 자료기지를 구축하고 그에 토대하여 옳바른 치료전술을 수립해나가고 있으며 환자들의 발병상태에 따르는 약물의 선택과 리용, 간호방안들을 구체적으로 밝힌 표준화된 치료안내지도서를 작성시달하고있다.(『로동신문』, 2022.05.17)

당중앙의 현명한 령도밑에 전염병전파사태를 신속히 억제하기 위한 국가적인 긴급대책들이 련일 취해지고있는 속에 신형코로나비루스감염증 치료안내지도서가 작성되여 중앙과 지방의 각급 치료예방기관들과 해당 단위들에 시달되였다. (중략) 신형코로나비루스감염증 치료안내지도서는 어른용, 어린이용, 임산모용으로 구분되여있다. 지도서에는 신형코로나비루스에 대한 정의와 함께 감염증환자의 확진지표들에 역학관계, 림상증상, RT-PCR검사, 항체검사가 있으며 여기에서 1개 지표가 양성으로 되는 경우 확진한다고 밝혀져있다. 또한 신형코로나비루스감염증의 중증도 판정기준이 세부적으로 밝혀져있고 약물치료는 병경과와 중증도에 따라 개별화하며 나이와 체질, 체중에 따라 약물을 선택하고 용량을 확정하는 등 일반적 치료원칙들이 반영되여있다. 또한 각이한 증상과 수반증, 특이체질환자에 따르는 여러가지 치료전술과 치료효과판정기준이 언급되여있다.(『로동신문』, 2022.05.18)

「신형코로나비루스감염증 치료안내지도서」에 제시된 치료 내용을 살펴보면, 체온과 호흡수, 흉부 엑스레이 소견, 산소포화도, 인공호흡기 필요 여부, 쇼크, 다발성 장기부전 등의 지표에 따라 경증, 중등증, 중증, 최중증의 4단계로 중증도를 분류하였다.

의사 처방으로 약물을 투여하되 중증도와 나이 등에 따라 개별화하면서 치료하도록 하였다. 경증과 중등증에 대해서는 항바이러스제 투여와 증상 조절을 위한 약물 투여를 원칙으로 하고 2차 세균감염에 대해 항생제를 사용하도록 하였다. 항바이러스제로 제시된 약제는 우웡항비루스물약, 인터페론α알약, 재조합사람인터페론α-2b주사약 3가지였다. 또한 증상을 조절하기 위한 고려치료로 금은화개나리잎감기싸락약, 방아풀저기물약, 패독산, 정천탕처방, 안궁우황환, 우황청심환을 제시하였다.

중증과 최중증에 대한 치료는 호흡부전에 대한 목표 산소포화도를 94%로 하여 산소투여, 기관삽관과 기계환기를 실시하도록 하였고 순환부전에 대해서는 수축기 혈압 100mmHg를 목표로 수액 요법과 혈관수축제를 투여하도록 하였다. 상태가 심해지면 스테로이드 호르몬제를 투여하였고 중증과 최중증의 경우 2차 세균감염 판단 없이 항생제를 투여하도록 하였다.

치료 효과 판정은 완치, 호전, 불편, 악화 등 4가지로 분류하였다. 이러한 치료를 확진자에게만 적용했는지, 유열자도 실시했는지는 기사를 통해 확인된다. 그리고 이후 새로운 자료를 토대로 「치료안내지도서」를 업데이트하기 위한 연구가 진행되었지만[42] 개정된 새로운 지도서에 대한 보도는 찾지 못했다.

북한 보건당국은 코로나19 후유증이 발생했을 경우 대처법에 대해서도 여러 차례 보도하였다. 그리고 이를 종합하여 2022년 7월 12일에

42. 「검병검진과 검사, 치료의 과학성과 신속정확성을 제고하여 방역능력 일층 강화」, 『로동신문』, 2022.06.09; 「치료전술과 방법확립을 위한 사업 더욱 심화」, 『로동신문』, 2022.06.14; 「돌발적인 위기에 대처하는 방역전술체계 정비보강, 효과적으로 가동」, 『로동신문』, 2022.06.17; 「비상방역전의 전초선에서 보건일군들 완강한 실천력 발휘」, 『로동신문』, 2022.06.21; 「비상방역전에서 주동성과 전술적우세 확고히 보장」, 『로동신문』, 2022.06.29; 「보건의 물질기술적토대강화를 위한 과학연구사업 적극화」, 『로동신문』, 2022.07.05; 「선진적이며 과학적인 방역능력건설 각방으로 추진」, 『로동신문』, 2022.07.18; 「전일적인 작전과 지휘로 우리식 방역체계를 원활하게 가동」, 『로동신문』, 2022.07.27; 「방역형세를 안정적으로 통제관리, 공고화된 방역보루축성에 총력 집중」, 『로동신문』, 2022.08.03

숨가쁨, 피로감, 육체적 및 정신적활동을 한 후 악화되는 증상, 운동후 권태감, 사고력과 집중력저하, 기침, 가슴 또는 복부통증, 머리아픔, 빠른 심장박동, 관절통, 근육통, 팔다리저림증, 설사, 불면증, 열나기, 현기증, 피부발진, 후각 및 미각상실, 우울감 등 세계적으로 현재까지 공인된 후유증만 하여도 200여가지나 된다. (중략) 현재까지 공인된 후유증 치료방법이나 치료제는 알려진것이 없으며 해당 증상들에 맞게 대증치료방법을 적용하는것이 일반적이다. 후유증이 쉽게 치료되지 않으면 의료기관을 찾아가 검사와 치료를 받는것이 중요하다.(『로동신문』, 2022.05.26)

얼마전 우리는 신형코로나비루스감염증을 경과한 사람들속에서 많이 나타나고있는 후유증에 대한 치료방법들과 관련하여 평양의학대학병원 과장 박사 부교수 정남훈동무와 만나 이야기를 나누었다.
기자:신형코로나비루스감염증환자들속에서 나타나는 후유증이란 무엇인가?
과장:아무런 장애가 없던 사람들속에서 신형코로나비루스감염증을 앓고난 후 메스꺼움, 미각장애, 입맛없기, 상복부아픔과 같은 소화기장애증상, 불면증, 머리아픔, 집중력저하, 기억력감퇴와 같은 신경장애증상들을 비롯하여 심장, 콩팥, 호흡기계통 등에서 여러가지 장애증상들이 나타나 일상적인 생활에 부정적영향을 주는것을 말한다.(『로동신문』, 2022.05.28)

우리는 신형코로나비루스감염증을 경과하는 과정에 환자들속에서 나타나는 관절 및 근육계통후유증과 그 치료대책에 대한 문제를 가지고 평양의학대학 림상연구소 류마치스연구실 실장 리명학동무와 이야기를 나누었다.(『로동신문』, 2022.06.02)

당의 뜻을 높이 받들고 많은 보건일군들속에서 우수한 고려약과 고려치료방법을 후유증치료에 리용하기 위한 사업이 보다 적극화되고있는 가운데 좋은 경험들이 창조되고 있다. (중략) 박송실선생은 우리에게 속썩은풀뿌리(황금), 산죽을 비롯한 약리작용이 좋은 약초들을 치료에 리용하는 과정에 고려약으로 얼마든지 여러가지 후유증을 치료할 수 있다는 확신을 가지게 되였다고 말하였다.(『로동신문』, 2022.06.04)

「신형코로나비루스감염증의 후유증치료안내서」를 작성하여 해당 기관에 하달하였다.[43] 이 안내서 또한 5월 28일부터 6월 2일까지 5차례에 걸쳐 평양의학대학병원와 평양의학대학 관계자와의 인터뷰 형식으

43. 「《신형코로나비루스감염증의 후유증치료안내서》 작성시달」, 『로동신문』, 2022.07.12

로 언론에 공개하였다.[44] 이후 수정, 보충하였고[45] 대부분 고려의학을 치료에 적용하였으며 신속협의진단조와 신속진단치료조를 투입한다는 내용을 담았다.

북한은 코로나19 환자 발생 발표와 함께 비축한 '의료예비품'의 총동원령을 내리고 모든 시군의 '국가예비의약품'을 긴급 해제하였다. 비상조치를 발령하여 국가가 조달하는 의약품이 약국을 통해 주민들에게 전달할 수 있게 모든 약국이 24시간 운영하였다.[46] 또한 신속한 의약품 배송과 공급을 위하여 평양 시내의 모든 약국에 인민군 군의를 동원하였다.[47] 더불어 의약품 취급 및 판매에 부정행위를 보이면 범죄행위로 간주하고 단호한 조처를 내렸다.[48]

북한 보건성에서 발표한 「신형코로나비루스감염증 치료안내지도서」 3종에 언급한 약물을 정리하면 [표 9]와 같다.

항바이러스약물로 사용하는 것은 인터페론α알약, 재조합사람인터페론α-2b주사약, 우웡항비루스물약이다. 우웡항비루스물약은 2016년 평양시 선교구역 남신종합진료소 의사들이 고려약학적 방법으로 개발한 항바이러스제로 치료율이 90%라고 선전하는 약물이었다.[49]

북한의 지도서에 나타난 의약품을 살펴보면 코로나19 치료를 위해 개발된 신약은 안 보인다. 『로동신문』에서는 중국 자료를 인용하여 팍

---

44. 「방역대전에서 누구나 알아야 할 상식, 후유증치료방법(1)」, 『로동신문』, 2022.05.28; 「방역대전에서 누구나 알아야 할 상식, 후유증치료방법(2)」, 『로동신문』, 2022.05.29; 「방역대전에서 누구나 알아야 할 상식, 후유증치료방법(3)」, 『로동신문』, 2022.05.30; 「방역대전에서 누구나 알아야 할 상식, 후유증치료방법(4)」, 『로동신문』, 2022.05.31; 「방역대전에서 누구나 알아야 할 상식, 후유증치료방법(5)」, 『로동신문』, 2022.06.02
45. 「앞선 과학기술성과와 경험을 방역실천에 적극 도입」, 『로동신문』, 2022.07.22
46. 「조선로동당 중앙위원회 정치국 협의회 또다시 진행」, 『로동신문』, 2022.05.16
47. 「전염병확산추이를 역전시키기 위한 방역전 전당적, 전국적으로 강도높이 전개」, 『로동신문』, 2022.05.17
48. 「의약품들이 주민들에게 제때에, 정확히 가닿게 하지」, 『로동신문』, 2022.05.17
49. 박수윤, 「북한, 우엉·인삼으로 면역력 높인다는데…효능은 '글세'」, 『연합뉴스』, 2020.02.11

[표 9]「신형코로나비루스감염증 치료안내지도서」에 거론한 의약품

구분	약물	사용기준
항바이러스 제제	• 우웡항비루스물약 • 인터페론α알약 • 재조합사람인터페론α- 2 b주사약	• 항바이러스 치료는 바이러스 감염 후 48시간 내에 진행
항생제	• 페니실린(penicillin) • 암피실린(ampicillin) • 아목시실린(amoxicillin), • 세프트리악손(ceftriazone) • 세포탁심(cefotazime) • 레보플록사신(levoflozacin) • 에리트로미찐(erhhromycin), • 찌프로플록사신(ciprofloxacin) • 코트리목사졸(sulfamethoxazole + trimethoprim)	• 점성액농성가래, 백혈구수 증가와 같은 2차 감염 소견이 있거나 혈액검사에서 세균검출 시 사용
해열 진통제	• 파라세타몰(acetaminophen) • 볼타렌(diclofenac) • 이부프로펜(ibuprofen) • 인도메타신(indonetacin)	
스테로이드	• 덱사메타존(dexamethasone) • 프레드니졸론(prednisolone)	• 중증의 경우 5~7일간 사용, 10일 이상 초과하지 않아야 하고 어린이는 5일 이상 초과하여 사용하지 말아야 함
고려약	• 금은화개나리잎감기싸락약(과립) • 패독산	• 발열, 인후통, 기침
	• 방아풀정기물약	• 무력감, 위장장애
	• 정천탕	• 고열, 기침, 숨참, 가래 등에 사용 • 구성: 마황 12g, 살구씨 6g, 속썩은풀뿌리, 끼무릇, 뽕나무 뿌리껍질, 차조기씨, 관동화, 감초 각각 4g, 은행씨 21g
	• 안궁우황환, 우황청심환, • 삼향우황청심환	• 고열, 의식불명 • 임부 사용 금기
	• 반하생강수, 반하솔풍령탕, • 소지황환	• 된입쓰리(입덧)
기타	• 3% 소금물, 2% 중조수, 요드꿀, • 붕산, 포비돈요드인무물약	• 인후통이 심한 경우 가글하거나 인두부에 바름
	• 디아제팜(diazepam) • 디메드롤(diphenhydramine) • 아미나진(aminazin) • 페노바르비탈 (phenobarbital)	• 영유아, 소아 열성경련 • 디아제팜이 없는 경우 2% 디메드롤, • 2% 아미나진 사용
	• 디메드롤(diphenhydramine) • 세트리진(cetrizine) • 클로르페니라(chlorpheniramine)	• 콧물, 코막힘
	• 코데인(codeine) • 브롬헥신(bromhexine)	• 기침, 가래

스로비드, 라게브리오 등을 소개하였다.[50] 지도서에 허가된 신약이 포함되지 않은 것으로 보아 코로나19와 관련된 신약을 공급하지 못한 것으로 보인다.

「치료안내지도서」의 가장 큰 특징은 고려약이 많이 포함되었는데 안궁우황환, 우황청심환, 패독산, 방아풀정기물약 등을 언급하였다.[51] 또한 다른 나라에서 처방하지 않는 항바이러스제를 활용하였다. 항바이러스제인 인터페론α알약과 재조합사람인터페론α- 2b주사약은 과거 사스, 메르스 감염자의 치료제로 사용되었고 세포 실험에서 사스 증식을 억제하는 것으로 확인되었다. 그러나 미국 NIH 가이드라인에서는 인터페론은 중증 코로나19 환자에서 임상시험 외에는 투여하지 않도록 권고하였다. 그리고 세계보건기구, 영국 및 호주 가이드라인은 치료제로서 더 이상 언급하지 않았다. 남한의 가이드라인에서는 사용 근거 수준이 낮고 시행 시 이득을 찾기 어려워 시행 반대를 권고한다.[52] 그럼에도 불구하고 북한 「치료안내지도서」에 이들 약품을 포함한 것은 코로나19에 사용 가능한 다른 항바이러스제를 찾지 못했기 때문인 듯하다.

한편 『로동신문』에는 「치료안내지도서」와 별도로 치료 방법을 주민에게 소개하기도 하였다. 내용은 경증 환자의 치료에 고려치료법을 적극 도입할 것과 대증치료로 민간요법인 금은화 또는 버드나무잎을 더운물에 우려서 하루 3번 복용할 것을 포함하였다.[53] 이는 의약품 부족

---

50. 「방역대전에서 누구나 알아야 할 상식, 신형코로나비루스감염증특효약에 대한 소개」, 『로동신문』, 2022.05.17
51. 북한 의학연구원 약학연구소에서 개발한 의약품으로 곽향정기산의 일종. 체한 데, 설사, 급성위장염 등을 치료하는 효과적이며 황색포도알균, 피라티브스균, 적리균에 억균 작용이 있다고 함. 『통일뉴스』, 2021.10.30
52. 한국보건의료연구원-대한의학회, 「CQ8 인터페론(Interferon)」, 『코로나19 환자 치료를 위한 임상진료 지침』, 2021.12.01
53. 「악성비루스의 전파공간을 빈틈없이 완벽하게 차단하자, 유열자들에 대한 치료를 어떻게 할것인가」, 『로동신문』, 2022.05.14

상황을 보여주는 것으로 “가정에서 준비한 상비약품들을 어렵고 힘든 세대에 보내달라”는 김정은의 지시를 따라 당의 간부들도 가정에서 보관하던 상비 약품을 기부하는 일이 이어졌다.[54]

2) 남한 상황

각 전문가 단체와 정부 기관은 코로나19 유행 초기부터 코로나19 대응에 대한 진료권고안과 진료지침들을 발표하였다. 코로나19 치료에 대한 근거가 없었기 때문에, 초기의 권고안이나 지침들은 사스 및 메르스 유행 때의 경험과 중국 초기의 임상 현황에 대한 보고 문헌들을 바탕으로 권고를 내리는 전문가 합의 방식의 권고안이었다.[55]

2020년 3월 13일에 대한감염학회, 대한항균요법학회, 대한소아감염학회에서 발표한 「코로나19 약물 치료에 관한 전문가 권고안(version 1.2-1)」에 항바이러스제 표준 치료법이 확립되지 않았다고 밝히면서 지지 치료 외의 몇 가지 치료법을 제시하였다. 언급한 치료제는 기존 질환을 치료하기 위해 개발된 의약품들이었다. 항바이러스제로는 HIV 감염 치료제인 로피나비르와 리토나비르, 항말라리아제인 하이드록시클로로퀸, 에볼라 치료제로 개발되었으나 효능이 입증하지 못하면서 개발이 중단됐던 렘데시비르, 만성 C형 간염 치료제인 리바비린 등을 거론하였다.

천식의 악화, 패혈성 쇼크, 급성호흡곤란증후군 등 다른 상태가 동반된 경우, 1형 인터페론과 스테로이드를 투약, 패혈증에서 의사 판단에

---

54. 「오늘의 방역대전에서 서로 돕고 위해주는 우리 사회의 대풍모를 남김없이 발양시키자」, 『로동신문』, 2022.05.15
55. 한국보건의료연구원, 『코로나19 관련 국내 임상진료지침에 대한 심층분석 보고서』, 2020.12.31. 11쪽

따라 정맥용 면역글로불린의 투여를 고려할 것, 인플루엔자 감염이 합병되었거나 합병된 것으로 강하게 의심되는 경우 뉴라미다아제 억제제, 세균성 감염이 동반되었거나 의심되는 경우 항생제 투약 등의 내용을 담았다. 하지만 코로나19의 중국 발생 후 1년 된 시점인 2020년 12월 31일까지도 확증된 치료법은 나오지 않았다.

새로이 축적된 연구 결과를 반영하여 2021년 11월에 발표한 「코로나바이러스감염증-19(COVID-19) 가이드라인」을 공개하였다.[56] 우선 중증도를 다섯 단계로 분류하였다. 코로나19와 일치하는 증상이 안 보이면 무증상으로, 증상은 보이나 호흡곤란이나 방사선 검사상 폐렴이 아닌 경우를 경증으로, 폐렴이긴 하나 산소치료 않고 산소포화도가 94% 이상 측정되는 경우를 중등증으로, 증상이 더 심한 환자는 중증으로,[57] 증상이 가장 심각한 환자는 위중증으로[58] 분류하였다.

물론 이때까지도 최적의 치료제는 확정되지 않았고 렘데시비르, 스테로이드, 바리시티닙, 토실리주맙 등 항체치료제를 제외한 약제는 치료 효과가 안 나타나 치료제로 인정하지 않았다. 특히 초기에 시험적으로 투여하던 하이드록시클로로퀸, 로피나비르/레토나비르, 리바비린, 인터페론, 혈장치료제 등은 치료 효과가 안 보이거나 효과가 증명되지 않아 더 이상 추천되지 않는다고 명시하였다. 대증치료로는 해열제, 진통제, 진해거담제를 제시하였고 산소치료 방법에도 약간의 변화를 보였다.[59]

2022년 2월 26일 신종감염병중앙임상위원회와 국립감염병연구소에

56. 국립중앙의료원·보건복지부, 『코로나바이러스감염증-19(COVID-19) 가이드라인』, 2021.11. 4쪽
57. 폐렴이 있으면서, 산소포화도가 94% 미만, 산소화비 (PaO2/FiO2)가 300 mm Hg 미만, 호흡수가 30회를 초과, 혹은 폐침범이 50%를 초과하는 경우
58. 호흡 부전, 패혈성 쇼크, 혹은 다발성 장기 부전이 있는 경우
59. 국립중앙의료원·보건복지부, 『코로나바이러스감염증-19(COVID-19) 가이드라인』, 20~22쪽

서 발간한 「코로나19 진료권고안 ver2.1」에는 표준치료약물로 항바이러스제(렘데시비르, 팍스로비드, 라게브리오)와 면역조절제(스테로이드), IL-6 억제제(토실리주맙), JAK 억제제(바리시티닙), 산소치료가 필요한 환자에게 항응고 치료(저분자량헤파린, 헤파린), 항생제(중증 코로나19 환자에서 2차 세균감염이나 패혈증의 징후가 동반될 경우)가 제시되었다.[60] 합병증(급성호흡곤란증후군, 심혈관계 합병증, 정맥 혈전색전증, 급성 신손상, 사이토카인 방출 증후군, 신경계 합병증, 임신 관련 합병증, 기타)과 장기 후유증도 언급하였다.[61]

남한의 최신 권고안은 질병관리청에서 2024년 8월 16일 발간된 「2024년도 코로나바이러스감염증-19 관리지침」이다. 이 권고안은 자율치료를 원칙으로 하고 입원 치료가 필요한 경우에만 입원하도록 하였다. 60세 이상, 기저질환자와 면역저하자 등 고위험군에게 치료제(렘데시비르, 팍스로비드, 라게브리오)를 처방하도록 하였다. 호흡곤란 시 산소를 공급하고 필요한 경우에는 기계호흡이나 체외막 산소공급(에크모) 등을 시행하도록 하였다.[62]

진료 과정에서 증상이 악화해 인공호흡기 이상의 치료가 필요한(또는 필요할 것으로 예상되는) 환자나 기타 중환자실로 신속히 이송해야 하는 환자[63]에 대해서는 국가 지정 입원 치료병상, 상급병원 전원이 필요하다고 의사가 판단하면 이송 전원하여 치료하도록 하였다.[64] 하급병원에서 가용한 자원의 범위를 넘는 치료가 필요할 경우 상급병원으로 전

60. 신종감염병중앙임상위원회·국립감염병연구소, 『COVID-19 진료권고안 ver2.1』(https://www.nmc.or.kr/nmc/board/B0000001/13238), 72~92쪽 (검색일 : 2024.09.09)
61. 신종감염병중앙임상위원회·국립감염병연구소, 『COVID-19 진료권고안 ver2.1』, 9~10쪽
62. 질병관리청, 『2024년도 코로나바이러스감염증-19 관리지침』, 2024.08.16, 25쪽
63. ① 인공호흡기☒에크모☒CRRT 등의 치료를 요하는 환자 등 ② (예) 고유량 산소요법 이상의 치료를 요하는 환자로서 곧 인공호흡기 이상의 치료가 필요하다고 예상되는 자 ③ (예) 폐렴이 확인되었고, 산소 요구량이 비관 분당 5L이상 지속적으로 증가하고 있어 중증환자 전담치료병상으로 이송이 필요하다고 판단되는 자 등
64. 국립중앙의료원·보건복지부, 『코로나바이러스감염증-19(COVID-19) 가이드라인』, 27~28쪽

원하였다. 특히 중환자 이송은 이송 그 자체가 환자의 사망률과 이환율을 높일 위험성을 가지므로 신중하게 결정하도록 하였고 이러한 위험을 최소화하기 위해 이송 중에도 여러 생명유지장치를 사용하도록 하였다.[65]

질병관리청은 2024년 4월 1일 「만성 코로나19 증후군(Long COVID) 임상진료지침 권고안」을 발표하였다.[66] 코로나19 진단 이후 3개월 이상 지속되며 다른 대체 진단으로 설명이 불가능한 증상 및 징후가 보이는 경우를 '만성 코로나19 증후군'으로 정의하고, 호흡곤란, 흉통, 기침, 피로, 관절통, 두통, 인지 장애 또는 뇌안개(Brain Fog), 불안 또는 우울, 수면장애, 삼킴장애, 후각 또는 미각 장애, 운동 후 불쾌감 또는 운동 후 증상 악화, 자세 기립성 빈맥증후군 등 13가지 증상에 관한 평가 방법과 치료법을 제시하였다.[67]

3. 소결

북한은 코로나19 팬데믹 기간에 확진 검사를 하였는지, 몇 건이나 수행하였는지 밝히지 않아 검사와 관련하여 상황을 정확하게 파악하기 어렵다. 하지만 2022년 5월 오미크론 확진자 공개 이후 일부 의심 증상자 확진을 위해 필요한 PCR 검사를 부분적으로 실시한 것은 확실하다. '유열자'라는 용어와 함께 '확진'이라는 용어를 사용한 점에서 추측이

---

65. 신종감염병중앙임상위원회·국립감염병연구소, 『COVID-19 진료권고안 ver2.1』, 65~672쪽
66. 질병관리청, 『만성 코로나19 증후군(Long COVID) 임상진료지침 권고안』(https://www.korea.kr/briefing/pressReleaseView.do?newsId=156623050#pressRelease) (검색일 : 2024.09.19)
67. 서준원 등, 「만성 코로나19 증후군의 진단 및 관리를 위한 업데이트된 임상 진료 지침」, 『ic』, 대한감염병학회 등, 2024.03.13

가능하다.

북한에서 오미크론이 확산하기 전까지 코로나19 감염자가 2년 넘게 없었다고 주장하였다. 하지만 유증상자와 접촉자에 대해서 PCR 검사나 적어도 신속항원검사를 실시하여 음성임을 확인하지 못했다면 그런 주장은 공허할 뿐이다.

북한의 「치료안내지도서」에 코로나19 진단 기준으로 RT-PCR 검사와 항체 검사를 언급하고 있다. 지도서 작성 시점에 검사역량을 갖추었거나 곧 검사가 가능할 것으로 판단했다고 추측된다. PCR 검사 역량이 안되면 스스로 제시한 「치료안내지도서」에 확진 기준으로 이런 검사를 굳이 언급했을 이유가 없기 때문이다.

북한에서 진단검사로 사용했던 항체 검사에 대해 남한에서는 진단적 효용이 없는 것으로 여겨 진단에 사용하지 않았고 혈청학적 연구와 백신의 면역원성 연구에만 활용하는 용도였다. 이는 역학조사, 격리, 치료 등 모든 감염병 관리에서 바탕이 되는 의료자원이 절대 부족한 상태임을 보여주는 것으로 북한에서는 진단을 위한 검사를 충분하게 실시하지 못하였던 것으로 보인다. 주민 불편과 고통을 가중시키고 국가적 비효율을 양산했을 격리와 폐쇄를 북한에서 시행했던 것은 진단검사 역량의 부족도 하나의 이유가 되었다.

그럼에도 북한은 2022년 8월 10일 전국비상방역총화회의를 통하여 방역대전에서의 승리를 선포하였다. 당시 코로나19에 의한 사망자는 74명이었다. 이는 치명률 0.002%로 전 세계 치명률(약 0.90%)이나 남한의 치명률(약 0.10%)에 비하면 대단히 낮은 수치였다. 이것이 사실이라면 북한 치료법이 매우 효과가 컸음을 의미한다. 남북이 코로나19에 대응한 치료법을 비교하면 [표 10]과 같다.

[표 10] 남북의 코로나19 치료법 비교

	북한	남한
대증요법	파라세타몰, 디메드롤(디펜히드라민), 클로르페니라민, 해열제와 탈감작제가 들어 있는 종합감기약, 코데인, 브롬헥신, 소금물 함수, 고려치료	해열제, 진통제, 진해거담제
항바이러스제	우웡항비루스물약, 인터페론α알약, 재조합사람인터페론α- 2 b주사약	렘데시비르, 팍스로비드, 라게브리오
면역 조절제	스테로이드	스테로이드, 토실리주맙(IL-6 수용체 차단제), 바리시티닙(JK 억제제)
항응고 치료		저분자량 헤파린, 헤파린
호흡부전	치료 목표(산소포화도 94%) / 코카테테르, 코카뉴레, 일반산소마스크 등을 이용한 산소요법 / 기관삽관을 하지 않는 비침습적 기계적 환기, 침습적 기계적 환기	저유량 산소치료로 교정되지 않는 1형(저산소성) 호흡부전 환자는 고유량 비강 캐뉼라 / 인공호흡기 적용 / 체외 막 산소 공급(ECMO) 적용은 의학적 이득이 불명확하므로 의료자원을 고려하여 신중히 결정
순환부전	급속수액료법, 혈관수축제치료	생리식염수보다 buffered/balanced crystalloids 사용 / 혈관수축제는 노르에피네프린을 우선 사용 / 혈압 조절 목표는 평균 동맥압 60-65mmHg / 무반응성 쇼크 경우 저용량 steroid
항생제	경증 및 중등증에는 원칙적으로 사용하지 않고 2차 세균감염 소견이 나타나면 사용 / 중증 및 최중증에 사용	중증 환자에게 2차 세균감염이나 패혈증의 징후를 동반할 경우 추천

다른 나라에서 적용되지 않았거나 드물게 적용되었는데 북한에서는 적용되었던 치료는 우웡항바이러스물약과 인터페론α알약, 재조합사람인터페론α- 2b주사약, 고려의학적 대증치료, 소금물 함수 등이 있다. 인터페론α알약과 재조합사람인터페론α- 2b주사약은 치료 효과가 입증되지 않아 남한에서는 사용하지 않았다. 우웡항바이러스물약의 효과에 대한 논문이 세계적으로 공인되는 학술지에서는 찾기 어렵다.

만약 이 약제로 인해 기적과 같은 치명률을 보였다면 다른 나라에서도 이 약제를 도입했을 법도 한데 그러한 사실은 전혀 알려지지 않았다.

발표된 사망률 통계를 인정하기는 어렵지만, 북한의 주장대로 코로나19 위기 상황을 타개하였다면, 그것은 부족한 의료자원 문제를 '강력한 당의 지도에 따른 철저한 봉쇄'와 '정성이라는 의료인의 희생'을 통해 헤쳐 나간 것으로 평가된다.

참고문헌

- 국립중앙의료원·보건복지부, 「코로나바이러스감염증-19(COVID-19) 가이드라인」, 2021.11
- 『나무위키』, 북한 코로나바이러스감염증-19 대유행 경과 (검색일 : 2024.08.03)
- 『로동신문』, 2020.01.01~2023.12.31
- 서준원 등, 「만성 코로나19 증후군의 진단 및 관리를 위한 업데이트된 임상 진료 지침」, 『ic』, 대한감염병학회 등, 2024
- 신종감염병중앙임상위원회·국립감염병연구소, 「COVID-19 진료권고안 ver2.1」, 2022.03.16
- 엄주현, 『북조선 보건의료체계 구축사 II』, 선인출판사, 2023
- 『연합뉴스』, 2020.02.11
- 질병관리청, 『2020-2021 질병관리청 백서』, 질병관리청, 2021
- 질병관리청, 「2024년도 코로나바이러스감염증-19 관리지침」, 2024.08.16
- 질병관리청, 「만성 코로나19 증후군(Long COVID) 임상진료지침 권고안」, 2024.09.19
- 『통일뉴스』, 2021.10.30
- 한국보건의료연구원-대한의학회, 「CQ8 인터페론(Interferon)」,
- 「코로나19 환자 치료를 위한 임상진료지침」, 2021.12.01
- 한국보건의료연구원, 『코로나19 관련 국내 임상진료지침에 대한 심층분석 보고서』, 2020.12.31

8장

발생 집단 격리 및 재택 치료

| 이 | 재 | 인 |

1. 북한 상황

전염병이 발생하였을 경우 감염 의심자를 즉시 격리하여 전파를 막는 것은 매우 중요하다. 북한도 코로나19 확산을 막기 위해 해외 입국자 등 바이러스 감염과 전파 위험성을 갖는 사람을 초기부터 격리하는 정책을 강력하게 추진하였다.

1) 2022년 5월 오미크론 확진자 발생 이전

『로동신문』 2020년 2월 26일 자 보도에 따르면 외국인 총 380명을 전국적으로 격리하였고 외국 출장자와 접촉자들, 이상증세를 보이는 사람들에 대해서도 격리하여 관찰한다고 밝혔다.[1] 또한 북한 주민 격리자는 2020년 2월 말의 경우 평안남도는 2,420여 명, 강원도는 1,500여 명으로 보도하였다.[2]

2020년 2월 13일부터는 기존의 격리 기간 14일을 30일로 확대하였고, 3월 중순부터 격리 해제를 시작하였다. 이에 외국인 격리자에 대해서는 같은 해 3월 6일 자 『로동신문』에 의학적 관찰을 받던 380여 명의

1. 「위생방역사업을 책임적으로, 각지에서」, 『로동신문』, 2020.02.26
2. 「비루스전염병을 막기 위한 선전과 방역사업 강도높이 전개」, 『로동신문』, 2020.03.01

외국인 중 221명을 격리 해제하였고[3] 3월 13일 자에는 의심 증상이 나타나지 않은 70여 명을 대상으로 격리를 풀었으며 3월 19일에는 3명을 제외한 모든 외국인을 격리 해제하였다고 언급하였다. 북한 주민의 경우 3월 13일 평안북도에서 990여 명, 평안남도에서 720여 명을 격리 해제하였고[4] 3월 19일에는 평안남도, 평안북도에서 각각 1,500여 명과 1,090여 명, 강원도에서 1,430여 명을 격리 해제하였다.[5] 2020년 1월 13일 이후 입국한 외국인과 전체 주민 중 의심자는 4월 18일경에 평안남도, 황해북도, 라선시에서 모두 격리 해제되었다.[6]

2) 2022년 5월 오미크론 확진자 발생 이후

북한 당국은 2022년 5월 12일 오미크론 확진자 발생을 공개하고 지역별 봉쇄와 단위별 격폐 조치를 취하며 유열자와 이상 증상을 보이는 사람들에 대해서는 격리하여 치료하였다.[7] 유열자 등을 격리하고 치료하는 긴급조치는 의료진의 검병 검진을 통해 이루어졌다.[8]

> **전국의 모든 도, 시, 군을 봉쇄하고 사업단위, 생산단위, 생활단위별로 격페시키며 전주민 집중검병을 보다 엄격히 진행하여 유열자들과 이상증상이 있는 사람들을 빠짐없이 찾아 철저히 격리시키고 적극적으로 치료대책하기 위한 긴급조치들이 강구되고 있다.**(『로동신문』, 2022.05.13)

---

3. 「전염병예방을 위한 의학적감시와 물질적보장사업 강화」, 『로동신문』, 2020.03.06
4. 「국가적인 초특급방역조치 더욱 엄격히 실시,"『로동신문』, 2020.03.13
5. 「비루스감염증방역사업 계속 심화, 각급 비상방역지휘부들에서」, 『로동신문』, 2020.03.20
6. 「국가적인 비상방역조치 계속 강화, 집행대책 강구」, 『로동신문』, 2020.04.19
7. 「경애하는 김정은동지께서 국가비상방역사령부를 방문하시고 전국적인 비상방역상황을 료해하시였다」, 『로동신문』, 2022.05.13
8. 「최대비상방역체계 가동, 국가적인 긴급대책 강구, 전국의 모든 지역과 부문, 단위들에서」, 『로동신문』, 2022.05.13

북한은 유열자 수가 감소하던 2022년 5월 말에 확진자와 접촉자들에 대한 격리와 치료를 세분화 및 구체화하였고 오미크론 유행 상황이 안정화되던 6월 21일에는 핵산 검사에서 양성으로 판정된 사람들을 격리 장소에서 치료한다고 보도하였다.[9] 유열자 발생이 거의 안 나타난 7월과 8월에도 격리 방침을 유지한 것이 확인[10]되나 유열자가 대량으로 발생하던 초기에는 오히려 격리와 치료에 관한 구체적인 내용이 확인되지 않는다. 격리와 치료의 절차 등을 확정하는 데에 시간이 필요했다.

> **현재 치료중에 있거나 새로 발생하는 중증환자들에 대한 집중치료조치들이 취해지고 악성비루스감염자로 확진된 대상들과 접촉자들, 악성전염병을 경과하지 않은 대상들에 대한 철저한 격리, 치료와 의학적감시대책이 보다 세분화, 구체화되였다.**(『로동신문』, 2022.05.31)

> **(전국각지에 전개된 검사장소들에서 검체검사의 신속성과 정확성을 보다 높여 일반유열자와 악성비루스감염자 등을 감별하는데 각방의 노력을 기울이고있다. 무엇보다도 전염병을 경과하지 않은 대상들속에서 나타나는 발열자들에 대한 핵산검사를 빠짐없이 진행하며 양성으로 판정된 대상들은 즉시 격리장소에서 치료를 받도록 철저한 대책을 세우고 있다.**(『로동신문』, 2022.06.21)

> **보건부문에서는 극히 제한된 범위에서 산발적으로 발생하는 유열자들에 대한 치료를 최량화, 최적화하는 한편 비상방역단위들과의 련계와 협동을 강화하면서 안전성과 효률성이 충분히 담보된 격리조치들을 적시적으로 취하고 있다.**(『로동신문』, 2022.07.17)

> **방역장벽에 파공을 낼수 있는 현상들에 대한 감시 및 신고체계를 강화하고 신속기동방역조, 신속진단치료조들의 경상적인 동원준비를 갖추며 산발적으로 발생하는 유열자들에 대한 확진과 후송 및 격리, 치료의 전문성을 높이기 위한 사업들이 적극화되고 있다.**(『로동신문』, 2022.07.23)

9. 「전국적인 집중검병검진 조직, 전염병통제관리체계 더욱 강화」, 『로동신문』, 2022.06.21
10. 「방역체계의 보강을 위한 부문과 단위들사이의 련계와 협동 강화」, 『로동신문』, 2022.07.17; 「제반 방역정책의 완벽한 실행을 위한 방법론 혁신, 방역수단과 력량 보강」, 『로동신문』, 2022.07.23; 「전국적인 전염병전파 및 치료상황 통보」, 『로동신문』, 2022.08.08

> **발열증상을 나타내는 대상들이 장악, 보고되는 즉시 신속기동방역조와 신속진단치료조 성원들이 긴급동원되여 해당 지역들을 봉쇄하고 의진자들과 접촉자들을 빠짐없이 찾아 격리시키고 중앙급병원들과의 련계밑에 발열원인을 과학적으로 규명하고 있다.**(『로동신문』, 2022.08.08)

2022년 5월 19일 기사에 의하면 전국에 지구별 치료중심을 설치하였다고 보도하였고 7월 18일 보도에 따르면 전염병 치료중심을 국가 기준에 맞게 보강한다고 하여 관련 시설을 따로 구비하였던 것으로 보인다. 하지만 이 시설이 진단과 격리, 치료 중 어떤 업무를 담당했는지는 정확하지 않다. 다만 격리병동이 증설되고 자택격리자들이 늘어났다고 한 것으로 보아서 유열자는 격리병동이나 자택에 격리되었을 가능성이 높고, 지구별 치료중심은 격리시설은 아니었을 것으로 추측된다.[11] 격리 공간은 발생 환자 수가 증가하던 시기에는 필요에 따라 확대하였다.[12]

다른 나라에서도 특히 오미크론 변이 바이러스 전파 시기에는 감염자 수가 급격히 늘어났기에 모든 유증상자 또는 확진자를 따로 분리하여 시설에 격리 수용하기 어려웠다. 이러한 상황은 북한도 예외가 아니었다.

북한 주재 러시아 특명전권대사는 회견에서 "환자들이 발생한 살림집과 아빠트들은 즉시 봉쇄되였으며 그곳으로는 오직 방역복을 입고 약을 공급하는 군의들만이 들어갈수 있었다"라고 당시 상황을 전했다.[13]

북한 당국이 코로나19 방역에 대해서 중국을 모범으로 삼는다고 스

---

11. 「당중앙의 결정지시에 대한 사고와 행동의 통일, 자각적인 일치보조속에 비상방역전 심화」, 『로동신문』, 2022.05.19; 「선진적이며 과학적인 방역능력건설 각방으로 추진」, 『로동신문』, 2022.07.18
12. 「전염병전파사태를 신속히 억제하기 위한 국가적인 긴급대책 강구」, 『로동신문』, 2022.05.15
13. 「조선민주주의인민공화국이 어떻게 신형코로나비루스감염증을 타승하였는가, 우리 나라 주재 로씨야 련방 특명전권대사 로씨야신문 기자와 회견」, 『로동신문』, 2022.08.26.

스로 밝혔는데 중국은 아파트 단지 전체를 봉쇄하기도 하였다.[14] 북한 또한 유열자가 발생하였을 때, 특정 세대만 격리한 것이 아니라 집합건물 전체 또는 단지를 통째로 격리한 것으로 보인다.

방역부문과 보건부문의 협동하에 의약품보급중심과 전국적인 지구별 치료중심을 설치하는 등 추가적인 방역대책안들에 대한 연구사업이 시작되고 해당한 지시들이 각 부문에 하달되고 있다. 전국적범위에서 격리병동들이 증설되고 자택격리자들이 늘어나는데 맞게 전염병의 전파공간과 감염통로를 차단하기 위한 사업의 일환으로 소독사업이 더욱 강화되고있으며 평양시에만도 수천t의 소금이 긴급수송되여 소독약생산에 투입되였다.(『로동신문』, 2022.05.19)

전염병위기를 최종적으로 해소하고 방역안정을 완전히 회복하기 위한 방역대전의 승세가 확고해지는데 맞게 국가의 방역 및 위기대응능력을 완비하는 사업이 보다 적극화되고 있다. (중략) **내각과 보건성 등에서 도, 시, 군들에 전염병치료중심을 국가기준에 맞게 꾸리고 의료일군대렬을 보강하며 의약품을 충분히 보장하기 위한 사업을 적극 추진하고있다.**(『로동신문』, 2022.07.18)

중앙비상방역부문에서는 악성전염병의 감염경로와 발병원인을 철저히 규명하기 위한 수사조, 연구조를 조직하였으며 신속기동방역조, 신속협의진단조 등의 역할을 제고하여 전염병전파에 적시적으로 대응하도록 하고있으며 격리장소와 시설들을 늘이고 사업공간, 작업공간, 생활공간의 구석구석에 이르기까지 소독사업을 강화하는데도 큰 힘을 넣고 있다.(『로동신문』, 2022.05.15)

한편 자택 격리된 환자를 위해 치료 시 주의점이나 도움이 될 만한 사항들을 적극적으로 안내하였다. 「신형코로나비루스감염증환자를 집에서 간호하는 방법」,[15] 「자택격리치료기간 운동의 중요성과 치료시의 행동질서」,[16] 「엄격히 경계해야 할 약물과다복용」,[17] 「신형코로나비루스

---

14. 「중국 '코로나 봉쇄' 반발 확산… "시진핑 물러나라" 구호까지」, 『세계일보』, 2022.11.24; 「中, 경증 자가격리·상시 PCR 폐지…'제로 코로나' 폐기 수순」, 『KBS뉴스』, 2022.12.08.
15. 「신형코로나비루스감염증환자를 집에서 간호하는 방법(1)」, 『로동신문』, 2022.05.17; 「신형코로나비루스감염증환자를 집에서 간호하는 방법(2)」, 『로동신문』, 2022.05.18
16. 「자택격리치료기간 운동의 중요성과 치료시의 행동질서」, 『로동신문』, 2022.05.17
17. 「엄격히 경계해야 할 약물과다복용」, 『로동신문』, 2022.05.17

감염증의 예방과 치료에 도움을 주는 소금물코함수」[18] 「민간료법 몇가지」,[19] 「후유증치료방법」[20] 등의 기사에 내용이 소개되었다.

그렇다면 격리기일은 어느 정도였고 격리 해제 기준은 무엇이었을까?

북한에서는 오미크론 확진자 발생 초기에 과학연구단위들에서는 전염병의 전파경로와 원인을 보다 구체적으로 확정하고 「치료안내지도서」의 내용을 부단히 보충하는 사업을 심화시켰으며 유열자들에 대한 합리적인 격리기일과 격리 해제 기준을 과학적으로 규정하였다고 보도하며 격리기일 기준을 「치료안내지도서」에 규정하였다고 언급하였다. 하지만 2022년 5월 20일 『로동신문』에 공개한 「치료안내지도서」에는 이에 관련한 규정은 보이지 않는다.[21]

그럼에도 불구하고 북한은 언론을 통하여 각지에서 수용 능력과 함께 격폐 조건, 치료환경이 보다 개선 향상되고 다기능화된 격리 장소들을 꾸리는 사업이 적극적으로 실행되고 있으며 방역 위험 대상들에 대한 격리기일과 지역별에 따르는 봉쇄 기준 등이 새로운 견지에서 재확정된다고 제시하여 관련 내용을 계속해서 수정, 보완하는 모습이 확인된다.[22]

> **대학병원, 진료소의 의사, 간호원들이 방역전쟁의 선봉에 서서 당의 보건전사로서의 책임과 본분을 다하기 위하여 피타게 노력하고 있다. 그들속에는 계응상사리원농업대학진료소 의사 박영순동무도 있다.** (중략) **년로한 몸으로 매일 100여개에 달하는 기숙사 호실들을 수시로 돌아보면서 유열자들을 빠짐없이 찾아내고 그들에 대한 치료전투를 벌리는 박영순동무를 보며 모두가 감동되지 않을수 없었다. 낮과 밤이 따로 없이 환자들의 곁에서 치료전투를 벌리는 과정에 유열자들이 하나둘 줄어들게 되였으며 이 나날에 490여명의 유열자들이 완쾌되게 되였다.**(『로동신문』, 2022.06.09)

---

18. 「신형코로나비루스감염증의 예방과 치료에 도움을 주는 소금물코함수」, 『로동신문』, 2022.05.19
19. 「방역대전에서 누구나 알아야 할 상식, 민간료법 몇가지」, 『로동신문』, 2022.05.28
20. 「후유증치료방법(1)」, 『로동신문』, 2022.05.28; 「후유증치료방법(2)」, 『로동신문』, 2022.05.29; 「후유증치료방법(3)」, 『로동신문』, 2022.05.30
21. 「신형코로나비루스감염증 치료안내지도서-어른용(1)」, 『로동신문』, 2022.05.20
22. 「돌발적인 위기에 대처하는 방역전술체계 정비보강, 효과적으로 가동」, 『로동신문』, 2022.06.17

격리 기간과 격리 해제 기준의 명확한 확인이 가능했던 것은 2022년 11월 7일에 「돌림감기와 신형코로나비루스혼합감염증 치료안내지도서」가 공개되면서부터였다. 이 지도서는 발열증상이 사라진 때로부터 10일간 격리시키며 격리 마감에 PCR 검사를 24시간 간격으로 2차 진행하여 음성으로 판정되면 격리에서 해제시켜 10일간 의학적 감시를 진행한다고 규정하였다.[23] 이는 바로 다음 날인 11월 8일 게시한 「감기증상을 나타내는 호흡기감염증치료안내지도서」의 격리 기준보다 엄격한 것이었는데, "림상증상이 없어지고 실험실검사와 흉부화상검사에서 병적소견이 없으면 퇴원한다"고 기준을 제시하였다.[24]

북한의 각 단위에서 어떤 방식으로 격리 조치를 취했는지 파악하기는 어려웠다. 하지만 담당 의료진이 전체 주민을 대상으로 일일이 찾아다니며 유열자를 찾았고 일정 공간에 마련한 격리 장소에 이동시켜 대증요법을 제공하였을 것으로 판단된다.

2. 남한 상황

2020년 1월 20일 남한에서 첫 확진 환자가 확인된 이후 2월 21일부터 공공병원을 중심으로 감염병 전담병원을 지정하여 운영하였다. 확진자가 증가하여 격리 병상이 부족해지자 3월 2일부터 생활치료센터를 도입하여 중증도에 따라 격리 병상에 입원하거나 생활치료센터 입소하

23. 「《돌림감기와 신형코로나비루스혼합감염증 치료안내지도서》(어른용, 어린이용, 임산모용)」, 『로동신문』, 2022.11.07
24. 「《감기증상을 나타내는 호흡기감염증치료안내지도서》(어른용, 어린이용, 임산모용)」, 『로동신문』, 2022.11.08

도록 하였다.[25]

보건복지부 장관, 시도지사, 시장, 군수, 구청장은 감염병 환자가 대량 발생하여 위기 경보가 경계 혹은 심각 단계이거나 감염병 관리병원만으로 감염병 환자를 수용하기 어려운 경우 「감염병의 예방 및 관리에 관한 법률」 제37조에 따라 생활치료센터를 설치하도록 하였다. 생활치료센터는 경증 이하 혹은 의료적 조치의 필요성이 낮은 확진자가 입소 대상자였고 환자의 생체징후(체온 및 건강 상태)를 점검하여 문제를 보인다고 판단될 때, 추가 문진, 검사 또는 전원 등 고려하도록 하였다. 임상 및 검사기준 중 어느 하나를 충족할 시에는 격리 해제하고 퇴소하였다.

한편 확진자 중 무증상자는 확진 후 10일 동안 증상이 발생하지 않거나 24시간 이상 간격으로 연속 2회 PCR 검사를 받아 음성이면 격리 해제하였다. 그리고 유증상자는 증상 발생 후 10일 경과 후 24시간 동안 해열 치료하지 않는 상태에서 열이 안 나고 증상이 호전되는 추세이며 PCR 검사 결과 24시간 이상의 간격으로 연속 2회 음성이면 격리를 해제하였다.[26]

입원 치료의 요건은 코로나19 고위험군(High Risk Group), 체질량지수 30 이상인 고도 비만자, Quick SOFA 1점 이상(분당 호흡수 22회 이상, 수축기 혈압 100㎜Hg 이하, 의식 저하)인 환자, 당뇨병 등 만성질환자와 치매 등 기저질환자, 60세 이상의 고령자, 폐의 50% 이상을 차지하는 침윤 환자 등에 해당하면 우선 입원하도록 하였다.[27]

---

25. 질병관리청, 『2020-2021 질병관리청 백서』, 질병관리청, 2022, 70쪽
26. 중앙사고수습본부, 『코로나바이러스감염증-19 대응 생활치료센터 운영 지침』(https://www.kdca.go.kr/board/board.es?mid=a20507020000&bid=0019) (검색일 : 2024.09.10)
27. 국립중앙의료원, 『필수의료 적정진료 수행을 위한 코로나바이러스감염증-19(COVID-19) 제1부. 치료 단계별 가이드라인- 공공의료 표준진료지침(Clinical Pathway, CP) - Version 1.』(https://www.pubcp.or.kr/default/guideLineInfo.do?menuCode=5&no=007), 18~19쪽; 보건복지부, 『코로나바이러스감염증-19(COVID-19) 가이드라인(제1부 중앙표준안)』, 2021.11.25 (검색일 : 2024.09.09)

또한 병원, 요양원 등 집단시설 이용자 중에 확진자가 발생하거나 감염자가 잠복기 동안 장시간 광범위한 노출이 확인된 경우, 추가 환자 발생 가능성이 있는 시설에서는 시설 내 노출 규모를 평가한 후 지자체 역학조사반과 시설 대표의 협의에 따라 격리 범위 및 격리 방법을 결정하도록 하였다. 특히 위험도 평가(확진자의 감염력, 활동 양상 및 동선, 접촉자의 범위와 인원 등)를 통해 격리구역을 설정하여 코호트 격리하였다.[28] 보도에 따르면 감염자가 급증했던 오미크론 변이 바이러스 확산기에는 전라남도 지역에서만 66개 시설에 코호트 격리가 이뤄졌다.[29]

입원 및 시설격리 치료에 어려움을 느끼는 소아 환자를 위하여 재택치료 필요성이 제기되면서 2020년 8월 12일 「감염병예방법」 개정으로 법적 근거를 마련하였다. 이 법 제41조에 규정된 자가 치료의 시행상 용어가 재택 치료였다. 같은 해 12월 29일에는 「재택 치료 안내서」 초판을 발간하였고 변화한 상황에 대응하여 여러 차례 개정되었다. 이 안내서는 2022년 8월 1일 제8판을 발간하였다.

시행 초기에는 재택 치료 대상자가 소아를 중심으로 한정되었고 이후 청소년, 돌봄이 필요한 자, 입원 요인이 없고 재택 치료에 동의한 자로 점차 확대되었다. 2021년 11월 26일부터는 모든 확진자가 원칙적으로 재택 치료받으면서 재택 치료는 건강관리 모니터링을 중심으로 관리되었다.

환자의 이상징후 등을 재택치료키트(체온계, 산소포화도 측정기 등)를 활용하여 24시간 동안 모니터링하였다. 모니터링 중 환자에게 증상이 나

---

28. 중앙방역대책본부, 중앙사고수습본부, 『코로나바이러스감염증-19 대응 지침(지자체용) 제10-2판』 (https://www.kdca.go.kr/board/board.es?mid=a20507020000&bid=0019), 62~66쪽 (검색일: 2024.09.14)
29. 「'집단감염 폭증' 전남도, 요양병원 등 66개소 코호트격리」, 『뉴시스』, 2022.03.03

타나면 관련 의료기관의 비대면 진료, 즉 전화상담 등을 통하여 진료와 처방을 받았다. 이러한 응급상황에 대비하여 비상연락체계를 유지하기도 하였다.[30]

3. 소결

남한에서는 자가격리와 재택 치료라는 용어를 사용하였고 북한은 자택 치료라고 표현하였다. 용어는 달랐으나 강제성을 띤 조치였기에 규정을 따르지 않으면 남북한 모두 처벌을 감수해야 했다. 강제적인 격리 조치를 추진한 것은 바이러스 전파를 차단하려는 강력한 의지를 표현한 것이었다. 바이러스 전파를 차단하는 것은 유병자 급증을 억제하여 의료 부담을 줄임으로써 사회 질서가 붕괴하는 것을 막는 지름길이었다. 이에 남북한 모두 코로나19 환자 폭증으로 사회 질서가 붕괴하고 대혼란에 빠지는 상황은 피했다.

한편 남한의 '재택 치료'와 북한의 '자택 치료'라는 표현에서 치료라는 어휘를 사용하여 자가격리가 마치 대단한 치료가 되는 것처럼 표현하였으나 이런 격리조치를 치료라고 표현할지는 논란의 여지가 있다. 왜냐하면 발병자 대부분은 자신이 갖는 면역력으로 스스로 회복한 것이었고, 자가격리자에게 항바이러스제를 제공하지 않았기 때문이다.[31]

30. 질병관리청, 『2020-2021 질병관리청 백서』 질병관리청, 2022, 154~159쪽
31. 남한에서는 고위험군에 대해 항바이러스제인 팍스로비드나 라게브리오를 처방. 고위험군이 아닌 질환자는 남한에서도 항바이러스제를 투여받지 못했음

참고문헌

- 국립중앙의료원, 「필수의료 적정진료 수행을 위한 코로나바이러스감염증-19(COVID-19) 제1부. 치료단계별 가이드라인- 공공의료 표준진료지침(Clinical Pathway, CP) - Version 1.」, 2022
- 『뉴시스』, 2022.03.03
- 『로동신문』, 2020.01.01~2023.12.31
- 보건복지부, 「코로나바이러스감염증-19(COVID-19) 가이드라인(제1부 중앙표준안)」, 2021.11.25
- 『세계일보』, 2022.11.24
- 중앙방역대책본부, 중앙사고수습본부, 「코로나바이러스감염증-19 대응 지침(지자체용) 제10-2판」(검색일 : 2024.09.14)
- 중앙사고수습본부, 「코로나바이러스감염증-19 대응 생활치료센터 운영 지침」(검색일 : 2024.09.10)
- 질병관리청, 『2020-2021 질병관리청 백서』, 질병관리청, 2021
- 『KBS뉴스』, 2022.12.08

9장

예방 접종

| 엄 | 주 | 현 |

코로나19의 전염을 막고 격리와 봉쇄하지 않고 일상생활을 가능하게 하는 것은 백신 접종이다. 코로나19 팬데믹이 각국 의료체계를 붕괴시키고 전 인류의 일상을 점점 더 옥죄는 상황에서 백신과 치료제 개발에 온 희망을 걸어야 했다. 사스와 메르스 등에 대한 백신 개발 경험을 토대로 코로나19 백신 개발은 빠르게 진행되어 2020년 12월 영국에서 최초로 코로나19 백신 접종이 시작되었다. 일반적으로 백신 개발은 상당히 많은 시간이 소요되며 전임상, 세 차례 임상시험을 거친 후 심사하여 승인된다.

그러나 코로나19 팬데믹이 시작된 지 1년도 지나지 않아 백신을 개발한 것은 예상치 못한 결과였다. 세계보건기구조차 코로나19에 대한 대중용 백신은 2021년 중반까지도 개발하기 어려울 것으로 판단하였다.[32] 코로나19 백신의 경우 전임상을 생략하고 1, 2차 임상만 시행 후 승인 혹은 긴급 사용 승인되어 빠르게 접종이 시작되었다.

2021년 8월 기준 세계보건기구에서 사용 승인된 백신은 화이자-바이온엔테크의 BNT162, 모더나의 mRNA-1273, 옥스퍼드-아스트라제네카 AZD1222, 얀센 백신, 시노백, 시노팜 백신이었고 그 외에도 러시아의 스푸트니크 V, 인도 자이더스 캐딜라의 ZyCoV-D, 쿠바의 FINLAY-FR-2 등 여러 국가에서 백신을 개발하였다.

32. 도미닉 베일리, 「코로나19: 제대로 된 백신이 나오려면 얼마나 기다려야 할까?」, 『BBC 뉴스』, 2020.11.10

북한 당국은 코로나19 예방을 위해 백신을 접종한 사실을 정식으로 인정하지 않았다. 이는 전 세계적으로도 드문 현실이었다. 왜냐하면 세계보건기구는 저개발 국가를 대상으로 코로나19 백신을 무상으로 제공하는 코백스 프로그램을 진행하였고 북한에도 백신을 배당하였기 때문이다. 물론 전체 주민을 포괄할 만한 충분한 양은 아니었으나 일부 주민은 백신 접종 기회를 가졌다. 하지만 북한 당국은 이를 수용하지 않았다. 왜 이러한 태도와 결정을 보였는지, 그 이면에는 백신에 대한 어떠한 인식이 존재했는지 확인해 보았다.

1. 북한 상황

북한이 팬데믹 초기 코로나19 바이러스의 위험성이 높다고 평가하고 강력한 봉쇄 정책을 펼친 이유를 예방 백신이나 치료제가 개발되지 않았기 때문이라고 지속해서 언급하였다.[33] 그리고 이 바이러스에 대한 과학적 자료가 충분하지 않기 때문에 백신과 치료제 개발에 오랜 시간이 걸릴 것이고, 이 때문에 코로나19의 대응이 장기화할 것이라고 주민들에게 강조하였다.[34]

2020년 12월부터 영국과 미국 등에서 백신 접종을 시작하였다. 하지만 북한은 백신 접종을 고민하기보다 백신의 위험성을 알리는 태도를 보였다. 즉 전 세계적으로 코로나19에 대응하기 위해 다양한 대책을 취

33. 「병의 증상과 위험성, 예방대책」, 『로동신문』, 2020.02.01
34. 「초특급방역조치들을 더욱 철저히, 더욱 엄격히」, 『로동신문』, 2020.03.02

하고는 있으나 여전히 통제 불능 사태가 계속된다거나[35] 백신 접종 이후에도 코로나19 바이러스 위험은 개선되지 않고 오히려 악화하고 있다고 일관되게 주장하였다. 특히 변종 바이러스로 인하여 현재까지의 노력이 물거품으로 변한다며 세계보건기구의 권고를 빌어 백신에만 의지하지 말고 기본적인 예방 조치를 대응의 초석으로 견지하라고 제시하였다.[36]

> 지난해말 유럽에서 왁찐접종사업이 시작된 날을 두고 각국의 지도자들이 《승리의 날》, 《전세계에 있어서 거대한 전환점》이라고 묘사한것만 놓고보아도 왁찐에 대한 사람들의 기대가 얼마나 강렬한가를 잘 알수 있다. 올해(2021년)초까지만 하여도 어느 한 나라에서는 국내에서 생산되는 왁찐을 다른 나라들에 수출까지 하면서 자국이 기본적으로 악성비루스를 물리친것으로 간주한다는데 대하여 숨기지 않았다. 한 나라의 보건당국자가 자국에서 대류행병이 《끝나가는 단계》에 있다고 주장하는 정도였다. 하지만 변종비루스들의 출현과 급속한 전파, 대규모모임의 허용 등 여러가지 요인으로 하여 지금 이 나라에서는 다시금 감염자급증사태가 터졌다. 3일동안에 근 100만명의 감염자가 기록되는 가운데 중증환자들에 대한 산소공급과 침대의 부족 등 보건체계의 마비로 하여 의료상방조를 미처 받지 못한 수많은 환자들이 매일같이 숨지고 있다. 왁찐이 결코 만능의 해결책이 아니라는것은 다른 여러 나라의 실태도 여실히 증명하고 있다. 효능이 우수한것으로 평가되였던 일부 왁찐들이 심한 부작용을 일으켜 사망자까지 초래된것으로 하여 여러 나라에서 벌써 그 사용을 중지시켰으며 이미 접종을 마친 사람들속에서도 악성비루스감염사례가 확인되고 있다. 이러한 속에 악성비루스는 여러 나라에서 계속 각이한 변이를 일으키면서 더욱 파죽지세로 인류를 공격하고 있다. 한마디로 말하여 세계적인 대재앙을 초래한 악성전염병사태가 언제 종식될수 있는가 하는것은 누구도 대답할수 없는 미지수로 되고 있다.(『로동신문』, 2021.05.04)

변이 바이러스 발현은 백신 효과를 인정하지 않는 가장 큰 이유였다. 코로나19 바이러스는 시간이 경과하면서 계속 변종이 나타났고 개발된 백신은 변종에 뚜렷한 효과를 보지 못하고 있다는 인식을 보였다. 그리

35. 「애국심을 총폭발시켜 방역장벽을 더욱 철통같이」, 『로동신문』, 2020.10.24
36. 「보다 엄격히, 더욱 철저히」, 『로동신문』, 2021.03.12

고 해외 연구 결과, 예를 들면 스텔스 δ 변이바이러스가 기존 변이바이러스보다 전염력과 중증 환자 발생, 백신 회피 능력이 더 강하다. 이러한 현실에서 백신 접종보다 비상방역사업의 강도를 높이는 것이 절실히 요구된다고 주민들을 설득하였다.[37] 이러한 입장은 2022년 초반까지 이어졌다.

하지만 2022년 5월 북한에도 오미크론 감염자가 발생하여 국가 비상사태가 벌어지면서 백신 접종에 대한 태도가 변하기 시작하였다. 『로동신문』에는 러시아 자료를 인용하여 백신이 오미크론에 대응하는데 비효과적이라는 일반적인 견해에도 불구하고 백신 접종은 현 상황에서 예방을 위해 가장 사활적이며 중증 환자를 치료하는데 백신이 매우 효과적이라고 언급하였다.[38] 더불어 새로운 변이 바이러스들은 전파력이 강하여 백신을 3차 접종까지 받았어도 재감염된 사람도 있다고 부정적 측면을 언급하면서도 백신은 병세가 중증으로 전환되지 않을 가능성이 크다고 소개하였다.[39]

백신에 대한 달라진 보도 태도는 실질적 변화로 이어졌다. 2022년 9월 8일에 개최한 최고인민회의 제14기 제7차 회의 당시 김정은은 시정연설을 통하여 "지난 5~6월에 악성 전염병을 경과하면서 우리 사람들 속에 형성되었던 항체 역가가 10월경에 떨어질 것으로 보고 있다"며 "백신 접종을 책임적으로 실시하는 것과 함께 11월에 들어서면서부터는 전 주민이 자체의 건강 보호를 위해 마스크를 착용할 것을 권고하도록 해야겠다"고 밝혔다.[40]

---

37. 「계절변화에 맞게 더욱 철저한 방역대책을」, 『로동신문』, 2022.02.21
38. 「방역대전에서 누구나 알아야 할 상식, o(오미크론)변이비루스에 대하여 알아야 할 점」, 『로동신문』, 2022.05.18
39. 「신형코로나비루스감염증이 1년에 2~3번 류행될수 있다는 자료」, 『로동신문』, 2022.05.21
40. 「조선민주주의인민공화국 최고인민회의 제14기 제7차회의에서 하신 경애하는 김정은동지의 시정

그렇지만 김정은의 언급 이후에도 주민을 대상으로 백신을 접종하였다는 공식적인 소식은 확인이 안 된다.

다만 국가정보원은 2022년 9월 28일 국회 정보위원회 회의에서 북한이 중국과 가까운 접경지를 중심으로 코로나 백신 접종을 시작한 것 같다고 보고하였다. 하지만 백신의 출처는 불분명하였는데, 코로나19 백신 국제 공동구매 및 공급 프로젝트인 코백스로부터 백신을 공급받지 않은 것으로 확인되었기 때문이었다.[41]

물론 북한도 백신 지원과 관련해 코백스와 협의를 전혀 안 한 것은 아니었다. 코백스는 2021년 개발도상국을 위해 확보한 아스트라제네카 백신 총 199만 2,000회분 가운데 170만 4,000회분(약 85만 명분)을 5월 말까지 북한에 지원하겠다는 의사를 전달하였다. 하지만 부작용 책임 면제 합의서 등 관련 내용 때문에 합의에 이르지 못하였다. 또한 코백스는 중국산 백신인 시노백 297만 회분을 추가로 북한에 배정하였으나 북한은 다른 나라에 양보한다는 결정에 따라 이 또한 무산되었다.[42]

남한 언론은 2022년 10월에 접어들면서 북중 접경 지역이 아닌 북한 내륙에서도 백신 접종을 시행하였다는 소식을 전하였다. 평안남도 안주시에서 남흥청년화학연합기업소 종업원들을 우선 접종하였고 접종 백신은 중국에서 수입한 시노백이라고 북한의 소식통을 인용하여 보도하였다.[43]

하지만 북한은 공식적으로 백신을 접종하지 않았다고 밝혔다. 이는

연설」, 『로동신문』, 2022.09.09

41. 박승혁, 「코백스 "북한 코로나 백신 요청 없어"」, 『VOA』, 2022.09.29
42. 김호홍·김일기, 『북한의 코로나19 대응: 인식, 체계, 행태』, 국가안보전략연구원, 2021, 73~74
43. 안정준, 「"적십자 도움 일 없다"는 북한…알고보니 중국산 백신 접종 중?」, 『머니투데이』, 2022.10.18

세계보건기구가 2022년 10월 한 달 동안의 코로나19에 대한 전 세계 동향을 공개하면서 북한 당국은 코로나 백신 접종을 하지 않았다고 전하였다. 이에 아프리카의 에리트레아와 북한이 백신 접종을 하지 않은 유일한 국가라고 밝혔다.[44]

남한 언론 보도와는 달리 『로동신문』에는 백신 접종 관련 보도는 전혀 안 보인다. 오히려 북한 당국은 2022년 말까지도 각국 정부가 백신만을 믿고 방역 조치를 서둘러 완화해 전염병은 연이은 파동을 몰고 왔고 많은 사람이 목숨으로 대가를 치렀다고 비판한다.[45] 동시에 자신들의 강력한 방역 조치를 더욱 강화해야 한다고 강조하였다.

> **세계 여러 나라와 지역에서 강한 전염력과 면역회피능력을 가진 변이비루스들이 계속 발생하고 왁찐접종을 받은 사람들과 이전에 신형코로나비루스에 감염되였던 사람들속에서 감염자수가 급증하고 있다. 의연히 심각한 세계적인 보건위기상황은 우리가 방심하거나 해이될 근거가 하나도 없다는것을 뚜렷이 보여주고있으며 누구나 높은 위기의식을 지니고 최대로 각성분발하여야 할 필요성을 부각시켜주고 있다.**(『로동신문』, 2022.12.03)

백신 접종 사실에 대한 공식적 인정이 나오지 않았음에도 백신 접종 정황은 남한 언론을 통해 계속 보도되었다. 특히 2023년 5월 『DAILY NK』는 북한 국가비상방역사령부 문서를 입수, 공개하였다. 문서에는 2022년 12월에 개최된 조선소년단 제9차 대회를 앞두고 대회 참가자들과 관계자를 대상으로 백신 접종을 진행하라는 내용과 함께 접종에 대한 세세한 절차가 [표 11]과 같이 확인된다.[46]

---

44. 유영목, 「북한, WHO에 "코로나 백신 접종 아직 미실시" 보고」, 『SPN 서울평양뉴스』, 2022.11.20
45. 「방심과 해이가 초래한 세계적인 대류행병의 확산」, 『로동신문』, 2022.06.08
46. 문동희, 「북한, 조선소년단 대회 앞두고 참가자에 코로나19 백신 접종」, 『DAILY NK』, 2023.05.08

[표 11] 조선소년단 제9차 대회를 위한 방역 대책

일시	지시문 제목	내용
2022.12.04.	조선소년단 제9차 대회 참가자들과 보장성원들에 대한 건강검진과 항체검사를 책임적으로 진행할데 대하여	• 대상자에 대한 건강검진과 지난 시기 악성 전염병을 경과하지 않은 대상들에 대한 항체 검사, 코로나19 바이러스 백신 접종 사업을 책임적으로 진행 • 내각과 보건성, 해당 비상방역단위들과 보건기관들에서는 행사 참가자(보장성원 포함)들 중 백신을 접종받지 못한 대상들에게 백신을 접종 • 백신 보장과 실무적 대책을 세우며 행사 참가자들의 백신 접종 유무를 정확히 확인
2022.12.07.	예견되는 회의와 조선소년단 제9차 대회 참가 성원들에 대한 신형코로나비루스 왁찐 접종을 진행할데 대하여	• 7~9일 사이 백신 접종을 받지 못한 이들에게 백신을 접종하기 위한 긴급 대책 지시
2022.12.09.	조선소년단 제9차 대회 참가자들과 보장성원들에 대한 역학관계확인과 신형코로나비루스 왁찐 접종을 책임적으로 진행할데 대하여	• 각급 비상방역단위는 대회 참가자 등에 대한 백신 접종을 빠짐없이 진행 • 역학관계를 확인하면서 백신 접종 실태를 확인하고 미접종자는 예방접종지휘조와 연계하여 12월 9일 17시까지 접종을 무조건 완료 • 접종 후에 나타날 수 있는 부작용에 대한 대책을 철저히 수립 • 각급 비상방역단위들에서 접종 실태를 종합하여 12월 9일 18시까지 국가비상방역정보체계로 전송할 것
2022.12.10.	조선소년단 제9차 대회 참가자들과 보장성원들에 대한 PCR검사와 방역대책을 철저히 세울데 대하여	• 각급 비상방역단위들에서는 행사 참가자들과 대회장, 숙소, 대회준비위원회, 교통, 보장성원(대회를 전후로 진행하는 행사와 참관, 문화사업에 동원되는 강사, 안내 및 봉사일꾼 제외)들에 대한 PCR 검사 12월 11일부터 18일까지 5차 진행
2022.12.16.	선물전달모임이 진행되는데 맞게 방역학적 대책을 철저히 세울데 대하여	• 선물전달모임에 참가하는 모든 성원(선물 수상 성원, 수여 성원, 선물 수송에 동원되는 운전기사 등의 보장성원)들을 모임 진행하기 전에 5일 이상 격리, 의학적 관찰과 3차 이상의 PCR 검사에서 이상이 없는 대상들로 선발 • 격리장소에서 선물전달모임 장소로 이동하는 과정에 외부 인원과 절대로 접촉하지 않도록 주의

출처 : 문동희, 「북한, 조선소년단 대회 앞두고 참가자에 코로나19 백신 접종」, 『DAILY NK』, 2023.05.08

2022년 12월 26일부터 27일 이틀간 개최한 제9차 조선소년단 대회는 북한 전역의 청소년 수만 명이 평양에 집결하여 치르는 대규모 행사였다. 그렇기에 코로나19 전염 위험성이 높았다. 이에 참가자와 관계자 전원에 대한 방역 조치가 필요하였고 12월 4일부터 구체적인 지시서가 하달되었다.

백신 접종 절차를 보면, 첫째, 백신 미접종자 선별, 둘째, 미접종자는 9일 오후 5시까지 무조건 접종, 셋째, 9일 6시까지 접종 실태를 종합하여 국가비상방역정보체계에 보고 완료하였다. 또한 행사 시작 15일 전인 11일부터 18일까지 참가자와 관계자 전원을 대상으로 5차례에 걸쳐 PCR 검사를 시행하였다.

특히 김정은에게 가까이 접근하는 선물 수상 및 수여 인사와 선물 수송에 동원되는 운전기사 등은 5일 이상 격리하면서 의학적 관찰하고 PCR 검사를 3차례 이상 실시하여 이상이 없는 대상으로 선발할 것과 격리장소와 대회 장소로 이동하는 과정에서도 외부 인원과의 접촉을 절대로 금지할 것을 지시하였다.

2. 남한의 백신 접종 현황

남한 상황은 2022년 12월에 발행한 질병관리청의 『2020-2021 질병관리청 백서』와 2023년 8월에 발행한 같은 기관의 『2022 질병관리청 백서』를 참고하였다.

남한은 2021년 2월 말부터 요양병원 등 집단감염 위험성이 높은 시설을 시작으로 백신 접종을 시작하였다. 예방접종전문위원회의 심의를 거쳐 접종 순서 및 방법을 결정하여 업무 특성상 코로나19 감염 및 전파 위험성이 높은 1차 대응요원, 보건의료인, 교육과 돌봄 인력, 항공 승무원 등 우선 접종 직업군과 면역저하자를 대상으로 예방 접종 시행계획에 따라 체계적으로 추진하였다.

또한 75세 이상 고령층은 2021년 4월 1일부터, 18~49세는 8월 26일부터 시행하였다. 더불어 12~17세 청소년을 대상으로 한 접종은 10월 18일부터 추진하였다.

이렇게 2021년에 전 국민을 대상으로 백신을 접종하기 위해서는 6개월이 넘는 사전 준비 기간이 필요하였다. 특히 2020년에는 백신 개발의 성공 여부조차 불투명한 상황이었고 개발에 성공한다고 해도 물량 확보가 가능한지 불안한 현실이었기 때문에, 남한 정부는 2020년 6월 29일 '백신 도입 특별전담팀'을 관계부처와 민간 전문가를 포함하여 구성하였고 이 조직은 지속적으로 백신 개발 상황 등에 대한 모니터링을 통하여 발 빠른 대응에 나섰다.

남한 정부는 백신 확보를 위하여 코백스를 통한 글로벌 백신 공동구매와 개별 다국적 제약회사와의 선구매 협상을 활용하였다. 그 결과 2020년 12월까지 코백스 백신 2,000만 회분, 아스트라제네카 백신 2,000만 회분, 화이자 백신 2,000만 회분, 얀센 백신 600만 회분 및 모더나 백신 4,000만 회분을 구매할 수 있었다.

이렇게 확보한 백신으로 2021년 12월 31일 기준으로 60세 이상(13,153,568명)은 1차 94.3%, 2차 93.0%, 3차 77.2%가 접종하였고 50대(8,570,076명)는 1차 97.6%, 2차 96.1%, 3차 41.8%가 접종을 마쳤다. 18~49세 인구(22,415,616명)는 1차 95.6%, 2차 92.5%, 3차 20.8%가 접종하였고 12~17세(2,768,836명)는 1차 75.0%, 2차 50.7%가 접종받아 2021년까지 높은 접종률을 보였다.

3. 소결

북한이 코로나19 백신에 관심을 전혀 두지 않았던 것은 아니다. 하지만 2022년 5월 오미크론 확산으로 심각한 상황이 도래하기 전까지는 백신 확보나 접종보다 완벽하게 방어하는 데 초점을 맞추면서 백신에 대한 관심은 낮았다고 판단된다. 이러한 입장은 전 세계적으로 백신 접종이 이루어지면서 관련 정보가 쏟아졌고 특히 부작용이나 변이 발생으로 효과가 감소한다고 인식한 결과였다.

더구나 전체 주민을 위한 백신 구입은 시도하기 어려울 정도로 경제적으로 어려운 상황이었다. 물론 국제기구에서 무료로 기증하겠다고 했으나 제공 받을 백신은 북한 전체 인구의 3.5%(170만 4,000회분은 약 80만 명)만을 접종할 수 있는 수준으로 실질적 효과도 적었고 이를 수용하면서 갖게 되는 각종 부담, 즉 보건의료와 관련한 정보제공과 국제사회의 모니터링 등이 부담으로 작용하였을 가능성이 크다.

북한은 2022년 5월 오미크론 확진을 계기로 백신 접종을 더 이상 미루지 못했고 김정은이 나서 백신 접종 추진을 지시하기도 하였다. 하지만 남한과 같이 전체 주민을 대상으로 백신을 제공하는 것은 불가능하였고 위험지역이나 대규모 모임이 많은 특별한 계기에 해당하는 사람들을 대상으로 백신을 접종하는 방법을 활용했을 것으로 보인다. 그리고 사용한 백신도 국제사회의 지원에 의지하지 않고 대표적인 우방국이면서 인접국인 중국 백신을 이용한 것으로 판단된다.

참고문헌

- 김호홍, 김일기, 『북한의 코로나19 대응 : 인식, 체계, 행태』, 국가안보전략연구원, 2021
- 『로동신문』, 2020.01.01.~2023.12.31
- 『머니투데이』, 2022.10.18
- 『BBC 뉴스』, 2020.11.10
- 『DAILY NK』, 2023.05.08
- 『SPN 서울평양뉴스』, 2022.11.20
- 『VOA』, 2022.09.29

10장

코로나19 팬데믹 기간의 교육 현황

| 임 | 성 | 미 |

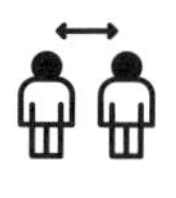

1. 북한 상황

북한은 전 세계적으로 코로나19의 전파가 심상치 않자 교육 관련 기관에도 방역을 시작하였다.

교육 및 보육기관들에서 전염병의 전파를 미리막기 위하여 학생들의 방학을 연장한 국가적조치에 맞게 각지 교육 및 보육기관들에서 방역사업을 책임적으로 진행하고있다. 대학들에서는 교사(校舍)**와 기숙사에 대한 소독을 위생학적요구에 맞게 하는 한편 기숙사생들의 생활조건보장에 선차적인 관심을 돌리고 그들에 대한 검진과 의학적감시를 강화하고 있다. 소학교와 초급, 고급중학교의 교원들은 학부형들과 항시적인 련계를 가지고 학생들의 건강상태와 학습정형을 정상적으로 알아보면서 그들이 위생방역과 관련한 사항들을 자각적으로 준수하도록 요구성을 높이고 있다. 도**(직할시)**들의 정권기관 일군들과 보건부문 일군들은 육아원과 애육원, 초등학원, 중등학원들에서 위생방역사업을 엄격히 진행하여 사소한 편향도 나타나지 않도록 하고 있다.**(『로동신문』, 2020.02.28)

또한 3월 말에는 코로나19 전파를 막기 위해 모든 학교의 수업 중단 및 방학 연장을 단행하였다.[1] 북한의 학기 시작이 4월 1일이므로 바로 직전에 기사가 난 것으로 보아 이러한 결정을 하기까지 많은 고심을 한 것으로 추정된다. 특히 해외에서 개학이 연기되거나 수업을 중단하는 상황을 지켜보며 참고하였던 것으로 보인다.

이란국회가 2월 28일 신형코로나비루스전파와 관련하여 업무를 중지하였다. 한편 정부는 중국공민들의 입국을 완전히 금지시키기로 하였으며 29일부터 모든 학교들에서 3일간 학업을 중단한다고 발표하였다.(『로동신문』, 2020.03.01)

1. 「실력향상사업을 방법론있게, 각지 대학에서」, 『로동신문』, 2020.03.30

북한 당국은 중단된 학업을 이어가기 위해 인터넷망을 활용한 원격 강의를 진행하였다. 하지만 고아들의 교육기관인 육아원을 포함하여 애육원, 초등 및 중등학원과 소학교, 초급 및 고급중학교 등 모든 교육기관에 해당하는 사항은 아니었다.

북한은 1990년대 경제난 이후, 교육 예산이 부족하여 교복과 학용품 지급을 중단하였고 교과서조차 원활하게 공급하지 못하고 있는 상황을 고려할 때[2], 원격수업은 극히 일부분 대학에서만 가능했고 그 외의 일반 학교들은 수업 대체 수단으로 자율학습 외엔 다른 방도가 없었을 것으로 추정된다.

원격 교육이 가능하였던 대학교의 상황을 살펴보면, 일부 대학에서는 인터넷망을 이용해서 원격강의와 외국어 학습이 가능하였고 그 외 학습 과제에 맞춰 자율학습을 진행하기도 하였다.

> **김책공업종합대학의 원격교육학부에서 외국어다매체편집물을 제작하고 자택생들에게 망주소를 알려주어 방학을 보내고있는 학생들이 국가망을 리용하여 외국어학습을 진행할수 있도록 조직사업을 짜고들고있다. 대학에서는 이러한 경험에 토대하여 다양한 방법으로 학생들의 실력을 높이기 위한 사업에 계속 힘을 넣고있다.** (중략) **비상방역기간의 특성에 맞게 기숙사생들의 프로그람작성능력을 높여주기 위해 다양한 학습과제들을 제시하고 학습지도를 짜고들고 있다.** (중략) **리과대학에서는 학생들이 방역기간 해이되지 않고 학습에 전념할수 있도록 원격으로 교수지도를 할수 있는 쌍방향교수지원체계를 적극 리용함으로써 학생들의 학습열의와 실력을 높여나가고 있다.**(『로동신문』 2020.03.30)

평양의과대학은 원격 교육을 적극적으로 활용하기 위해 170여 개 과목에 5,400여 건에 달하는 '전자직관물' 제작을 진행하였다. 여기서 전자직관물이란 사용자가 컴퓨터 화면을 손 접촉 또는 보조장치를 이용

2. 조정아, 「교육통계를 통해 본 북한의 교육」, 통일연구원, 2016, 1쪽

[사진 18] 전자칠판과 디지털카메라, 컴퓨터 등을 연결하여 원격강의를 진행하는 모습

출처 : 『통일뉴스』, 2015.12.10

하여 손글씨 및 도형 입력을 수행할 수 있는 다기능화된 전자제품을 말하며, 특정 나라의 독점 기술로 여겨졌던 '손접촉감지기술'을 직접 개발하였다고 주장하였다.[3]

이렇게 평양의학대학에 설치된 원격 교육체계는 코로나19 팬데믹 기간에 수천 명의 방역 인력교육을 위해서도 유용하게 사용되었다.[4] 이는 비상방역체계가 장기화하면서 관련 인력교육이 필요했고 보건성과 평양의학대학 원격교육학부는 이들에게 필요한 지식을 언제 어디서든 습득하도록 원격 재교육체계 완비를 추진했으며 덕분에 관련자는 필요한 학과목을 선정해 시간과 장소에 구애받지 않고 강의를 수강하였다.[5]

수천 명의 방역 인력이 원격으로 교육받았지만 교육의 질에 대한 고민이 있었다. 이를 해소하는 방안으로 재교육을 시행하였다. 원격 교육

3. 「북이 자력갱생으로 개발한 '우리식 전자칠판'」, 『통일뉴스』, 2015.12.10
4. 「방역일군들의 실력제고를 위한 원격재교육 활발히 진행」, 『로동신문』, 2022.09.07
5. 엄주현, 『북조선 보건의료체계 구축사 II』, 선인출판사, 2023, 176쪽

[사진 19] 원격교육체계를 통하여 교육받는 모습

출처 : 『로동신문』 2022.09.02

> 원격학부일군들은 방역일군들이 시간과 장소에 구애되지 않고 필요한 학과목을 선정하여 강의를 받을수 있게 원격재교육체계를 새로 개발한데 이어 그 운영방법을 부단히 혁신해왔다. 이리하여 지난해만도 전국적으로 1300여명의 방역일군들이 원격재교육과정안을 수료하였으며 이 과정에 방역실천에서 나서는 문제들을 신속하게 풀어나갈수 있는 풍부한 지식과 경험을 쌓게 되었다. (중략) 원격교육학부와 여러 단위 일군들과 교원, 연구사들은 방역일군들의 실력제고에 실질적인 도움을 줄수 있게 현장실습을 관리하는 체계를 개발하기 위해 창조적지혜와 열정을 합쳐가고있다. 이들은 실습과정안을 현실성있게 작성하고 매 과정안에 따르는 강의안들을 만들기 위한 사업, 강의를 맡아할 방역일군들을 실력있고 유능한 성원들로 선발하기 위한 사업 등을 실속있게 추진하고있으며 원격재교육의 질을 보다 높여 방역일군들에게 선진방역기술과 림상경험들을 한가지라도 더 잘 습득시킬수 있는 방도를 찾기 위해 적극 노력하고 있다. 원격재교육체계를 갱신하는 사업을 짧은 기간에 결속하기 위한 여러 단위 일군들과 교원, 연구사들의 탐구열의는 계속 고조되고 있다.(『로동신문』 2023.01.10)

을 받은 방역 인력은 의과대학 학생부터 시와 군의 질병예방통제소 인력까지 다양했다. 또한 기존 보건의료인의 재교육에도 원격 교육을 적극적으로 활용하였다.

흥미로운 점은 코로나19 감염을 우려하여 원격 교육을 제공하는 한편, 비상방역사업의 일환으로 수업이 중지된 각 의과대학 수백 명의 교

평양의학대학 원격교육학부에서는 보건성과 여러 단위와의 긴밀한 련계밑에 현장실습을 관리하는 체계개발에서 제기되는 문제들을 집체적지혜와 힘을 합쳐 기동적으로 풀어나갔다. 방역력량을 강화하는데서 원격재교육의 질제고가 가지는 중요성과 의의를 깊이 명심한 학부의 일군들은 연구과제수행을 완강하게 내밀어 원격재교육체계를 갱신하는 사업을 빠른 기간에 결속하였다. 이와 함께 원격교육운영실 실장 엄준혁동무를 비롯한 학부의 교원, 연구사들은 해당 단위에서 만든 강의안들을 원격재교육체계에서 리용할수 있게 원격강의열람기를 새롭게 갱신하고 체계관리기능을 합리적으로 개선하기 위한 연구개발을 힘있게 다그쳐 지금은 과제수행의 마감단계에 이르렀다. 평양의사재교육대학에서는 방역일군들에게 선진방역기술과 림상경험들을 한가지라도 더 많이 알려주고 그들의 실천실기능력을 높여주는데 도움을 줄수 있도록 단기재교육과정안을 작성하고 매 과정안에 따르는 강의안들을 실효성있게 만드는데 품을 들이였다. 종합된 자료에 의하면 올해에 들어와 전국적으로 수백명의 방역일군들이 원격재교육체계에 가입하여 교육을 받고 있다. (중략)
함경북도에서는 시, 군질병예방통제소들에서 원격재교육을 받아야 할 성원들을 료해장악하고 그들이 원격강의를 충분히 받을수 있게 조건보장을 책임적으로 해나가도록 실질적인 조치들을 강구하고있다. 도의 일군들이 해당 단위들과 수시로 련계를 맺고 원격재교육진행정형을 구체적으로 알아보면서 필요한 대책을 세워주어 한번한번의 원격강의가 방역일군들의 과학리론적, 전문가적자질을 제고하는데서 중요한 계기로 되게 하고있다.(『로동신문』, 2023.04.08)

비상방역사업에 계속 큰 힘을 집중할데 대한 당의 의도를 높이 받들고 각지 의학대학들에서 파견한 수백명의 교원들과 졸업반학생들은 평양시와 해주시를 비롯한 수십개 시, 군들에 나가 위생선전활동과 함께 해당 지역의 소독, 검병검진사업을 적극 방조하였다. 비상방역사업에 절실히 필요한 의료품생산에 계속 박차를 가해나가고 있다.(『로동신문』, 2020.04.03)

종합된 자료에 의하면 각 도의학대학 위생학부의 교원, 박사원생, 졸업반학생들은 지난 3월초부터 4월 중순까지 40일간 국가적인 비상방역사업에 동원되여 도, 시, 군들에서 주민들에 대한 위생선전과 검병사업을 진행하고 자체로 소독약을 생산하여 기관, 기업소들과 위생시설들에 대한 소독을 진행하였다.(『로동신문』, 2020.04.25.)

원과 학생들은 여러 지역에 동원되어 위생선전이나 소독, 방역 활동을 전개하였다.[6]

6. 「방역일군들의 실력제고를 위한 원격재교육 활발히 진행」, 『로동신문』, 2022.09.07

2. 남한 상황

코로나19가 급속히 확산하자 교육부는 2020학년도 1학기 개학일을 세 차례나 연기한 끝에 4월 9일 온라인 개학을 시작했다. 하지만 온라인 개학 기간이 길어지면서 많은 문제가 발생하자 5월 20일부터 고등학교 3학년부터 순차적으로 등교하였다. 2학기에는 1학기보다 좀 더 안정적인 여건에서 교육이 이루어졌으나 코로나19 상황이 불안정해지면서 학교는 자주 폐쇄되었다.

통계를 살펴보면 인구 밀도가 높아 2, 3차 유행이 불가피했던 수도권의 등교 일수는 비수도권 지역보다 훨씬 짧았다. 2020학년도 1학기 초등학교의 평균 등교 일수는 37.3일, 중학교의 평균 등교 일수는 37.7일로 비슷하였고 고등학교의 평균 등교 일수는 48.8일로 초, 중학교에 비해 11일 정도 많았다. 온라인 개학이 이루어지면서 2학기에는 주로 실시간 화상 수업을 하였다. 통계에 따르면 교사들이 원격수업으로 교과 내용 교육은 크게 어렵지 않았으나 학생과 관계를 형성하고 의사소통 능력을 높이기에는 일정 한계를 가졌다.[7]

코로나19 팬데믹 기간의 원격수업은 계층 간 교육격차를 심화시켰다. 고등학생을 제외하고 초등학생과 중학생의 경우 가정환경이 열악할수록 학습 외 목적의 디지털 기기 사용 시간이 늘어났고, 모든 교육단계에서 가정환경이 좋을수록 사교육 참여 시간이 늘어나는 경향을 보였다. 또한 저소득층 학생의 경우 기기가 낡아 온라인수업에 참여하지 못하는 비율이 현저하게 높았다. 결국 코로나19로 인해 원격수업의 가치

7. 김경근, 「코로나 19시대 학교교육의 변화 및 교육격차 실태」, 『한국의 사회동향』, 통계개발원, 2021, 138~140쪽

와 효용성이 높게 평가되었지만 동시에 계층 간 교육격차의 심화를 해결해야 하는 과제를 남겼다.

3. 소결

북한은 코로나19 확산의 대응으로 기존에 강조하던 원격 의료 및 원격 교육을 적극 활용하였다. 하지만 원격 교육은 주로 대학 교육에서 이루어졌고 그 외 초등 및 중등학교에서 어떻게 교육이 이루어졌는지는 확인이 불가능했다.

또한 원격 의료는 평양과 지방 의료진들 간의 환자 진단 및 치료의 협진에 중점을 둔 것으로 추정되며, 직접 환자 진료가 가능했던 남한의 비대면 진료와는 차이를 가진다. 더불어 『로동신문』에서는 북한이 코로나19의 확산을 극복하기 위해 많은 자원과 인력을 투입한 것으로 보이나, 이러한 노력이 어느 정도의 성과를 이루어냈는지 계량하기 어려웠다.

참고문헌

- 김경근, 「코로나 19시대 학교교육의 변화 및 교육격차 실태」, 『한국의 사회동향』, 통계개발원, 2021
- 『로동신문』, 2020.01.01.~2023.12.31
- 엄주현, 『북조선 보건의료체계 구축사 II』, 선인출판사, 2023
- 조정아, 『교육통계를 통해 본 북한의 교육』, 통일연구원, 2016
- 『통일뉴스』, 2015.12.10

11장

민생 지원 현황

| 엄 | 주 | 현 |

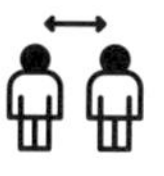

전염병을 성과적으로 방어하기 위해서는 바이러스의 전파를 막고 감염 확진자와 의심자 관리가 필요하다. 그렇기에 이들이 격리장소를 이탈하지 않고 생활이 정상적으로 이어지도록 필요한 물자를 제공하는 것은 국가의 필수적 활동이라 하겠다.

코로나19 팬데믹 상황에서 북한은 강력한 봉쇄와 통제 정책을 펼쳤다. 보건의료 기반 자체가 허술하고 식량과 생활품이 풍족하지 않은 상태에서 코로나19로 인한 격리, 지역, 구역별 격폐를 실시하면서 어떻게 주민들에 대한 민생 지원이 이루어졌는지 점검해 보았다.

북한에서는 코로나19 팬데믹 기간 어떠한 민생 지원을 펼쳤는지 파악하기 위하여 이와 관련한 법률이 존재하는지 먼저 찾아보았다. 그 결과 2020년 8월 22일 채택한 「비상방역법」에서 다음과 같은 규정을 확인하였다.[1]

제7조 (비상방역기간 사업조직원칙)
국가는 비상방역기간 인민의 생명안전을 철저히 보호하고 경제적 손실을 최소화하며 인민생활에 필요한 수요를 원만히 보장하는 원칙에서 모든 사업을 조직, 진행하도록 한다.
제51조 (의약품, 생활필수품 등의 보장)
내각과 국가계획기관, 중앙보건지도기관, 전력공급기관, 지방인민위원회, 해당 기관은 비상방역사업에 필요한 의약품, 의료기구, 의료용 소모품 보장과 봉쇄지역, 격리장소에 대한 전기, 식량, 부식물, 땔감, 음료수, 생활필수품 등의 보장을 우선적으로 하여야 한다.
제54조 (인민생활의 안정)
내각과 위원회, 성, 중앙기관, 지방인민위원회, 기관, 기업소, 단체는 비상방역기간 인민

1. 통일부 북한정보포탈(nkinfo.unikorea.go.kr) 법령 (검색일 : 2024.05.07)

생활과 관련하여 제기될 수 있는 문제를 과학적으로 예측하고 인민생활에 필요한 식량과 부식물, 땔감, 생활필수품 등을 수요대로 원만히 보장하여야 한다.
제71조 (비상방역 조건보장 태만죄)
격리시설 및 병동을 꾸려주지 않았거나 치료 및 생활조건보장을 위한 자재, 자금, 설비, 물자를 보장하지 않았거나 환자후송에 필요한 수송조직사업을 바로하지 않은 것 같은 조건보장사업을 무책임하게 하여 방역사업에 지장을 준 자는 노동단련형에 처한다.
앞항의 행위로 전염병환자, 의진자들에 대한 격리를 보장할 수 없게 하였거나 여러 명이 격리장소에서 이탈하게 한 것 같은 결과가 발생하였을 경우에는 5년 이하의 노동교화형에 처한다.

「비상방역법」은 2020년 코로나19 팬데믹 상황에서 채택한 법령으로 같은 해 11월에 수정, 보완하였고, 2021년 2월과 10월에도 최고인민회의 상임위원회 정령으로 수정, 보완하였다. 하지만 코로나19 이전에도 전염병은 계속 발생하였고, 북한 당국은 그때마다 국경을 폐쇄하고 의심자를 격리하는 정책을 취했으므로 이전 시기를 규정한 「전염병예방법」에도 민생지원과 관련한 내용이 존재하는지 확인해 보았다.

「전염병예방법」은 1997년 11월 5일에 채택하였고 1998년에 수정한 이후 2005년, 2014년, 2015년, 2019년에 수정, 보완되었다. 그리고 코로나19 팬데믹 기간인 2020년 3월과 8월에도 수정, 보완하였다. 현재 남한에서 입수가 가능한 2015년의 「전염병예방법」에는 격리자에게 생활에 필요한 물자 제공 규정은 나오지 않는다. 하지만 2020년 8월의 「전염병예방법」에는 아래와 같은 조항이 담겨, 코로나19를 거치며 내용이 추가 정비되었음이 확인 가능하다.

제42조 (비상방역기간 기관, 기업소, 단체의 임무)
비상방역기간 기관, 기업소, 단체는 다음과 같은 임무를 수행한다. (중략)
13. 내각과 성, 중앙기관, 지방인민위원회는 봉쇄지역과 격리장소에 전기와 식량, 부식물, 땔감, 음료수, 생활필수품 등을 책임적으로 보장한다.14. 기관, 기업소, 단체와 공민은 비

상방역사업에 필요한 인원, 물자, 시설, 설비, 수단 등을 우선적으로 보장한다. (중략)
20. 지방인민위원회와 국가보위기관, 인민보안기관, 검찰기관은 민심과 인민생활을 안정시키기 위한 대책을 세운다. (중략)

「비상방역법」과 「전염병예방법」에 규정한 민생 지원과 관련한 조항은 남한과 같이 구체적인 내용을 담은 것은 아니었다. 하지만 근거 법을 마련하였고 코로나19로 인하여 그 필요성이 촉발된 것으로 보인다. 하지만 민생 지원을 제공하는 주체가 국가로 단일한 것이 아니라 내각과 성(省), 중앙기관, 지방인민위원회, 각급 기관과 기업, 단체와 공민까지를 포괄하고 있어 실질적 지원이 제공되었는지는 의문이었다.

이에 2020년 1월부터 2023년 12월까지 『로동신문』을 전수 조사하여 그 실질 사례를 살펴보았다. 북한이 민생 지원을 제공한 시기로는 코로나19 팬데믹 초기, 해외에서 입국한 사람들을 대상으로 격리하였던 기간과 2020년 7월 개성에 탈북자가 재입북하면서 개성시 주민을 대상으로 한 지원, 마지막으로 2022년 5월 오미크론이 전파된 시기로 분류했다. 세 부문의 시기를 살펴봄으로 민생 지원이 어떠한 방식으로 제공되었는지 이해하고자 한다.

1. 북한 상황

1) 2022년 5월 오미크론 확진자 발생 이전

북한은 세계보건기구가 국제적 공중보건 비상사태를 선포 날인 2020

년 1월 30일에 코로나19의 위험성이 사라질 때까지 기존 위생방역체계를 국가비상방역체계로 전환한다고 발표하면서 코로나19 대응에 본격적으로 나섰다. 국가비상방역체계의 발동은 비상설중앙인민보건지도위원회에서 결정하였고 평양과 도·시·군 등 행정구역마다 비상방역지휘부를 조직하였다. 그리고 비상방역지휘부는 행정구역뿐 아니라 각급 모든 기관에도 설치하였다.[2]

사업을 추진할 조직이 구성되면서 구체적인 사업들이 펼쳐지기 시작하였다. 그리고 그 방향은 자국 내로 코로나19 바이러스 침입을 완벽하게 막는 것이었다. 이에 먼저 해외에서 유입된 외국인, 해외 출장자, 이들과 접촉한 주민들을 대상으로 격리 조치를 시행하였다. 격리를 확실하게 추진하기 위해서는 대상자가 적시에 격리 및 치료받도록 해당 장소들에 충분한 조건들을 갖추는 사업이 필요하였고 북한 당국은 해당 기관에 이의 준비에 나설 것을 강조하였다.[3]

2020년 초에 해외에서 입국한 사람들을 대상으로 격리 장소를 설치하였고 격리 장소에서 의학적 감시에 있던 격리자들을 위해 필요한 물자를 제공해야 했다. 그리고 이들의 생활을 보장하는 사업은 '비상설중앙인민보건지도위원회'의 통일적인 지휘 아래 진행되었다. 이에 관련 물자를 생산하는 농업성, 상업성을 비롯한 성, 중앙기관, 각 도·시·군인민위원회에서는 격리 장소에 필요한 식량과 석탄, 고기와 물고기, 달걀, 기초식품, 조미료 등과 휴지, 비누, 세제, 칫솔, 치약, 수건 등 생활필수품을 보장하였다.[4]

---

2. 「위생방역체계를 국가비상방역체계로 전환」, 『로동신문』, 2020.01.30
3. 「신형코로나비루스감염증을 막기 위한 방역사업 빈틈없이, 전국각지에서」, 『로동신문』, 2020.01.30
4. 「국가적인 비상방역사업에 계속 총력을 집중, 각지에서」, 『로동신문』, 2020.03.19

지역마다 수천 명에 달한 격리자들에게 북한 당국이 제공한 민생 지원의 현황을 살펴보면 [표 12]와 같다.

[표 12] 『로동신문』에 보도된 민생 지원 내용

보도 날짜	내용
2020. 02.03	• 라선시당위원회와 시인민위원회, 과장급 이상 간부들과 함께 시안의 병원, 진료소, 공장, 기업소 등의 당 및 행정책임자 수백 명이 참가한 긴급협의회 개최. 협의회에서 왜 코로나19를 방어해야 하는지에 대한 중요성, 병의 위험성과 증상, 예방대책 등을 교육. 그리고 근로자와 주민들을 대상으로 관련한 선전을 강화하면서 감염되거나 전파할 수 있는 모든 요소를 빠짐없이 확인하고 필요한 대책을 추진하기 위한 조직사업 전개. 격리장소에 식량, 전기, 의약품 등을 보장하기로 결정
2020. 03.01	• 중앙비상방역지휘부는 의학적 감시대상자들의 생활보장 대책을 빈틈없이 세우고 있다며 상업성, 경공업성, 지방공업성, 수산성 등 많은 단위에서 식량, 생활필수품, 부식물 등을 격리자에게 제공 • 평안남도의 당, 정권기관, 근로단체, 기관, 기업소 등에서 각종 식료품, 땔감을 비롯한 물자보장을 맡아 격리자들이 어떤 불편함 없이 생활한다고 언급
2020. 03.02	• 양강도인민위원회와 혜산시인민위원회, 격리자들이 불편 없이 생활하도록 식량과 부식물, 땔감, 생활용품, 식수 등을 원만히 보장.
2020. 03.06	• 중앙비상방역지휘부의 통일적인 지휘 아래 국가계획위원회를 비롯한 성, 중앙기관들에서 해당 지역의 격리자들에게 내의류를 비롯하여 필요한 물자들을 생산, 보장하기 위한 사업 추진. 격리장소와 격리자들에게 위생조건보장과 의약품, 의료기구 등 물자보장사업에 큰 관심 • 신의주시비상방역지휘부 등 평안북도의 위생방역, 보건부문과 당, 정권기관 책임자들은 격리장소에 생활에 필요한 수십 종의 물자들을 정상적으로 보장 • 평안남도, 강원도 등 각 도에서도 물자보장을 구체적으로 점검하여 필요한 대책 강구
2020. 03.07	• 개성시당위원회와 강서구역당위원회, 내부 예비를 총동원하여 주민들의 식량을 우선적으로 보장하는 사업 추진 • 삼수군의 군당위원회를 비롯한 군급 기관 간부들, 주민들을 대상으로 생활에서 불편한 문제를 해결하는데 깊은 관심 • 어랑군당위원회, 금야군당위원회, 식료품과 생활필수품, 땔감 등 주민들의 생활상 편의를 보장하기 위한 사업을 우선하여 추진 • 외교단사업국의 간부들, 의학적 관찰을 받는 종업원들의 생활에 불편이 없도록 필요한 물자들을 마련 • 백두산영웅청년돌격대 연합지휘부 산하 단위의 책임자들, 해당 지역주민들에게 많은 식량 제공 • 평안남도인민보안국 정치일군, 격리자들을 위해 가정에서 마련한 많은 식량과 부식물 등을 지원 • 신의주여관 일군들과 종업원들, 격리장소에서 생일을 맞는 20여 명에게 친혈육의 따뜻한 정을 기울여 줌 • 해주제2사범대학과 김제원해주농업대학 교육자들, 기숙사생들을 위해 식료품과 후방물자 성의껏 마련해 전달
2020. 03.09	• 평안남도의 도당위원회, 격리자 중 불편한 점이 없는가를 점검하며 필요한 물자를 마련하기 위한 사업 진행

2020. 03.12	• 해외 출장자와 외국인과의 접촉자가 많은 대외경제성, 격리자들이 비정상적인 현상이 나타나지 않도록 즉각적인 대책 수립 • 상업성, 각 도의 상업부문 일군들과의 화상협의회를 통하여 격리자들의 생활 보장에서 나타난 결함 등을 분석. 모든 상업부문 일군들이 단순히 숙식을 보장하는 실무적인 사업이 아니라 당의 인민 사랑을 실천하는 인민의 참된 충복으로서의 사명을 다하도록 격려.
2020. 03.14	• 평안북도, 김정일 생일인 광명성절을 맞아 도내의 격리자 수백 명에게 고기와 물고기, 달걀 등 많은 후방물자와 생활필수품들을 마련해 제공. 여성에게 필요한 생활필수품 보장에도 관심. • 황해남도의 도당위원회, 부식물을 포함하여 태양빛 전지판, 액정 TV 등 생활용품에 이르기까지 격리자들의 생활을 원만히 보장해주기 위한 사업이 모든 시, 군에서 진행 • 자강도와 남포시, 격리자들의 생활을 잘 돌봐주기 위한 사업에 깊은 관심 • 수산성, 십여 톤의 물고기와 다시마 등의 물자를 전국의 격리장소들에 전달 • 일용품공업성의 간부들, 산하 공장들을 직접 방문하여 물자 생산 추동. 격리자들의 생활에 필요한 생활필수품 보장을 책임지고 완수 • 농업성, 격리자들과 비상방역에 동원된 일군들에 대한 식량 보장 • 화학공업성과 대외경제성, 교육위원회, 의학연구원 의학생물학연구소와 평양의학대학 등 많은 성, 중앙기관들과 단위에서 검사 시약과 보호기재, 의약품과 의료용 소모품을 적극 지원. • 건설건재공업성, 여러 차례에 걸쳐 검사 시약과 마스크 지원 • 무역은행, 비상방역에 요구되는 의료용 소모품을 마련하여 해당 단위에 전달 • 무력기관, 주둔지의 격리장소들에 식량과 고기, 물고기, 기름 등 물자 제공 • 평양-선천 노선을 오가는 버스(평양39-1396호)의 운전사와 차장, 평안북도 내의 격리자들을 위한 물자 운반을 자발적으로 맡아 담당 • 평안남도 개천시 여관 일군 및 종업원들, 외국인 등 여러 명의 격리자 생일을 챙김 • 만포시, 중강군, 자성군, 우시군, 격리자들의 생활에 불편이 없도록 필요한 물자 마련 • 평안남도의 도급, 시급 기관들, 여러 차례에 걸쳐 땔감과 발전발동기, 식량, 침구류, 부식물 등을 장만하여 도·시·군방역기관들과 격리장소에 전달

코로나19 팬데믹 초기, 격리자들에게 대한 물자 제공 관련 보도를 통하여 확인할 수 있는 내용으로는 첫째, 비상방역에 필요한 물자는 중앙비상방역지휘부가 총괄한 것으로 보인다. 이 기관의 지시로 관련한 물자를 생산하였다. 이는 「비상방역법」 제21조에 중앙비상방역지휘부의 구성으로 내각, 국방성, 조선인민군 총참모부, 중앙급의 보위, 검찰, 사회안전, 군수, 특수단위와 국가계획기관, 중앙대외사업지도기관을 비롯한 관련한 성(省), 중앙기관, 의료기관의 책임자들이 포진한 이유이기도 하였다. 법에 언급한 '관련한 성'에는 기초적 물자를 생산하는 상업성, 경공업성, 지방공업성, 농업성, 수산성, 일용품공업성 등이 포함하였을 개

연성이 크며 국가 전체가 코로나19 방역에 필요한 물자를 공급하였다.

두 번째는 국가가 생산한 물자는 각 도 및 광역시 개념의 4개 직할시의 당위원회와 인민위원회가 주체가 되어 해당 지역주민들과 격리자들에게 관련 물자를 배포하는 구조였다. 세 번째는 각급 기관, 공장, 학교, 여관 등에서는 소속원 중 격리자가 발생하면 해당 조직에서 물자를 마련해 제공하기도 하였다.

제공한 물자로는 격리 장소가 정상으로 운영될 수 있도록 전기, 태양빛 전지판, 액정 TV, 발전발동기, 침구류, 의약품, 검사 시약, 보호기재, 의료용 소모품, 마스크 등을 제공하였으며 격리자에게는 식량, 식료품(고기, 물고기, 다시마, 달걀, 기름), 부식물, 땔감, 생활필수품, 식수 등 수십 종에 달하였다고 한다. 이후 외국인을 포함하여 대부분 격리가 해제되면서 4월 19일 이후에는 민생 지원과 관련한 기사가 나오지 않는다.

하지만 2020년 7월 19일 개성시에 탈북자가 3년 만에 재입북하는 사건으로 개성시를 봉쇄하면서 민생 지원의 필요성이 대두되었다. 재입북한 탈북자를 대상으로 여러 차례 검사한 결과 코로나19 감염이 의심되었고 개성시에 들어온 5일 동안 그와 접촉한 모든 주민과 그 기간 개성시를 경유한 사람들을 대상으로 검진 및 격리가 취해졌다. 또한 방역 당국은 7월 24일 오후부터 개성시를 완전하게 봉쇄하였고 구역별, 지역별로 격폐하는 비상사태를 선포하였다.[5]

개성시를 완전하게 봉쇄하고 개성시 내부를 구역으로 격폐하면서 주민들의 이동이 불가능하였기 때문에 외부에서의 물자 공급이 필요하였다. 북한 당국은 봉쇄지역 주민들의 생활에 필요한 식료품, 위생용품,

5. 「조선로동당 중앙위원회 정치국 비상확대회의 긴급소집」, 『로동신문』, 2020.07.26

땔감을 보장하기 위한 실질적인 대책을 추진하였다.[6]

개성시 봉쇄와 함께 비상방역체계를 최대비상체제로 전환한 북한의 당중앙위원회 정치국 결정 이후 많은 식량이 긴급히 수송되어 개성시민들에게 공급되었다. 상업성, 경공업성, 대성무역지도국 등 여러 단위에서 기초식품, 생활필수품을 마련하였고 사회안전성이 이에 대한 물자 수송을 맡았다. 또한 보건성, 석탄공업성, 도시경영성, 수산성, 체신성, 국가비상재해위원회, 화학공업성, 잠업비단공업국을 비롯한 많은 기관에서 주민용 연료, 수산물, 부식물, 의료품 등을 확보하여 개성시에 전달하였다.[7] 7월 25일 개성에 최대비상체계가 시행된 이후 8월 5일까지 개성에 수송된 물자는 수천 톤의 백미와 연유, 소금, 위생용품, 갖가지 채소 등이었고[8] 생필품은 총 30여 종 55만여 점에 이르렀다.[9]

개성에서 사태가 발생한 10여 일 뒤인 8월 5일에 당중앙위원회 제7기 제4차 정무국 회의를 개최하였다. 회의를 통하여 개성시 방역 상황과 실태보고서를 검토하는 동시에 봉쇄지역 주민들을 위하여 식량과 생활보장금을 특별지원하는 문제가 상정되었다.[10] 그리고 식량과 생활보장금 등 특별 지원 물자를 실은 기차가 8월 7일 오후에 개성역에 도착하였고 개성시 주민들에게 물자가 전달되었다. 이에 개성시 주민들은 "개성시가 봉쇄된 첫날부터 식량과 식용유, 생활용품, 전기, 석탄을 받았다며 분에 넘치는 사랑을 안겨준" 김정은을 찬양하였다.[11]

북한 당국의 이러한 움직임은 코로나19 팬데믹 이후 처음으로 겪는

---

6. 「최대비상체제에 맞게 방역사업을 보다 강화하기 위한 대책 강구」, 『로동신문』, 2020.07.28
7. 「개성시민들의 생활조건보장을 철저히」, 『로동신문』, 2020.07.31
8. 「가슴뜨거운 사연 전하며 오늘도 메아리치는 사랑의 기적소리」, 『로동신문』, 2022.05.14
9. 정재철, 「김정은 '코로나 봉쇄' 개성 특별지원」, 『내일신문』, 2020.08.06
10. 「조선로동당 중앙위원회 제 7 기 제 4 차 정무국회의 진행」, 『로동신문』, 2020.08.06
11. 「어머니당의 은정어린 특별지원물자 개성시인민들에게 전달」, 『로동신문』, 2020.08.09

사실상의 위협으로 국가가 확실하게 인민을 보호한다는 인식을 심으려는 방편이었다. 이는 개성이라는 한정된 지역에서 발생하였으므로 큰 비용이 들지 않았고 이에 반하여 홍보 효과가 컸기 때문으로 판단된다. 이 사건은 코로나19에 대한 긴장감을 높이는 계기가 되었고 코로나19 팬데믹 발생 6개월을 지나며 해이해진 상황을 반전시켰다. 그리고 이러한 긴장 상황은 두 달 뒤인 9월에 남한 해양수산부 소속 서해어업지도관리단 공무원이 인민군에 의해 피살되어 불태워지는 사건으로 이어졌다.[12]

2) 2022년 5월 오미크론 확진자 발생 이후

2022년 5월 12일, 북한 당국은 방역 등급을 '최대비상방역체계'로 전환하며 오미크로 확진자 발생을 공식화하였다. 최대비상방역체계 이행의 목적으로 "자국 내에 침입한 바이러스의 전파상황을 안정적으로 억제, 관리하며 감염자들을 빨리 치유해 전파 근원을 최단기간 내에 없애는 것"이라고 밝혔다.[13]

오미크론 감염자가 발생하면서 북한 당국은 실질적인 코로나19 대응에 나서게 되었다. 그동안 감염자가 전혀 없다고 주장하였고, 개성시 경우 일부 지역에 한정한 대응이었기 때문으로 이전과는 상황이 달랐다. 비상 비축물자까지 동원한 것은 전쟁과 같은 심각한 상황인식을 보여주는 것이었고, "건국 이래의 대동란"이라고 표현하며 위기 국면임을 인정하였다.[14]

---

12. 진창일, 「굳게 문 닫힌 서해어업관리단..피격공무원 참여한 봉사단체 "월북 안 믿겨"」, 『중앙일보』, 2020.09.24
13. 「조선로동당 중앙위원회 제8기 제8차 정치국회의 진행」, 『로동신문』, 2022.05.12
14. 「조선로동당 중앙위원회 정치국 협의회 진행」, 『로동신문』, 2022.05.14

[표 13] 오미크론 확진자 등장 이후 『로동신문』에 보도된 민생 지원 내용

보도 날짜	내용
2022. 05.13	• 황해남도당위원회, 5월 12일에 개최된 당중앙위원회 제8기 제8차 정치국회의 이후 간부들의 긴급협의회 개최하여 식수, 전기, 땔감 문제 등을 포함하여 주민 생활과 직결한 문제들을 해결하기 위한 조직사업 돌입 • 평안북도의 당조직, 황해남도당위원회와 비슷한 대응. 바이러스의 전파를 차단하는 사업과 함께 격리장소 등에 식량, 전기, 의약품 등을 보장하기 위한 사업 진행
2022. 05.14	• 강원도인민위원회, 도당위원회와 함께 긴급협의회 소집. 강도 높은 봉쇄하에서 주민들의 불편과 고충을 최소화하고 생활을 최대한 안정시키기 위하여 부문별, 직능별로 간부들의 임무를 분담. 동시에 생활 안정에서 필수적인 식량과 기초식품, 채소, 땔감 등을 보장하는 방도에 관한 토의 • 우선 담당자들은 도(都) 산하의 기초식품공장들과 연료공급소 등을 방문하여 현황 점검. 현재 보유한 물자의 재고량을 파악하여 세대들에 필요 물자를 공급하기 시작 • 식량과 의약품, 땔감과 부식물 등을 싣고 달리는 자동차에는 운전기사와 함께 당 및 인민위원회의 간부와 담당자가 한 조가 되어 배송
2022. 05.15	• 와우도구역당위원회, 구역인민위원회와 협동농장경영위원회의 부장급 이상 간부들로 긴급협의회 진행. • 구역급 기관 일군 200여 명을 산하의 동사무소와 농장에 파견하여 제기되는 문제 파악 • 동시에 식료품, 의약품, 생활필수품들이 부족하지 않도록 물자 공급 기관에 관련 물자들을 보장하는 사업과 "이동봉사성원대"를 편성하여 원활한 물자 공급 방안 모색 • 산하의 생산기지가 물자 생산이 정상적으로 이루어지도록 원료 해결의 역할 담당
2022. 05.18	• 평양시인민위원회, 평양시 산하 구역과 군(郡)의 양정사업소와 수백 개의 식량공급소의 종업원들, 양곡판매분소의 판매원들을 추동하여 5월 13일 23대의 화물자동차로 운반한 많은 양의 양곡을 가공한 뒤 식량 공급 진행 • 이틀 동안 식량을 공급한 세대는 1만여 세대. 동시에 2만여 세대에는 식량을 판매 • 또한 20여 대의 대형화물자동차를 동원하여 수백 톤의 식량을 구역과 군에 즉시 공급하도록 긴급 수송 전개 • 평양 강냉이가공공장에서 생산한 강냉이가공품도 중구역의 양정사업소에 전달 • 식량 가공에 필요한 물자는 17개 구역에서 60여 대의 수송차와 수백 명의 노동력을 동원하여 안악군, 재령군을 비롯한 황해남도의 지역에서 직접 운반 • 땔감 보장을 위해서는 5월 13일 하루에만 긴급히 조직한 백수십 개의 땔감봉사대가 착화탄과 구멍탄 등을 세대에 공급 • 이 외에도 채소, 기초식품, 상품 공급도 진행. 중심 구역의 주민들을 위하여 수십 대의 채소 운반용 차량을 만경대구역과 사동구역, 대성구역, 락랑구역 내의 농장에 보내 배추와 오이 등 갖가지 채소를 긴급 수송 • 기초식품이 부족한 구역들에는 간장과 된장을 우선 보장해주는 한편 6개 구역에는 기초식품 수송차들을 동원하여 수십 톤의 된장과 간장을 구역식료품종합상점들에 공급 • 또한 물자가 인민반까지 전달되도록 이동봉사대 활동도 권장하면서 이동봉사대에 망라한 성원들은 계속 늘어 약 2만 명이나 되는 이동봉사대원들이 생활필수품들을 인민반에 운반
2022. 05.24	• 고풍군당위원회 책임비서, 군민들의 생활 형편을 점검하던 중에 자동차의 진입이 어려운 석상리 주민들이 식량과 기초식품을 받지 못한 사실 확인. 이를 해결하기 위한 긴급협의회를 개최하면서 단 한세대가 사는 곳이라도 끝까지 찾아 책임져야 한다며 등짐으로라도 지고 공급하자고 결의 • 다음 날 새벽 군당 책임비서가 직접 등짐을 지고 출발. 오후가 훨씬 지난 뒤에 도착하여 물자 제공
2022. 05.25	• 황해남도인민위원회 위원장 김영철, 주민들의 실태를 알아보기 위해 해주시 구제1동의 한 인민반에 방문. 요구사항을 일일이 수첩에 적은 이후 가지고 간 수십 점의 의약품과 식량 등을 인민반장에게 전달
2022. 06.11	• 신의주시, 시의 구멍탄공장에서 원료가 부족하다는 사실을 확인한 뒤에 여러 단위와의 긴밀한 연계 아래 석탄을 보장하면서 구멍탄생산 정상화에 노력. • 이외에도 기초식품과 세제, 휴지 등을 생산하는 지방공업공장들에서 생산이 원활하게 진행되도록 하는 역할 담당

감염을 최대한 빨리 방어하기 위하여 최대비상방역체계를 발동하였고 개성시와 같이 지역별 봉쇄와 단위별 격폐가 이루어졌다. 이는 이동을 최대한 줄이면서 공장이나 기업소에서 필요한 물자를 지속해서 생산하기 위한 대응법이었다. 또한 봉쇄 및 격폐로 인해 이동이 불가능하므로 격리자는 물론이고 전체 주민들에게 각종 생활 물품을 북한 당국이 제공해야 함을 의미하였다.

이에 각 지역을 책임진 당 및 인민위원회나 모든 조직의 책임 간부가 전면에 나서 주민들의 생활 보장을 담당하였다. 이는 오랜 기간 운영된 북한의 지방 분권화와 자력갱생 원리가 반영된 조치였다. 물론 국가 차원에서 생산할 물자는 정부의 각 부서 산하 공장 등에서 생산하였다.

각 지역 당 및 정권 기관에서는 민생 보장 해결을 위해 수십 차례 긴급협의회를 개최하였고[15] 이를 수행할 '봉사대'가 전국적으로 속속 조직되기 시작하였다.[16] 심지어 당 및 인민위원회의 최고 책임자가 직접 물자를 배달하기도 하였다.[17]

채소 공급은 평양과 같이 대도시의 경우 평양 주민을 대상으로 공급하는 농장에서 확보하였고 지방은 김정은 집권 이후 대규모로 건설하기 시작한 온실 농장에서 공급하였다. 함경북도 청진시는 중평남새온실농장에서 채소를 제공하였고 이는 함경북도 당위원회 일군들의 업무 분담에 따른 결과로 이들은 채소 수확과 수송까지 담당하였다.[18]

고추장, 된장 등과 같은 기초식품도 각 도의 당 및 인민위원회가 주도하여 산하 시·군에 있는 기초식품생산공장에서 확보하였다. 간부들

15. 「이른새벽에 진행된 긴급협의회」, 『로동신문』, 2022.05.19
16. 「전염병전파사태를 신속히 억제하기 위한 국가적인 긴급대책 강구」, 『로동신문』, 2022.05.15
17. 「전인민적인 방역투쟁에서 높이 발휘되고있는 각지 일군들의 소행을 두고」, 『로동신문』, 2022.05.24
18. 「중평남새온실농장의 신선한 남새를 청진시민들에게 전진공급」, 『로동신문』, 2022.05.19

[사진 20] 안악군당위원회의 간부가 주민의 생활상 애로사항을 듣는 모습

출처 : 『로동신문』, 2022.05.16

[사진 21] 평양시 중구역에서 민생 지원 활동

출처 : 『로동신문』, 2022.05.24

은 기초식품 생산 실태를 확인하기 위해 현장을 방문하였고 종업원들을 대상으로 현 상황에서 생산이 얼마나 중요한지 강조하는 동시에 생산에 필요한 문제들을 적극적으로 해결하며 물자 생산을 주도하였다. 더불어 세대별로 필요한 수량을 파악하고 이동봉사대를 조직해 다양한 운반 수단을 보장하면서 주민들에게 전달하였다.[19]

확보하려는 물자에는 식량, 부식물 등 기초식품, 채소, 생활용품, 식수, 전력, 땔감 등 다양하였고 이외에도 유아와 어린이들을 위한 분유(애기젖가루), 이유식(암가루)과 유제품도 포함하였다. 어린이들을 위한 물자는 김정은이 특별하게 직접 챙겼다며 선전하였고 김정은 집권 이후 탁아소, 유치원 시기가 아이들의 성장발육에서 제일 중요한 연령기라며 국가 부담으로 모든 어린이에게 유제품 등 영양식품을 공급하는 정책의 연장선이었다. 관련 기사를 소개하면 다음과 같다.

> **지난 5월 15일, 평양어린이식료품공장은 뜻밖의 긴급전투에 진입하게 되었다. 내각과 상업성, 평양시당위원회와 평양시인민위원회 일군들 누구나 격동되여 공장으로 달려왔다. 평양시 각 구역의 탁아소유치원물자공급소 일군들을 태운 차들도 잇달아 경적을 울리며 정문으로 들어섰다. 한밤중에 긴급조직된 애기젖가루, 암가루공급전투!** (중략) **한시라도 더 빨리 어머니당의 사랑이 우리 어린이들에게 가닿게 하자. 긴급수송전투의 분분초초는 오직 그 하나의 일념으로 흘러갔다. 누가 일군이고 로동자인지 분간하기 어려웠다. 모두가 상하차공이였다. 어머니당의 사랑을 가득 실은 차들이 평양시의 각 구역**(군)**을 향해 전속으로 내달렸다. 그와 동시에 전국의 각 도들에 애기젖가루, 암가루를 공급하기 위한 전투도 밤새워 진행되였다. 당의 은정어린 애기젖가루, 암가루를 중앙도매소 일군들로부터 인계받은 평안남도인민위원회 일군들은 제일 멀리 떨어져있는 대흥군을 비롯한 군들에로 전진공급의 길을 떠났다. 그 시각 평안남도의 각 시, 군인민위원회 책임일군들을 비롯한 일군들은 애기젖가루, 암가루를 속히 실어가기 위하여 도출하도매소를 향하여 차를 달리고있었다. 그렇게 온 나라 애기어머니들이 사랑하는《꽃망울》제품은 온 나라 방방곡곡에 속속 가닿았다.** (중략)
> **애기젖가루, 암가루공급을 끝냈다는 평양시 각 구역**(군)**인민위원회 일군들의 보고가 평**

19. 「기초식품보장을 짜고들어, 자강도에서」, 『로동신문』, 2022.06.06

양시인민위원회를 거쳐 상업성으로, 상업성에서 내각으로 쉬임없이 와닿던 그무렵 강동군탁아소유치원물자공급소 소장은 읍으로 들어서고있었다. 평양어린이식료품공장까지 먼길을 달려 애기젖가루, 암가루를 싣고 탁아소유치원물자공급소에 도착하는 순간 그는 불시에 눈이 확 달아올랐다. 자정이 넘은 그때 군당위원회 집행위원들이 차에 발동을 걸고 기다리고있는것이 아닌가. 즉시 대기시켰던 차들에 애기젖가루와 암가루를 옮겨실은 그들은 곧 분담받은 리들을 향하여 차를 달리기 시작했다. 한개 리의 공급사업이 끝나면 다음 또 그 다음 리를 찾아 일군들은 새벽길을 달리고 또 달렸다. 강동군에서도 먼곳에 있는 리들중의 하나인 경신리에 일군들이 도착한 때는 이른새벽이였다. 하지만 마을은 잠들지 못하고있었다. 우리 총비서동지께서 보내주신 화선군의들이 언제나 문열고 기다리는 약국, 바로 그 가까이에 자리잡은 사무소에서는 우리 당의 사랑어린 애기젖가루, 암가루가 온다는 소식을 전해듣고 달려나온 인민반장들이 격정에 설레이고있었고 애기어머니들과 할머니들은 또 그들대로 집집마다에서 눈굽을 적시며 잠못들고있었다.

리의 애기는 모두 10여명, 그 애기들을 위해 멀고 험한 길을 달려온 일군들… (중략) 경신리의 마지막애기어머니에게까지 애기젖가루를 공급한 그 새벽 강동군탁아소유치원물자공급소 일군은 군인민위원회의 한 일군을 찾아 서둘러 전화를 들었다. 《마지막공급을 끝냈습니다.》(『로동신문』, 2022.06.01)

확보한 물자는 주민들에게까지 전달하는 것이 중요하였다. 하지만 공무원들이 일일이 배달하는 것은 한계가 있었다. 이에 이동봉사대를 조직하여 활용하였다. 이동봉사대는 동(洞)과 리(里) 등 가장 말단 행정구역마다 조직하였고 성원들은 매일 동과 리 일군 및 인민반장들과 긴밀한 연계를 가지며 세대별 식구 수와 요구되는 생활필수품, 식료품들을 구체적으로 파악하여 주민들이 필요한 물자를 제공하였다. 특히 이동봉사대는 주로 식료품 등을 판매하는 종합상점 등에서 주도하였고[20] 이동 판매하는 개념이었다.[21] 그럼에도 이동 판매는 인민들에게 당과 국가가 베푸는 인민적 시책으로 강조되었다. 물자를 계속 생산하는 것조차 쉬운 문제가 아니었던 것이다.

20. 「결사의 각오, 불같은 실천, 두몫, 세몫의 일감을 맡아안고」, 『로동신문』, 2022.05.20
21. 「전반적방역전선에서 안정세를 유지강화하기 위한 각방의 대책 실행」, 『로동신문』, 2022.05.24

> 대성구역연료사업소의 일군들과 종업원들이 흐르는 땀도 닦을새없이 아빠트에 땔감을 부리우느라 여념이 없는것이 아닌가. (중략) 사실 그들이 여기에 찾아온데는 사연이 있었다. 그날 오전 이곳을 지나가던 사업소지배인 김경일동무는 동일군에게 땔감이 모자랄것같다고 안타까운 심정을 터놓는 주민들을 띄여보게 되었다. 그 말을 듣는 순간 그의 가슴은 납덩이를 안은듯 무거웠다. (중략) 그는 지체없이 사업소에 달려와 일군들에게 땔감이동봉사를 진행할 자기의 결심을 내비쳤다. 모두가 지지해나섰다. 하여 그들은 땔감을 싣고 주민들을 찾아가게 되었던것이다. 땔감을 다 부리운 뒤 지배인은 그 인민반장에게 자기의 전화번호를 알려주며 앞으로 땔감이 모자라게 되면 꼭 전화해달라고 신신당부하였다. 이렇게 시작된 땔감이동봉사는 온 구역의 동, 인민반들에로 이어지였다.(『로동신문』, 2022.05.25)

이렇게 주민에게 제공되는 민생물자는 조건에 따라 공급과 판매가 이루어졌다. 국가 공급을 받는 사람들, 예를 들면 영예군인이나 전쟁노병 등 우선 대상자나 고아와 노인 등 취약계층은 무상 공급하였다. 특히 격리장소에 대한 식량 공급을 우선시하여 이탈자가 안 나오도록 관리하였다. 하지만 일반주민을 대상으로는 판매하였다.[22]

시간이 지날수록 이동봉사대에 활동하는 성원들이 늘었고 당원들이 중심이 되었다.[23] 평양시에만도 구역마다 160여 개 '남새, 식료품, 생활필수품매대'들이 새로 구성되었고 전국적으로 약 8,000개 각종 봉사대가 식량과 의약품, 기초식품, 1차 소비품을 비롯한 생활필수품들을 세대들에 공급하였다. 그 봉사자 수만 3만 명에 달하였다.[24] 그리고 이들이 문을 두드리는 소리를 '당의 사랑이 오는 소리'라고 선전하였다.[25]

당이나 국가 차원의 움직임 외에도 각 공장이나 기업을 책임진 일군들은 기업 소속 노동자와 그 가족들의 생활을 보장해야 하였다. 홍남비

---

22. 「인민생활안정과 건강보장을 주선으로 틀어쥐고 방역정책실행에 분투」, 『로동신문』, 2022.06.03
23. 「활발히 진행되는 이동봉사대활동」, 『로동신문』, 2022.05.19
24. 「우리 국가 특유의 미풍, 무한대한 사랑과 헌신으로 승리해가는 전인민적인 방역대전」, 『로동신문』, 2022.05.20
25. 「중첩되는 난관속에서도 우리의 투쟁과 생활은 이렇듯 벅차고 아름답다」, 『로동신문』, 2022.05.22

[사진 22] 해주시에서 주민들의 생활을 보장하는 모습

출처 : 『로동신문』, 2022.05.24

료련합기업소, 남흥청년화학련합기업소, 단천제련소에서는 종업원들의 식사 보장을 위해 애썼다. 자체 온실과 부업기지들에서 생산한 채소와 물고기를 활용하였고 그 가족들을 위한 식량도 공급을 담당하였다. 또한 종업원 중 격리 장소에서 치료받는 환자들뿐 아니라 격리를 끝내고 다시 일을 시작한 종업원들 영양 관리에도 신경을 썼는데, 고기, 생선, 달걀, 채소 등을 마련하기 위해 노력하였다. 특히 자체에 설치한 온실, 축사, 양어장 등 부업기지를 최대한 활용하여 방역 위기를 돌파하고자 하였다.[26]

하지만 물자는 풍족하지는 못하였다. 적지 않은 주민들이 기초식품과 부식물 때문에 어려움을 겪었다. 북한 주민들은 부족한 물자를 서로

26. 「일군들은 호주로서의 본분을 다시금 새기고 더욱 분발하자」, 『로동신문』, 2022.06.02

인민들의 생활형편을 료해하던 선교구역당위원회 책임일군은 마음이 무거워짐을 느꼈다. 그럴수록 무진 2 동을 비롯하여 구역안의 적지 않은 주민들이 기초식품과 부식물때문에 애로를 느끼고있다는 사실앞에 자책감을 금할수 없었다. 그는 즉시 해당 부문 일군들의 협의회를 조직하고 기초식품과 남새를 시급히 보장하기 위한 대책을 토의하였다. 책임일군의 수첩에는 생활상애로를 느끼고있는 주민세대들의 수와 필요한 기초식품과 남새의 가지수와 수량이 상세히 적혀있었다. 구체적인 조직사업에 따라 일군들이 현지로 떠나갔다. 책임일군은 주민들의 고충을 푸는 일은 한시도 미루어서는 안된다고 하면서 기초식품해결을 위해 즉시에 길을 떠났으며 돌아와서는 밤이 퍽 깊었지만 조건상 제일 불리한 무진 2 동에 나가 된장을 비롯한 기초식품공급사업을 직접 맡아 지휘하였다. 구역의 일군들은 구역채과도매소를 비롯한 봉사단위 봉사자들과 함께 협동농장들에 나가 신선한 남새를 접수받는 차제로 주민세대들에 대한 전진공급을 책임적으로 하였다.(『로동신문』, 2022.06.01)

동대원구역당위원회는 최대비상방역체계의 요구에 맞게 방역전을 최우선시하고 여기에 모든 력량과 수단을 총집중하면서 인민생활을 안정시키기 위한 사업을 동시에 밀고나가는 원칙에서 작전을 수립하였다. 특징적인것은 방어형이 아니라 철저히 공격형이라는데 있다. (중략) 분공내용을 보면 구역당위원회 집행위원들과 구역당일군들, 구역급기관 일군들이 동, 인민반들과 약국들에 전투좌지를 정하고 방역사업과 인민생활을 전적으로 책임지는 립장에서 공세적으로 사업을 전개하도록 구체적으로 세분화되여있다. 정황과 조건에 맞는 여러가지 형식과 방법의 정치사업, 유열자장악, 치료대책, 봉쇄조직, 보건일군들의 역할제고, 인민소비품생산 및 공급조직, 남새보장대책, 땔감공급조직… (중략) 론의의 초점은 이동봉사대의 규모문제였다. (중략) 구역인민위원장을 책임자로 하는 지휘조를 내오고 120여개의 이동봉사대를 조직하게 되였으며 수백명의 봉사대원들이 구역안의 10여개 동의 모든 구획들을 순회하면서 오전과 오후 봉사를 진행하는 이동봉사체계가 확립되게 되었다. (중략) 21종의 기초식품과 식료품을 공급한 사실, 10여종의 남새를 확보하기 위한 사업에 큰 힘을 넣어 여러 차례 남새공급을 진행한 사실, 연료사업소에서 생산돌격전을 조직하여 9차례에 걸쳐 주민용땔감을 공급한 사실, 구역안의 국수공장들을 만부하로 돌려 주민들에게 국수를 공급한 사실… (중략) 구역당위원회는 영예군인, 전쟁로병, 혁명가유자녀세대들과 어렵고 힘든 부문에서 일하는 로동자세대들, 가정생활이 어려운 세대들을 장악하고 그 수백세대에 대한 지원사업을 여러차례 집중적으로 진행하였다. (중략)
구역안의 모든 세대들을 다같이 책임져야 한다. 작아도 골고루 꼭같이 차례지게 하자. 이런 원칙에서 이 사업이 구역적인 사업으로 전환되게 되었다.(『로동신문』, 2022.05.28)

나누며 위기가 해소되길 기다렸다.

그리고 물자 분배는 주민들의 가장 기초적인 생활 단위인 인민반에

[사진 23] 평양시 중구역 련화1동의 모습

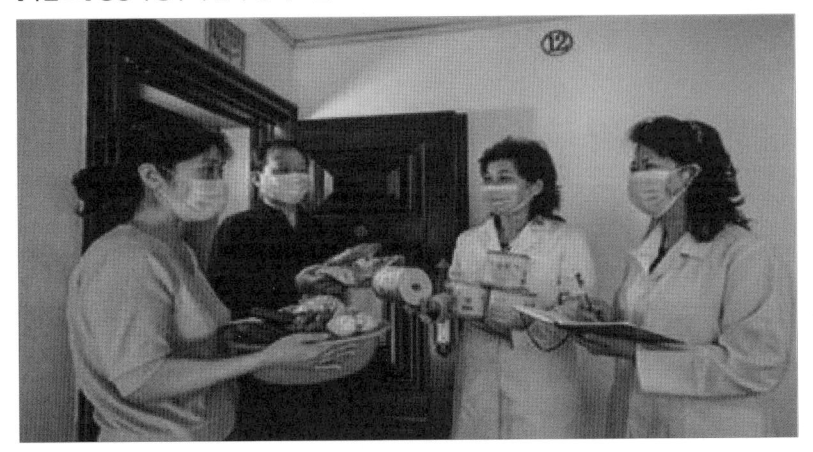

출처 : 『로동신문』, 2022.05.29

서 이루어졌고 인민반장들이 주도하였다. 인민반장들은 이른 새벽부터 밤늦게까지 세대들에 의약품을 보장하고 부식물을 공급하는 역할을 담당하였다. 인민반장들은 대부분 가정주부였다.

북한 당국은 매일 의약품과 부식물을 안겨주며 따뜻이 돌봐주는 인민반장과 서로 돕는 주민들 모습은 '사회주의 대가정'의 면모라고 장려하였다. 그리고 오미크론에 대응하는 기간 내내 주민들의 지원활동을 "공산주의 미덕과 미풍, 애국적 소행, 헌신의 이야기들, 집단주의 기풍의 발현, 제일 큰 행복 등이라고 강조하며 건국 이래의 대동란이라는 어려움을 뚫고 승리를 안아올 수 있는 강력한 힘"이라고 선전하였다. 또한 "서로 돕는 행위가 그 어떤 최신 의학기술보다 더 강한 방역 대승의 비결"이라고 언급하며[27] 국가의 부족한 자원을 전체 인민이 부담하며 오미크론 발생 100일을 견뎌냈다.

27. 「비상방역상황은 엄혹하여도 덕과 정은 더욱 뜨겁게 흐른다」, 『로동신문』, 2022.05.19

《인민반장어머니에게서 들으니 동에 생활이 남달리 어려운 세대들이 있다는데 우리가 무엇인가 도울게 없을가요?》 이렇게 말을 뗀 사람은 안주인인 류명심동무였다. 그의 말을 듣느라니 고창혁동무에게는 흘러간 나날이 주마등처럼 떠올랐다. 새로 이사온 자기들이 생활에 불편한 점이 있을세라 왼심을 써주던 마을사람들이며 자식이 앓을 때 의약품과 부식물도 보내주며 따뜻이 위로해주던 이웃들의 모습이 정답게 안겨왔다. 이윽고 고창혁동무는 안해에게 이렇게 말했다. 《어머님생일때 쓰려고 마련했던 식량과 물고기를 마을사람들에게 보내주는것이 어떻소.》 남편의 말에 안해는 고개를 끄덕였다. 이렇게 되여 고창혁, 류명심부부는 온 가족의 진정이 담긴 식량과 물고기를 어려운 세대들에 보내주었다. 어떻게 그런 생각을 다 했는가고 묻는 동일군들에게 그들부부는 이렇게 말하였다. 《우리도 사회주의대가정의 한식솔입니다.》(『로동신문』, 2022.06.09)

2. 남한 상황

세계보건기구는 2024년 3월에 코로나19 대유행 대응 과정에서 얻은 교훈을 공유하고 향후 호흡기 감염병 대유행 대비 방안을 권고한 보고서를 발표하였는데, 남한의 신속한 검사체계 통합과 재택 치료 활용, 생활지원비와 유급휴가비 지원 등을 코로나19 대응 모범 사례로 꼽았다.[28] 각종 대국민 지원이 내용에 포함될 정도로 중요한 정책 중 하나였고 남한은 이를 잘 수행했음을 국제사회로부터 인정받았다고 평가하겠다.

남한 당국이 대국민 지원에 관심을 가졌던 것은 확진자 발생 시 지역사회 전파를 막고 지자체의 원활한 방역 관리를 위해 격리자 관리에 신중할 필요성이 대두되었기 때문이었다. 이에 이들을 대상으로 각종 민생 지원을 제공하였다. 그 내용을 살펴보면 코로나19로 인해 입원 및 격리를 한 사람에게 생활비, 치료비, 장례비 등을 지원하였다. 그리고 이

28. 임재희, 「WHO "한국 신속검사·재택치료·생활지원비…코로나 모범 사례"」, 『한겨레』, 2024.03.18

는 모두 관련 법인 「감염병의 예방 및 관리에 관한 법률」(이하 「감염병예방법」) 등 규정에 따른 결과였다.

이를 세부적으로 살펴보면 생활비는 「감염병예방법」 제70조의 4(감염병 환자 등에 대한 생활 지원), 「감염병예방법」 시행령 제28조의 5항(감염병 환자 등에 대한 생활 지원 등)과 질병관리청 고시 제2022-14(신종감염병 증후군 및 중증호흡기증후군(MERS) 발생에 따른 유급 휴가 비용 및 생활지원비 지원 금액)을 준용하였다.

치료비는 「감염병예방법」 제41조(감염병 환자 등의 관리)와 제70조 4항(감염병 환자 등에 대한 생활 지원) 및 같은 법 시행령 제28조의 5항(감염병 환자 등에 대한 생활 지원 등)에 따라 집행되었다. 장례비는 「감염병예방법」 제20조 2항(시신의 장사 방법 등)의 근거와 제67조(국고 부담 경비)에 따라 지원하였다.[29]

생활 지원 조문에는 '질병관리청장, 시·도지사 및 시장·군수·구청장은 이 법에 따라 입원 또는 격리된 사람에 대하여 예산의 범위에서 치료비, 생활지원 및 그 밖의 재정적 지원을 할 수 있다'고 하여 각 지자체장 책임하에 제공되는 체계였다.

3. 소결

전염병 방어는 우선 전파를 막아야 한다. 이는 감염 확진자와 의심자 관리가 절대적으로 필요함을 의미한다. 그렇기 때문에 국가는 이들이

29. 질병관리청, 『2022 질병관리청 백서』, 질병관리청, 2023, 149·152·159

격리 장소를 이탈하지 않고 생활이 정상적으로 이어지도록 필요한 물자를 제공하는 것을 필수적인 활동 중 하나로 여겼다.

북한은 코로나19를 거치며 「비상방역법」을 채택하고 「전염병예방법」을 수정 및 보충하여 민생 지원과 관련 조항을 규정하였다. 하지만 남한 법률과 같이 내용이 구체적이지는 않았다. 또한 민생 지원을 제공하는 주체가 국가로 단일한 것이 아니라 내각과 성(省), 중앙기관, 지방인민위원회, 각급 기관, 기업소, 단체와 공민까지를 포괄하면서, 자력갱생 정신이 감염병을 방어하기 위한 물자 확보에도 드러난다.

코로나19 팬데믹 기간 북한 당국은 3차례에 걸쳐 민생 지원이 필요한 시기를 맞았다. 첫 번째 시기는 코로나19 발생 직후로 코로나19 바이러스가 해외에서 유입된다고 생각한 북한 당국은 2020년 1월 13일 이후 북한에 입국한 외국인과 해외 출장자, 이들과 접촉한 사람들을 대상으로 검진하고 격리하였다. 또한 전체 주민들도 검병 검진을 통하여 체온이 높은 사람에 대하여 격리 조치하였다. 격리 장소로는 외국인이 지내는 여관이나 그 밖의 지정 격리 장소를 전국에 설치하였고 자택을 격리 장소로 활용하기도 하였다. 특히 2월 중순부터 격리 기간이 30일로 늘어나면서 이들을 대상으로 한 지원이 필요하였다.

격리 장소가 정상 운영되도록 식량, 부식물, 식수, 생활필수품, 내의, 침구류, 액정 TV, 발동기, 태양열 전지판, 전기, 의약품, 땔감 등 다양한 물자를 제공하였고 이는 중앙비상방역지휘부가 총괄하고 생산은 상업성, 경공업성, 지방공업성, 수산성 등 해당 물자 생산 담당 부서에서 맡았다. 그리고 물자 배포는 격리 장소가 속한 해당 지역 당 및 정권 기관이 주도하여 보장하는 구조였다. 이외에도 모든 조직에서는 소속원 중 격리자가 발생하면 물자를 마련해 제공하기도 하였다. 북한 당국의 민생 지원은 격리 해제가 사실상 마무리된 2020년 4월 19일까지 이어졌다.

두 번째 민생 지원은 2020년 7월 25일부터 8월 13일까지 약 20일 기간으로 개성시 주민들이 대상이었다. 이는 7월 19일 탈북자가 개성에 재입북하면서 코로나19 감염이 의심되었기 때문으로 특급경보를 발령하면서 개성은 완전하게 봉쇄되었다. 이에 개성 주민들에게 필요한 물자는 외부에서 공급되었고 상업성을 비롯한 많은 정부 기관에서 분담하여 마련하였다.

또한 봉쇄 지역 주민들을 위해 식량과 생활보장금을 특별지원하는 결정을 채택하기도 하였다. 이러한 행보는 코로나19 팬데믹 이후 초유의 사태로 국가가 확실하게 인민을 보호한다는 인식을 심으려는 방편이었다. 또한 개성이라는 한정된 지역에서 발생하여 큰 비용이 들지 않았기 때문에 가능한 조치였던 것으로 보인다.

세 번째 본격적인 민생 지원은 2022년 5월 오미크론 확진자 발표 이후 전개되었다. 북한은 오미크론 확진자를 발표하면서 동시에 지역별 봉쇄와 단위별 격폐를 단행하였다. 이로써 지역 간은 물론이고 단위별로도 이동이 어려웠다. 이에 각 지역을 책임진 당 및 인민위원회는 산하 생산 공장 등을 추동하여 지역주민에게 필요한 물자를 마련하였고 이동봉사대를 활용하여 물자가 전달되도록 운용하였다. 그리고 이동봉사대 활동은 이동판매 개념으로 영예군인이나 전쟁노병 등 우선 대상자나 고아와 노인 등 취약계층은 무상으로 물자를 공급하기도 하였으나 대부분 주민은 필요한 물자를 수월하게 구매할 수 있는 것에 초점을 맞추었다.

하지만 물자는 풍족하지 않았고 북한 당국은 김정은을 위시하여 공산주의의 미덕과 미풍, 집단주의 기풍의 발현, 애국적 소행이라며 부족한 물자를 서로 나누고 지원하는 활동을 독려하면서 오미크론 확산을 차단하려 노력하였다.

참고문헌

- 『내일신문』, 2020.08.06
- 『로동신문』, 2020.01.01~2023.12.31
- 『중앙일보』, 2020.09.24
- 질병관리청, 『2022 질병관리청 백서』, 질병관리청, 2023
- 통일부 북한정보포탈(nkinfo.unikorea.go.kr)
- 『한겨레』, 2024.03.18

12장

국제사회의 대북지원 현황

| 김 | 진 | 숙 |

2024년 2월, 국제사회의 대북지원액 추이 관련 기사는 김정은 집권 10여 년(2012년~2022년)간 1억 1,779만 달러에서 233만 달러로 지원액이 98% 이상 급감했음을 보여주고 있다. 코로나19 기간(2020년~2023년) 사이 지원액도 1,404만 달러에서 152만 달러로 90% 가까이 감소하였다.[1]

유엔안전보장이사회의 대북 제재가 북한 주민의 삶에 부정적 영향을 끼쳐 인도적 위기를 초래하고 있다는 국제사회 비판에 따라 유엔은 2018년부터 인도적 물자에 대한 제재 면제 조치를 시행했다. 2018년 2건을 시작으로 2024년 8월 6일 기준 총 103건에 대한 제재 면제 승인이 이루어졌다.

아래 표는 2024년 6월과 8월 두 차례에 걸쳐 유엔안전보장이사회의 북한 인도적 면제 승인 리스트를 검색한 것인데 아직도 많은 물자가 북한에 전달되지 못한 채 면제 만료일이 지났거나 만료일을 앞두었음을 보여준다.[2]

[표 14]에서 음영으로 표시한 유니세프(UNICEF)와 세계보건기구(WHO)의 물자들은 2024년 6월 검색 당시에는 목록에 있었으나 8월 검색 시에는 위 3개 물자는 삭제된 상태였고 아래 2개의 유니세프와 세계보건기구 물자는 면제 만료일이 1년 연장된 상태였다. 삭제된 승인 물

1. 「국제사회 대북지원액 추이」, 『연합뉴스』, 2024.02.09
2. un.org/securitycouncil/sanctions/1718/exemptions-measures/humanitarian-exemption-requests (검색일 : 2024.08.23)

[표 14] 유엔안전보장이사회 1718위원회가 승인한 대북지원 면제 현황

면제 기관	지원 목적	면제 시작일	면제 만료일
IFRC(국제적십자사연맹)	북한 재난 대비 및 역량 구축을 위한 자재 및 장비 조달	2021.12.02	2023.11.28
CFK(조선기독교치구들)	북한 결핵, 간염, 소아환자 등을 위한 자재 및 장비 조달	2019.08.07	2024.12.11
UNICEF(국제아동기금)	학교, 보육원, 유치원 어린이들의 안전한 물 공급 및 영양, 보건 프로그램용 품목	2019.12.09	2024.03.06
WFP(세계식량계획)	영양실조 및 식량불안 해결위한 물자 지원	2020. 01.20	2023. 07.26
SAM케어 인터내셔날	평양제3병원 의료장비, 의약품, 식품 지원으로 영양실조 치료 및 수술환자의 회복지원	2020. 02.07	2024. 03.07
FCA(핀란드교회)	황해북도 2개 군 어린이 대상 학교급식 지원	2020. 06.24	2024. 02.13
UNRC(UN상주조정관사무소)	남포, 평안남도 취약계층 영양개선을 위한 유리온실 자재 지원	2020. 08.04	2024. 12.28
MAC(어린이의약품지원본부)	북한 어린이를 위한 의료장비 지원	2020. 08.13	2024. 04.10
UNICEF	북한 어린이와 산모를 위한 건강, 영양, 물, 위생분야(WASH 프로그램) 지원	2020. 06.02	2024. 07.31
UNRC	YGMF(여의도순복음선교재단)의 북한 취약계층 중증질병 치료사업 지원 물자	2021. 10.28	2025. 01.19
경기도	아프리카돼지열병 확산 방지를 위한 돼지우리시설 및 소독장비 지원	2021. 11.03	2023. 11.08
WHO	WHO 평양사무소의 사업 모니터링을 위한 차량 3대	2019. 09.26	2024. 09.12
UNICEF	예방접종 프로그램에 필수적인 콜드체인 장비	2022. 03.09	2023. 03.09
UNRC	CBNK(사랑의 연탄나눔운동)의 북한 강원도 고성군 취약계층을 위한 연탄제조기	2022. 04.05	2025. 04.08
Ignis Commuunity	평양척추재활센터의 재활장비	2022. 08.12	2025. 01.02
유진벨재단	북한 내성결핵 의약품	2022. 09.02	2024. 10.13
UNICEF	WASH(Water, Sanitation and Hygiene) 프로그램 운영을 위한 물 공급 장비	2022. 10.14	2024. 10.14
FAO(유엔식량농업기구)	영양개선을 위한 대두생산 장비	2023. 04.03	2024. 04.03
WHO(세계보건기구)	코로나19 중환자를 위한 Oxygen Concerator 500대	2023. 05.02	2024. 02.02
WHO	홍수, 가뭄 등 비상사태 발생 대비 텐트 지원	2023. 07.20	2024. 04.20
UNICEF	6개 보육원, 5개 학교, 3개 병원 대상 식수공급 장비(WASH 프로그램)	2023. 07.28	2024. 07.28 2025.06.14
WHO	WHO 평양사무소의 사무용품	2023. 09.18	2024. 06.18 2025.06.14
ICRC(국제적십자위원회)	조선적십자사의 자연재해 대비 차량부품 지원	2023.10.05	2024.07.05
UNICEF	콜드체인장비	2024.03.20	2025.03.20
WHO	텐트, 적외선온도계	2024.04.01	2025.01.01
경기도	수인성질환 예방과 식수 공급을 위한 정화시설 지원	2024.06.06	2025.06.06
IFRC	IFRC 평양사무소 업무용 랩탑 10대 지원	2024.06.06	2025.06.06

자 3건은 유니세프가 북한에 전달한 것으로 전달을 완료한 물자는 홈페이지 게시 목록에서 삭제하는 것으로 추정된다.

코로나19 기간 중 북한에 지원된 물자 상황을 파악하기 위해 유엔안전보장이사회 제재 면제 리스트와 언론 보도를 추적한 결과 국제기구 중심으로 물자가 다수 지원됨을 확인하였다. 코로나19 초기인 2020년 2~3월에 유엔안전보장이사회는 3건의 제재 면제 신청에 대해 매우 신속하게 승인 조치를 하였다. 국경없는의사회(MSF), 국제적십자사연맹(IFRC), 세계보건기구는 신청일 다음 날인 2월 20일, 2월 21일, 2월 27일에 면제를 승인받았다. 스위스개발협력청(SADC)도 3월 11일에 면제 승인을 취득하였다. 그리고 북한에 물자가 실질적으로 지원된 내용은 총 9건으로 아래와 같다.

[표 15] 언론에서 드러난 북송 확인 내역

국제기구 및 물자	주요 내용
UNICEF 방역 물자[3]	2020년 3월 28일, UNICEF가 북한의 전염병 확산 방지를 위해 면제 승인받은 안면 보호대, 보안경, 장갑, 마스크 등의 개인보호장비와 적외선 체온계 등이 북한에 도착했으며 보건성에 전달될 것이라고 보도했다. 북한이 코로나19 유입과 확산을 막기 위해 국경을 봉쇄한 이후 처음으로 전달된 물자였다. UNICEF는 북한 당국이 한 달 전인 2월에 긴급 요청한 물자들로 단둥을 출발하여 육로로 이동할 것이라고 밝혔다.
MSF 방역 물자[4]	UNICEF와 같은 2020년 3월 28일에 MSF의 물자들도 북한에 도착했다. MSF가 지원한 물자는 마스크, 장갑, 보안경, 손소독제, 항생제 등이다. 이 물자들은 비행기로 북경에 도착해서 단둥을 거쳐 북한으로 육로 이동하였다.
IFRC 방역 물자[5]	2020년 2월 21일에 면제 승인받은 IFRC 물자들은 다섯 달이 지난 7월 7일에 북경-단둥을 거쳐 북한 신의주에 도착했다. IFRC는 면제 승인받은 물자 중 이번에는 마스크와 코로나 진단키트를 북한에 전달했고, 유전자증폭검사기와 방역용 보호복은 추후 전달할 것이라고 설명했다. IFRC는 북한에서 신종 감염병 발생으로 수백만 명이 인도적 위기에 처하는 위험한 상황이지만 국제시장에서 코로나 물품 부족 현상으로 물자 구매가 어려워 물자 반입이 지연되었다고 밝혔다.

3. 「국제기구 코로나19 지원품 첫 북한 도착」, 『rfa | 자유아시아방송』, 2020.03.28
4. 「대북 코로나 지원품 전달 완료」, 『rfa | 자유아시아방송』, 2020.03.30
5. 「적십자연맹 코로나 진단키트 1만개 마스크 4천개 북한 도착」, 『KBS』, 2020.07.14

WHO 방역 물자[6]	WHO가 북한에 지원한 개인보호장비, 장갑, 마스크, 진단 시약, 필수의약품 등 물자들이 2021년 10월 6일 중국 다롄항에서 운송을 시작하여 이틀 후인 8일에 남포항에 도착, 격리되었다. 이 물자들은 1년 전인 2020년 2월에 유엔안전보장이사회의 면제 승인을 받았으나 북한의 국경 봉쇄로 다롄항에 묶여있었다. 북한이 '최대 비상체계'를 선언한 2020년 7월 이후 물자의 해상 운송이 중단되고 14개월 만의 물자 이동이었다. 오랜 격리와 소독과정을 거쳐 2022년 1월 24일 격리, 해제된 물자들은 그해 3월 24일에 보건성에 인계되었다. 2020년 2월 면제 승인으로부터 북한 보건성이 주민을 위해 물자를 사용하기까지 만 2년이 넘게 걸렸다.
UNFPA 모성질환 관련 물자[7]	2021년 10월에 북한에 도착한 매독 진단키트와 모성 사망 방지 의약품 옥시토신은 다음 해 4월부터 지방병원으로 분배되었다. UNFPA는 2019년부터 2020년까지 총 3건의 면제 승인을 받았는데 이번 옥시토신은 언제 면제받았는지 확인이 어려웠다.
UNICEF 어린이와 여성 대상 영양과 결핵 치료 물자[8]	2021년 10월에 북한 반입이 확인되었고 다음 해 5월에 지방 소아병원과 군병원에 전달되었다. 코로나19가 한창이었던 2021년에 북한에 지원된 물자는 3곳(WHO, UNFPA, UNICEF)의 국제기구 물자가 전부였다.
UNICEF 혼합 백신[9]	2022년 2월 말 중국-북한 간 철도로 혼합백신(디프테리아, 백일해, 파상풍, B형 간염, B형 헤모필루스인플루엔자) 29만 6천 회분이 운송되었다. 4월에 검역을 통과하여 10월에 13개 도에 전달, 접종을 완료하였다.
UNICEF 백신[10]	백신은 2022년 11월에도 전달되는데 이번 백신은 BCG, 홍역, 풍진, 파상풍, 소아마비와 5가 백신(디프테리아, 백일해, 파상풍, B형 간염, B형 헤모필루스인플루엔자)으로 어린이와 임산부 대상 110만 명 분량이었다. 보건성은 다음 해인 2023년 5월에 지방으로 분배되어 어린이 60만 명, 임산부 43만 명에 대한 접종을 마쳤다.
UNICEF 결핵치료제, 콜드체인 장비[11]	2023년 1월 남포항에 물자가 도착했는데 위 표를 참고하면 2022년 3월에 제재 면제 승인받은 물자가 이때 도착한 것이 아닐지 짐작된다.

국제사회의 무상 지원 외에 북한은 중국과의 무역으로도 의약품과 의료용품을 구매하였다. 중국 해관총서(관세청) 자료에 의하면 북한의 국경 폐쇄가 일시 해제되었던 2022년 1월~4월 사이 대북 수출은 꾸준

6. 「WHO 대북지원 코로나 의약품 남포항에 반입 격리중…1년여만」, 『연합뉴스』, 2021.10.08; 「북한 내 반입물품 올해 초 격리해제」, 『rfa | 자유아시아방송』, 2022.01.24
7. 「UNFPA 북 반입지원물자 4월부터 지방으로 배분」, 『rfa | 자유아시아방송』, 2020.06.22
8. 「유니세프 대북지원물자 북한 보건영양시설 배포중」, 『VOA』, 2022.03.08
9. 「북 어린이 29만 6천명 간염 등 예방혼합백신 접종」, 『연합뉴스』, 2022.11.01
10. 「유니세프 북한서 어린이 임신부에 114회분 이상 백신 접종」, 『rfa | 자유아시아방송』, 2023.05.03
11. 「유엔기구들 대북 의료용품 의대 실습자료 운송」, 『rfa | 자유아시아방송』, 2023.03.16

히 증가하였으며 산소호흡기, 백신, 의약품 등을 수출한 것으로 나타났다.[12] 이 자료에 따르면 북한은 중국 백신을 구매한 것으로 보인다. 특히 산소호흡기 1,000대를 구입한 것은 코로나19 유행에 대응하는 조치였던 것으로 보인다.

참고문헌

- 『연합뉴스』, 2021.10.08 / 2022.11.01
- 『BBC NEWS 코리아』, 2022.06.08
- 『KBS』, 2020.07.14
- 『rfa | 자유아시아방송』, 2020.03.28 / 2020.03.30 /
- 2020.06.22 / 2022.01.24 / 2023.03.16 / 2023.05.03
- 『VOA』, 2022.03.08
- UN(un.org/securitycouncil/sanctions/1718/exemptions-measures/humanitarian-exemption-requests) (검색일 : 2024.08.23)

12. 「치명률 0.002%... 북한의 코로나19 사태 '미스터리'」, 『BBC NEWS 코리아』, 2022.06.08

13장

결론

북한은 2020년 1월부터 2023년 8월까지 3년 7개월 동안 코로나19에 대응했다. 약 4년 동안 국경을 폐쇄하였고 외국인은 물론, 해외에 체류하던 자국민조차 받아들이지 않으며 모든 출입을 막았다. 이런 가운데 북한 당국은 2022년 5월 오미크론 확진자 공개 전까지 코로나19 감염자가 전혀 없었다고 주장하였다.

그리고 오미크론 발생 이후에도 91일 만에 완벽하게 방어하였음을 홍보했다. 특히 오미크론 발생 원인을 남한에서 날아온 '불온한 물체'에 바이러스가 묻어 전파되었다며 책임을 남한에 돌렸다. 또한 오미크론 발생 당시 사망자 숫자가 74명으로 치명률이 0.002%라고 발표하였고 이는 전 세계적으로도 가장 낮은 수치였다. 코로나19가 앤데믹에 접어든 현재까지 북한 입장이다.

저자들은 코로나19에 관한 북한의 입장을 뒷받침할 자료를 찾고 검토하였으나 정확하게 파악하기 어려웠다. 북한이 발행한 『로동신문』에도 구체적인 정황이나 수치 등은 밝히지 않았기 때문이다. 그럼에도 가능한 자원을 총동원하여 코로나19를 막으려는 노력은 확인이 되며 폐쇄된 북한 사회 내부에서 어떠한 일들이 일어났는지 가늠이 가능하다.

우선 북한 코로나19 대응 사령탑은 비상설 중앙인민보건지도위원회였다. 그리고 그 실행 조직으로 비상방역지휘부를 평양인 중앙과 각 지역 및 기관에 설치하여 일괄적으로 대응하였다. 또한 코로나19를 겪으며 「전염병예방법」의 개정, 「비상방역법」 제정 등 관련 법을 정비하여 법적인 조치를 담보하는 모습도 보였다.

북한은 초기 외부로부터 바이러스 침투를 막는 것에 주안점을 두었다. 2020년 1월 비상방역조치를 취하기 전에 입국한 해외 출장자를 대상으로 당사자는 물론이고 이들과 접촉한 모든 사람을 24일 동안 격리하였다. 전 세계적으로 격리 기간을 통상 14일로 지정한 것에 비해 열흘이나 긴 기간이었다. 북한은 이마저도 불안하여 30일로 확대하였고 실제로는 40일까지도 격리하였다.

북한 내부에서는 구석구석 소독을 강조하며 실제로 전국을 소독수로 뒤덮었다. 이를 지속하기 위해서는 소독수 확보가 필요하였고 소독수 생산능력을 높이고 새로운 소독수를 개발하기 위하여 노력하였다. 소독을 강조한 이유 중 하나는 코로나19 바이러스가 물체 표면에 오래 생존하면서 사람에게 전파 가능하다는 인식에 기인하였다. 그렇기에 지폐나 휴대전화 등 표면 소독을 강제하였고 해외에서 유입된 물자는 무려 3개월간이나 자연 방치하였다. 세계보건기구를 비롯한 전문가들이 물체 표면에 잔존한 바이러스를 통한 감염은 사실상 불가능하다는 견해를 밝혔음에도 북한은 소독을 멈추지 않았다.

또한 주민을 대상으로 개인위생을 강조하며 마스크 착용과 손 소독을 의무화하였다. 취약 시설을 포함하여 직장이나 학교 등에 출입할 때, 이용자와 종사자 모두가 마스크 착용과 손 소독, 체온측정을 하였고 개학을 연기하거나 등교를 제한하는 조치도 시행하였다. 이는 남북한 모두가 활용한 정책이었다.

남북한이 공히 추진한 정책으로는 확진자와 격리자 등을 대상으로 생활에 필요한 물자를 제공하였다. 이는 감염자와 의심자가 격리장소를 이탈하지 않도록 하는 조치로 전염병 확산을 막는 기본적 정책이라 하겠다. 민생(생활) 지원이라고도 할 이 정책은 남한과 마찬가지로 북한도 법률에 관련 조항을 규정하고 있었다. 하지만 남한 법률과 같이 내용이 구체적이지 않았고 제공하는 주체도 내각, 중앙기관, 지방인민위원회, 각급 기관, 기업소, 단체와 공민까지를 포괄하고 있어 명확하지 않았다.

북한이 실제로 시행한 민생 지원 사례로는 2020년 코로나19가 유행하면서 1월 13일 이후 북한에 입국한 외국인과 해외 출장자, 이들과 접촉한 사람들을 대상으로 격리 조치를 시행하면서 이들을 수용한 격리 장소에 부식물, 식수, 생활필수품, 내의, 침구류, 액정 TV, 발동기, 태양열 전지판, 전기, 의약품, 땔감 등 다양한 물자를 제공하였다. 이를 통하여 격리 장소를 정상 운영하고 격리자 이탈을 방지하였다.

두 번째 사례는 특급경보가 발령된 개성시 주민들을 위하여 식량과 생활보장금을 지원한 경우이다. 2020년 7월 25일부터 8월 13일까지 약 20일 기간 개성을 완전하게 봉쇄하면서 많은 물자를 외부에서 공급해야 했다.

세 번째는 2022년 5월 오미크론 확진자 발표 이후이다. 오미크론 확진자를 발표하면서 동시에 지역별 봉쇄와 단위별 격폐를 단행하였기 때문에 주민들은 이동이 어려웠다. 이에 각 지역을 책임진 당 및 인민위원회는 산하의 생산 공장 등을 추동하여 물자를 마련하였고 이동봉사대를 활용하여 물자가 전달되도록 운용하였다. 그리고 이동봉사대의 활동은 무상으로 제공한 것이 아니라 이동판매 개념이었다. 영예군인이나 전쟁노병 등 우선 대상자나 고아와 노인 등 취약계층은 무상으로 물자를 공급하기도 하였으나 대부분은 필요한 물자를 구매하는 것조차 다행이라고 여겼다.

또 다른 주요한 코로나19 대응으로 북한은 전체 의료진을 총동원하여 전체 주민에게 검병 검진을 적극적으로 시행하였다. 의료인들은 검병 검진을 위하여 가가호호 방문하였고 이때 열이 나는 유열자를 찾아 격리시켰다. 북한은 언론을 통하여 110만여 명의 보건의료인이 하루에도 서너 차례 각 가정을 방문하여 주민들의 상태를 파악하였다고 선전하였다.

하지만 진단 장비와 방역물자가 부족하여 의료인들은 진단키트나 PCR 장비 없이 오로지 체온계만으로 유열자를 선별하였기에 다른 열성 질환들과의 구별은 불가능하였고 30%가 넘는 무증상자들은 찾지 못했을 확률이 높다. 오미크론 변이 바이러스가 창궐했을 당시에도 PCR 검사는 부분적으로만 실시되어 일부 의심자 중 확진을 위해 필요한 경우에 활용한 것으로 보인다. PCR 진단 장비와 같은 방역물자가 부족했기 때문이었다.

코로나19 대응에 필요한 방역 물품의 종류와 질적 수준, 공급 현황 등은 자료의 부족으로 평가가 어려웠다. 하지만 북한 언론은 2022년 오미크론 환자 발생 두 달 만에 PCR 진단 장비와 시약을 자체 개발하여 충분히 생산한 후, 전국적인 검사망까지 구축하여 10일간 10만 건 이상의 검사 역량을 갖추었다고 보도하였다. 하지만 유열자가 급증했던 초기 2022년 5~7월에는 PCR 검사가 이루어지지 못했고 PCR 진단을 위해 검체를 채취하는 그 흔한 사진 한 장도 보이지 않는다.

한편 오미크론 환자를 치료하기 위하여 북한 보건이 펴낸 「치료안내지도서」에서 안내했던 치료법은 다른 나라에서는 적용하지 않는 치료였다. 항바이러스제로 우웡항바이러스물약과 인터페론α알약, 재조합사람인터페론α-2b주사약을 활용하였고 대증요법으로는 한방치료와 소금물 함수 등 민간요법을 제시하였다. 인터페론α알약과 재조합사람인터페론α-2b주사약은 치료 효과가 입증되지 않아 남한은 물론이고 다른 국가에서도 사용하지 않는 약물이었다. 우웡항바이러스물약은 북한이 개발한 의약품으로 '우엉'에서 추출한 성분이 주원료였다. 만약 북한의 주장처럼 기적과 같은 치명률을 보였다면 다른 나라에서도 도입하거나 관련한 논문이 세계적으로 공인된 학술지에 게재됐겠지만 찾지 못했다.

코로나19 팬데믹 기간 전 세계의 가장 큰 관심은 백신 접종이었다. 하지만 북한은 오미크론 확산으로 심각한 상태가 도래하기 전까지 백신 확보나 접종보다 완벽한 방어에 초점을 맞추면서 백신에 관한 관심이 낮았다. 하지만 그 이면에는 백신 구입이 어려운 경제 형편 때문이었다. 물론 국제기구에서 무료로 받을 수 있었으나 국제기구가 제공하는 백신은 북한 전체 인구의 3.5%만 접종 가능한 수준으로 실질 효과가 낮아 이를 수용하면서 갖게 되는 보건의료와 관련한 정보제공과 국제사회의 모니터링 등이 부담으로 작용하였다.

북한은 오미크론 확진을 계기로 백신 접종을 더 이상 미루기 어려워 김정은이 나서 백신 접종 추진을 지시하기도 하였다. 하지만 남한과 같이 전체 주민을 대상으로 백신을 제공하는 것은 불가능하였고 위험지역이나 대규모 모임이 많은 특별한 계기에 해당하는 사람들을 대상으로 백신을 접종하는 방법을 활용하였다. 그리고 이때 사용한 백신은 우방국이면서 인접국인 중국의 백신을 이용한 것으로 파악된다.

이상과 같은 북한의 코로나19 대응을 정리하면 자신들이 가용할 수 있는 자원을 활용하여 시행할 수 있는 정책을 과도하게 펼쳤다고 평가된다. 격리 기간은 통상의 국가보다 2배 이상이었고 물체에 붙은 바이러스의 생존 기간을 길게 잡아 과도한 소독을 전개하였다. 모든 보건의료인을 동원하여 전체 주민의 체온을 여러 차례 재는 등 '정성의 의료인'의 희생에 기반한 정책을 펼쳤고 자국에서 확보하여 생산이 가능한 고려약(한약)으로 치료제와 치료법을 대신하였다. 이는 국제사회의 제재를 받는 저개발국이 시행할 유일한 방법이었을 것으로 판단된다.

북한의 김정은 정권은 '세계에 유례없는 기적'이라고 자신들의 대응을 규정하였으나 코로나19 유증상자와 접촉자에 대해 PCR 검사나 적어도 신속항원검사를 실시하여 음성임을 확인하는 검사가 없었다면 그런 주장은 공허할 뿐이다. 그리고 30%에 이르는 무증상자에 대해 전혀 고려하지 않았던 점을 감안하면 더욱 신뢰받기 어려운 주장이다. 만약 의료진 중 무증상자가 존재했다면 오히려 전파자 역할을 했을 것이다. 더욱이 모든 의료인이 주민의 체온을 재기 위하여 총동원됨에 따라 기존 보건의료 시스템은 거의 제대로 작동하지 못했을 개연성이 크다.

국가의 검역 체계는 자국의 경제, 사회적 요인을 고려할 뿐만 아니라 국제표준과 국제규칙을 반영하여야 하는 종합적인 정책 과제이다. 경제적, 외교적 고립 속에서 맞닥뜨린 코로나19 팬데믹을 북한은 백신도, PCR 검사 장비도, 진단키트도 마련 못한 채 대응하였고 그 결과 백신 접종을 제대로 하지 못했고 확진자가 아닌 유열자라는 독특한 명칭으로 의심자를 분류하였다. 이러한 상황에서 주민은 불편과 고통을 감내해야 했고 국가는 비효율적이지만 강력한 폐쇄와 격리에 기댈 뿐이었다.

북한을 바라보는 여러 시각이 존재한다. 북한의 코로나19 대응을 연구하고 집필한 저자들의 의견 또한 모두 다르다. 북한 당국이 발표한 사망자 통계 등의 신뢰성 여부에도 불구하고 북한이 '제로(ZERO) 코로나' 정책을 표방하며 제한된 여건 속에서 우리의 우려와 달리 코로나19를 자신들만의 방식으로 대응하였고 다른 방법은 찾지 못했다는 데 동의한다.

부족한 진단기기와 의약품 속에서도 오미크론 감염을 잘 통제하였다. 그 이유로는 북한이 코로나19 전에도 폐쇄 국가이고 통제된 사회였다는 점과 유엔 대북 제재로 국가 간 무역과 왕래가 빈번하지 않았기에 가능하였을 것으로 보인다. 또한 90년대 '고난의 행군' 이후 북한의 보건의료체계가 많이 와해되었다고 하더라도 '예방'을 강조하는 사회주의 의료체계가 기초를 이루었기에 가능했을 것으로 생각된다. 호담당의사를 비롯한 1차 의료를 담당한 기관이 감염병 확산을 막는 중요한 역할을 한 것으로 보인다.

집필을 마감하며 코로나19 대응에서 팬데믹을 해결하기 위한 국제적 공동 대응에 대하여 언급하고자 한다. 코로나19 백신과 치료제 독점 문제이다. 치료제와 백신의 가격이 높아 구매력을 갖는 잘 사는 국가에만 집중되고 그 외의 개발도상국이나 가난한 국가에 공평하게 배분되지 못한 부분이다. 백신의 경우 그나마 코백스를 통하여 저개발 국가에도 배분하려는 노력을 보인 것은 긍정적이나 코백스의 공급량이 충분하지 않았다. 북한이 백신을 거부한 이유 중 하나도 충분한 물량 확보가 어려웠기 때문이다. 또한 남한을 비롯한 북한 인접국의 관심 부족과 북한을 움직이게 할 실질적인 제안을 못 건네고 공동의 지원을 모색하지 못했던 문제도 지적하고자 한다.

그간의 신종 감염병 팬데믹 경험을 바탕으로 우리는 미래에 발생가능한 더욱 강도 높은 팬데믹에 준비해야 한다. 이후 발생할지 모를 감염병에 대비하여 서로 맞댄 남북한의 감염병 공동 대응과 건강한 한반도를 위하여 남한과 북한의 교류와 협력은 필수적임을 다시 한번 강조한다.

부록

부록 1. 북한 보도 기준 코로나 발생 현황

부록 2. 조선민주주의인민공화국 비상방역법

부록 3. 조선민주주의인민공화국 전염병예방법

부록 4. 신형코로나비루스감염증 치료안내지도서-어른용

부록 5. 신형코로나비루스감염증 치료안내지도서-어린이용

부록 6. 신형코로나비루스감염증 치료안내지도서-임산모용

부록 7. 돌림감기와 신형코로나비루스혼합감염증 치료안내 지도서(어른용, 어린이용, 임산모용)

부록 1

북한 보도 기준 코로나 발생 현황

보도 날자	일일 기준(보도일 전날 18시 기준)			4월 말~누적			
	신규 유열자	완쾌자	사망	유열자	완쾌자	격리 및 치료자	사망
5.13	18,000	-	-	350,000	162,200	187,800	6
5.14	174,440	81,430	21	524,440	243,630	280,810	27
5.15	296,180	252,400	15	820,620	496,030	324,550	42
5.16	392,920	152,600	8	1,213,550	648,630	564,860	50
5.17	269,510	170,460	6	1,483,060	819,090	663,910	56
5.18	232,880	205,630	6	1,715,950	1,024,720	691,170	62
5.19	262,270	213,280	1	1,978,230	1,238,000	740,160	63
5.20	263,370	248,720	2	2,241,610	1,486,730	754,810	65
5.21	219,030	281,350	1	2,460,640	1,768,080	692,480	66
5.22	186,090	299,180	1	2,646,730	2,067,270	579,390	67
5.23	167,650	267,630	1	2,814,380	2,334,910	479,400	68
5.24	134,510	213,680	-	2,948,900	2,548,590	400,230	68
5.25	115,970	192,870	-	3,064,880	2,741,470	323,330	68
5.26	105,500	157,020	-	3,170,380	2,898,500	271,810	68
5.27	100,460	139,180	1	3,270,850	3,037,690	233,090	69
5.28	88,520	118,620	-	3,359,380	3,156,310	203,000	69
5.29	89,500	106,390	-	3,448,880	3,262,700	186,110	69
5.30	100,710	98,290	1	3,549,590	3,360,990	188,530	70
5.31	96,020	101,610	-	3,645,620	3,462,610	182,940	70
6.1	93,180	98,350	-	3,738,810	3,560,960	177,770	70
6.2	96,610	108,990	-	3,835,420	3,669,950	165,390	70
6.3	82,160	93,830	-	3,917,580	3,763,790	153,720	70
6.4	79,100	86,100	1	3,996,690	3,849,890	146,720	71
6.5	73,780	82,030	-	4,070,480	3,931,920	138,480	71
6.6	66,680	77,540	-	4,137,160	4,009,470	127,620	71
6.7	61,730	74,100	-	4,198,890	4,083,580	115,240	71
6.8	54,610	66,550	-	4,253,500	4,150,130	103,370	71
6.9	50,860	60,470	-	4,304,360	4,210,600	93,760	71
6.10	45,540	55,250	-	4,349,900	4,265,850	84,050	71
6.11	42,810	49,640	-	4,392,730	4,315,510	77,150	71
6.12	40,060	46,040	1	4,432,800	4,361,560	71,160	72
6.13	36,710	42,650	-	4,469,520	4,404,210	65,230	72
6.14	32,810	40,260	-	4,502,330	4,444,480	57,780	72
6.15	29,910	35,380	-	4,532,240	4,479,860	52,310	72
6.16	26,010	32,090	1	4,558,260	4,511,950	46,230	73

6.17	23,160	28,430	-	4,581,420	4,540,390	40,960	73
6.18	20,360	24,920	-	4,601,790	4,565,320	36,390	73
6.19	19,310	21,930	-	4,621,110	4,587,250	33,780	73
6.20	18,820	21,060	-	4,639,930	4,608,320	31,540	73
6.21	17,250	19,520	-	4,657,190	4,627,840	29,270	73
6.22	15,260	18,540	-	4,672,450	4,646,380	26,000	73
6.23	13,100	16,480	-	4,685,560	4,662,860	22,620	73
6.24	11,010	13,890	-	4,696,580	4,676,760	19,740	73
6.25	9,610	12,050	-	4,706,190	4,688,810	17,300	73
6.26	8,920	10,600	-	4,715,120	4,699,410	15,630	73
6.27	7,300	9,090	-	4,722,430	4,708,510	13,840	73
6.28	6,710	8,170	-	4,729,140	4,716,680	12,380	73
6.29	5,980	7,120	-	4,735,120	4,723,810	11,240	73
6.30	4,730	6,720	-	4,739,860	4,730,530	9,250	73
7.1	4,570	5,690	-	4,744,430	4,736,220	8,130	73
7.2	4,100	4,870	-	4,748,530	4,741,090	7,360	73
7.3	3,540	4,490	-	4,752,080	4,745,580	6,430	73
7.4	3,030	3,910	-	4,755,120	4,749,490	5,550	73
7.5	2,500	3,430	-	4,757,620	4,752,920	4,620	73
7.6	2,140	2,760	1	4,759,770	4,755,690	4,000	74
7.7	1,950	2,400	-	4,761,730	4,758,100	3,550	74
7.8	1,630	2,060	-	4,763,360	4,760,170	3,110	74
7.9	1,590	1,790	-	4,764,950	4,761,960	2,910	74
7.10	1,460	1,700	-	4,766,420	4,763,670	2,670	74
7.11	1,240	1,630	-	4,767,660	4,765,300	2,280	74
7.12	900	1,330	-	4,768,560	4,766,640	1,850	74
7.13	770	1,050	-	4,769,330	4,767,690	1,570	74
7.14	560	820	-	4,769,900	4,768,510	1,310	74
7.15	500	690	-	4,770,400	4,769,210	1,120	74
7.16	460	590	-	4,770,860	4,769,800	980	74
7.17	430	540	-	4,771,290	4,770,340	870	74
7.18	310	470	-	4,771,600	4,770,820	710	74
7.19	250	380	-	4,771,860	4,771,200	590	74
7.20	250	350	-	4,772,120	4,771,550	490	74
7.21	170	300	-	4,772,290	4,771,860	360	74
7.22	140	170	-	4,772,440	4,772,030	330	74
7.23	120	100	-	4,772,560	4,772,130	350	74
7.24	120	110	-	4,772,680	4,772,240	360	74
7.25	50	80	-	4,772,740	4,772,330	330	74
7.26	30	110	-	4,772,780	4,772,440	260	74
7.27	18	40	-	4,772,790	4,772,490	230	74
7.28	11	18	-	4,772,810	4,772,508	228	74
7.29	3	14	-	4,772,813	4,772,522	217	74

7.30	0	13	-	4,772,813	4,772,535	204	74
7.31	0	28	-	4,772,813	4,772,563	176	74
8.1	0	32	-	4,772,813	4,772,595	144	74
8.2	0	49	-	4,772,813	4,772,644	95	74
8.3	0	90	-	4,772,813	4,772,734	5	74
8.4	0	5	-	4,772,813	4,772,739	-	74
8.5	0	0	-	4,772,813	4,772,739	-	74
8.6	0	0	-	4,772,813	4,772,739	-	74
8.7	0	0	-	4,772,813	4,772,739	-	74
8.8	0	0	-	4,772,813	4,772,739	-	74
8.9	0	0	-	4,772,813	4,772,739	-	74
8.10	0	0	-	4,772,813	4,772,739	-	74

출처 : 통일연구원 홈페이지 자료실 통계 DB, 북한 코로나19 발생 현황

부록 2

조선민주주의인민공화국 비상방역법

주체109(2020)년 8월 22일 최고인민회의 상임위원회 정령 제369호로 채택

주체109(2020)년 11월 26일 최고인민회의 상임위원회 정령 제467호로 수정보충

주체110(2021)년 2월 25일 최고인민회의 상임위원회 정령 제542호로 수정보충

주체110(2021)년 10월 19일 최고인민회의 상임위원회 정령 제747호로 수정보충

제1장 비상방역법의 기본

제1조 (비상방역법의 사명)

조선민주주의인민공화국 비상방역법은 비상방역사업에서 제도와 질서를 엄격히 세워 국가의 안전과 인민의 생명안전을 보호하고 사회경제적안정을 보장하는데 이바지 한다.

제2조 (정의)

비상방역은 전염병위기로 하여 국가의 안전과 인민의 생명안전, 사회경제생활에 커다란 위험이 조성될수 있거나 조성되였을 때 국가적으로 신속하고 강도높이 조직전개하는 선제적이며 능동적인 방역사업이다.

제3조 (비상방역의 등급구분)

전염병의 전파속도와 위험성에 따라 비상방역등급을 1급, 특급, 초특급으로 구분하여 다음과 같이 정한다.

1. 1급은 악성전염병이 우리 나라에 들어올 가능성이 있어 국경통행과 동식물, 물자의 반입을 제한하거나 우리 나라에서 악성전염병이 발생하여 발생지역에 대한 인원, 동식물, 물자류동을 제한하면서 방역사업을 진행하여야 할 경우이다.
2. 특급은 악성전염병이 우리 나라에 들어올수 있는 위험이 조성되여 국경을 봉쇄하거나 우리 나라에서 악성전염병이 발생하여 국내의 해당 지역을 봉쇄하고 방역사업을 진행하여야 할 경우이다.

3. 초특급은 주변 나라나 지역에서 발생한 악성전염병이 우리 나라에 치명적이며 파괴적인 재앙을 초래할수 있는 위험이 조성되여 국경과 지상, 해상, 공중을 비롯한 모든 공간을 봉쇄하고 집체모임과 학업 등을 중지하거나 우리 나라에서 악성전염병이 발생하여 국내의 해당 지역과 린접지역을 완전봉쇄하고 전국적인 범위에서 보다 강도 높은 방역사업을 진행하여야 할 경우이다.

비상방역등급에 따르는 구체적인 행동질서는 따로 정한데 따른다.

제4조 (비상방역사업의 기본원칙)

신속하고 능동적인 방역조치는 전염병의 류입과 전파를 막기 위한 기본요구이다.

국가는 전염병위기에 신속하고도 능동적으로 대응할수 있는 비상방역체계를 수립하고 전시와 같은 엄격한 규률을 세워 전염병의 류입과 전파를 막도록 한다.

제5조 (비상방역사업에서의 조직성, 일치성, 의무성보장원칙)

비상방역사업에서 조직성, 일치성, 의무성을 보장하는 것은 방역사업의 성과를 담보하는 결정적요인이다.

국가는 비상방역사업에서의 조직성, 일치성, 의무성을 보장하여 전염병의 류입과 전파를 막고 안정된 방역형세를 지속적으로 유지하도록 한다.

제6조 (전군중적인 비상방역동원원칙)

비상방역은 전국가적, 전군중적사업이다.

국가는 비상방역과 관련한 위생선전과 교양사업을 강화하여 기관, 기업소, 단체와 공민들속에서 자만과 방심, 만성병을 철저히 경계하고 비상방역규률과 질서를 의무적으로 지키며 서로 방조하고 서로 통제하는 방역분위기를 세우도록 한다.

제7조 (비상방역기간 사업조직원칙)

국가는 비상방역기간 인민의 생명안전을 철저히 보호하고 경제적손실을 최소화하며 인민생활에 필요한 수요를 원만히 보장하는 원칙에서 모든 사업을 조직진행하도록 한다.

제8조 (비상방역기간 범죄 및 위법행위를 저지른자에 대한 처벌원칙)

국가는 비상방역기간에 방역규률과 질서를 어기거나 범죄 및 위법행위를 저지른자에 대하여서는 전시와 같이 무겁게 보고 엄격한 행정적, 법적제재를 가하도록 한다. 그러나 이 법에 규제된 범죄를 저지르고 자수, 자백한자에 대하여서는 국가와 인민의 안전에 엄중한 결과를 초래한 경우를 제외하고 형법에 따라 관대히 용서하거나 형사책임을 가볍게 지운다.

제9조 (적용대상)

이 법은 비상방역기간 기관, 기업소, 단체와 공민, 우리 나라 령역에 있는 외국인에게 적용한다.

제2장 전염병위기대응을 위한 준비

제10조 (전염병위기대응을 위한 준비의 기본요구)

전염병위기대응을 위한 준비를 잘하는 것은 비상방역사업에서 나서는 선결조건이다. 기관, 기업소, 단체는 전염병위기에 대응하기 위한 전략과 계획을 바로세우고 정확히 실행하여야 한다.

제11조 (국가비상방역전략)

중앙보건지도기관은 국가의 전염병예방정책에 기초하여 방역사업의 발전방향과 목표, 실현방도 등을 밝힌 국가비상방역전략을 세워야 한다. 국가비상방역전략은 내각의 비준을 받는다.

제12조 (국가비상방역전략지도서의 시달)

중앙보건지도기관은 국가비상방역전략을 집행하기 위한 지도서를 만들어 지방인민위원회와 해당 기관, 기업소, 단체에 시달하여야 한다.

제13조 (비상방역계획작성과 실행)

지방인민위원회와 해당 기관, 기업소, 단체는 국가비상방역전략지도서에 따라 전염병을 미리막기 위한 계획을 과학성, 현실성, 동원성있게 세우고 어김없이 실행하여야 한다.

비상방역계획은 중앙보건지도기관의 심의, 승인을 받아 국가계획에 맞물려야 한다.

제14조 (비상방역계획의 조절변경)

지방인민위원회와 해당기관, 기업소, 단체는 비상방역계획을 마음대로 조절변경할 수 없다.

필요에 따라 비상방역계획을 조절변경하려 할 경우에는 중앙보건지도기관의 승인을 받는다.

제15조 (비상방역예비물자의 조성과 보관)

국가계획기관과 중앙보건지도기관, 해당 기관, 기업소, 단체는 비상방역계획에 반영된 의약품, 의료기구, 의료용소모품, 소독약, 연유, 설비, 물자 같은것을 계획대로 생산보장하여야 한다.

비상방역예비물자는 특성에 따라 중앙보건지도기관의 통일적인 지도밑에 해당 보건기관 또는 생산단위에 보관하며 항시적으로 유지, 보강하여야 한다.

제16조 (격리시설건설)

중앙보건지도기관, 지방인민위원회, 해당 기관은 전염병환자와 의진자, 접촉자를 따로 갈라 격리시킬수 있는 격리시설을 방역학적, 봉쇄적요구에 맞게 꾸려야 한다.

기관, 기업소, 단체는 자기 단위의 특성에 맞게 열나기를 비롯한 이상증상이 있는 대상들을 시급히 격리시킬수 있는 림시격리실을 방역규정의 요구대로 설비하여야 한다.

제17조 (비상방역계획의 실행총화)

국가계획기관과 중앙보건지도기관, 지방인민위원회는 해당 기관, 기업소, 단체의 비상방역계획실행정형을 정기적으로 총화하여야 한다.

제18조 (기술전습조직)

중앙인민보건지도위원회와 중앙보건지도기관은 전염병의 병원체검출방법, 치료방법 등과 관련한 기술전습을 정상적으로 조직하여 능력있는 전문가들을 양성하여야 한다.

제19조 (탁상모의훈련 및 실동훈련)

중앙인민보건지도위원회와 각급 인민보건지도위원회는 전염병감염자 또는 감염물질발생시 신속대응할수 있는 행동계획과 작전방안을 구체적으로 작성하고 탁상모의훈련과 실동훈련을 실정에 맞게 계획적으로 조직진행하여야 한다.

제3장 국가비상방역체계의 수립

제20조 (국가비상방역체계에로의 전환과 선포)

중앙인민보건지도위원회는 다른 나라나 지역으로부터 악성전염병이 우리 나라에 들어올수 있는 위험이 조성되였거나 우리 나라에서 전염병이 발생하여 국가의 안전과 인민의 생명안전에 위험이 조성되는 경우 즉시 위생방역체계를 국가적인 비상방역체계로 전환한다는 것을 선포하고 비상방역등급을 정하여야 한다.

제21조 (중앙비상방역지휘부의 조직)

중앙인민보건지도위원회는 전염병의 류입과 전파를 막기 위하여 중앙비상방역지휘부를 조직한다.

중앙비상방역지휘부는 해당 책임일군을 책임자로 하고 내각, 국방성, 조선인민군총참모부, 중앙급의 보위, 검찰, 사회안전, 군수, 특수단위와 국가계획기관, 중앙대외사업지도기관을 비롯한 해당 성, 중앙기관, 의료기관의 책임일군들을 성원으로 하여 구성한다.

제22조 (지방비상방역지휘부의 조직)

도(직할시), 시(구역), 군인민보건지도위원회는 전염병의 류입과 전파를 막기 위하여 도(직할시), 시(구역), 군비상방역지휘부를 조직한다.

도(직할시), 시(구역), 군비상방역지휘부는 도(직할시), 시(구역), 군의 해당 책임 일군을 책임자로 하고 인민위원회와 지역안의 무력, 보위, 검찰, 사회안전, 군수, 특수단위, 의료기관, 위생방역기관, 수의방역기관, 체신기관, 전력공급기관 등의 능력있는 일군들을 성원으로 하여 구성한다.

제23조 (기관, 기업소, 단체의 비상방역지휘부 또는 비상방역지휘조 조직)

기관, 기업소, 단체는 자기 부문, 자기 단위의 비상방역지휘부 또는 비상방역지휘조를 조직하고 중앙비상방역지휘부의 통일적인 지휘밑에 비상방역사업을 진행하여야 한다.

제24조 (비상방역지휘부의 분과 및 기동소조조직)

비상방역지휘부는 종합분과, 방역분과, 봉쇄 및 검역분과, 위생선전분과, 치료분과, 신속기동방역조, 봉쇄조, 치료조 같은 분과 및 기동소조를 조직하고 임무분담을 바로하여야 한다.

비상방역지휘부의 분과 및 기동소조성원들은 능력있는 실무일군들로 꾸려야 한다.

제25조 (비상방역지휘부의 사업조건보장)

내각과 중앙보건지도기관, 지방인민위원회, 해당 기관은 비상방역지휘부의 건물과 인원, 기술 및 운수수단 등 비상방역사업에 필요한 사업조건을 우선적으로 보장하여야 한다.

제26조 (중앙비상방역지휘부의 임무와 권한)

중앙비상방역지휘부는 다음과 같은 임무와 권한을 가진다.

1. 전염병의 류입과 전파를 막기 위한 사업을 통일적으로 지휘하며 감독통제한다.

2. 국가비상방역대책안을 작성보고하고 결론에 따라 해당한 대책을 세운다.

3. 선제적인 조치를 취하면서 비상정황이 발생하면 즉시에 긴급포치한다.

4. 비상방역과 관련한 지시와 사업지도서, 기술지도서를 기관, 기업소, 단체에 작성 시달하고 그 집행에서 해당 일군들의 책임성과 역할을 높이도록 장악통제한다.

5. 국가의 결정, 지시에 어긋나는 지시가 아래단위에 전달포치되는 현상이 나타나지 않도록 제때에 장악대책한다.

6. 도(직할시), 시(구역), 군비상방역지휘부, 해당 부문 비상방역지휘부의 사업을 통일적으로 장악지휘한다.

7. 임의의 시각에 인원, 기재, 수단 등에 대한 동원령을 내리며 필요에 따라 나라의 인적, 물적자원과 기술력을 총동원한다.

8. 국경과 지역을 봉쇄하거나 인원, 물자, 동식물의 류동을 제한 또는 차단시킨다.

지역을 봉쇄하는 경우 정황에 따라 특급, 1급, 2급, 3급으로 정하고 실시한다.

지역봉쇄 및 해제문제는 비상설국가비상방역심의위원회에서 심의한다.

9. 비상방역사업에 필요한 의료품과 물자의 생산, 수입, 공급을 긴급히 조직한다.

10. 격리기간과 격리시설, 격리조건을 정한다.

11. 다른 나라로부터 들여오는 물자에 대하여 승인한다.

12. 필요에 따라 행사와 회의를 비롯한 집체모임과 체육경기, 공연, 영업, 학업, 관광 등을 제한 또는 금지시킨다.

13. 다른 나라와 국제기구 또는 기관, 기업소, 단체, 공민이 비상방역사업을 위하여 제공하는 자금과 물자를 통일적으로 장악하고 공급한다.

14. 비상방역사업에서 나타난 결함들에 대하여 제때에 경종을 울리고 적시적인 대책을 세운다.

제27조 (지방비상방역지휘부의 임무)

도(직할시), 시(구역), 군비상방역지휘부는 중앙비상방역지휘부의 통일적인 지휘밑에 해당지역에서 전염병의 류입과 전파를 막기 위한 대책을 세운다.

제28조 (신속기동방역조의 임무)

신속기동방역조는 전염병환자나 의진자에 대한 통보를 받은 즉시 현장에 기동하여

역학조사, 림상적진단을 진행하고 전염병과 그 발생원인, 역학적 위험대상, 위험지역을 확진 또는 확정하며 현지역학조사에 대한 보고서를 작성하여 비상방역지휘부에 제출하여야 한다.

제29조 (봉쇄조의 임무)

봉쇄조는 전염병의진자나 감염물질에 대한 통보를 받은 즉시 현장에 기동하여 봉쇄구역을 확정하고 대상과 주변에 대한 완전한 봉쇄를 진행한다.

제30조 (치료조의 임무)

치료조는 전염병감염자가 발생하는 즉시 감염자를 격리병동 및 격리장소로 후송하며 감염자와 격리자들에 대한 치료사업을 한다.

제31조 (비상방역정보 및 통보체계의 구축)

중앙비상방역지휘부와 각급 비상방역지휘부는 중앙으로부터 말단까지 비상방역지휘의 신속성과 정확성을 보장하고 제기되는 문제를 제때에 장악보고하는 국가적인 비상방역정보 및 통보체계를 구축하여야 한다.

제32조 (소독약생산과 공급체계)

비상방역지휘부와 위생방역기관, 해당 기관은 소독약생산을 과학적으로 하며 격리장소와 예방적소독단위들에 정상적으로 공급하는 체계를 엄격히 세워야 한다.

제33조 (소독수단개발 및 소독방법연구완성)

중앙비상방역지휘부와 중앙보건지도기관, 중앙과학기술행정지도관리기관, 해당 과학연구 및 교육기관은 새로운 소독수단을 개발하며 물자의 품종별에 따르는 소독방법을 부단히 연구완성하고 적극 받아들여 전염병의 류입과 전파를 막기 위한 사업을 과학적으로 담보하여야 한다.

제34조 (수입물자의 반입체계)

중앙비상방역지휘부와 중앙대외경제지도기관, 해당 기관은 수출입통로와 물동량, 무역거래단위를 줄이고 같거나 류사한 종류의 수입물자들을 한선에서 들여오는 원칙에서 수입물자의 반입체계를 세워야 한다.

국가적인 중요대상건설과 현행생산, 인민생활에 절실히 필요한 설비, 원료, 자재와 방역물자, 의약품에 대하여서만 반입할수 있다.

제35조 (봉쇄 및 제한 또는 차단, 경비조직)

조선인민군 총참모부와 국가보위기관, 사회안전기관은 비상방역등급과 지역별봉쇄등급에 따라 국경과 해상, 공중 또는 해당 지역을 봉쇄하거나 인원, 물자, 동식물의 류동을 제한 또는 차단하며 봉쇄 및 차단경비근무를 방역규정의 요구에 맞게 조직하여야 한다.

경비근무성원은 근무장소를 자의대로 리탈하거나 봉쇄 및 차단지역과 장소에 비법출입하게 하는것을 비롯하여 경비근무수행을 태공하는 행위를 하지 말아야 한다.

제36조 (전염병환자, 의진자적발 및 격리치료)

위생방역기관과 의료기관, 해당기관, 기업소, 단체는 전염병환자와 의진자를 적발하여 물리적, 방역학적으로 격폐시킨 격리시설에 후송하며 격리치료를 하여야 한다.

제37조 (비상방역지휘부의 행동질서)

전염병발생시 비상방역지휘부의 행동질서는 다음과 같다.

1. 비상방역지휘부는 전염병의진자로 의심되는 대상이 통보되는 즉시 신속기동방역조를 현지에 파견하여 역학조사와 림상적진단을 하고 검체를 채취한 다음 정해진 실험검사실에 신속히 넘겨주어야 한다.
2. 중앙비상방역지휘부는 1차검사를 실시간종합, 지휘하며 1차검사결과 양성으로 판정되는 경우 즉시 실시간검사설비로 환자를 포함한 모든 접촉자들에 대한 2차검사를 최긴급으로 조직한다.
3. 중앙비상방역지휘부는 전염병의진자의 1차검사결과 양성으로 판정되는 즉시 해당 기관에 보고하고 결론에 따라 각급 비상방역지휘부에 긴급통보하며 감염자발생지역에 대한 긴급비상방역 및 봉쇄사업을 조직지휘한다.
4. 비상방역지휘부는 환자후송에 동원된 인원들이 개인보호기재를 착용하도록 하며 환자는 방역학적 요구에 맞게 긴급후송하여 격리시키고 그가 있던 장소를 차단하며 마감소독을 엄격히 진행한다.
5. 중앙비상방역지휘부는 전염병감염자에 대한 치료를 바로 조직하며 필요한 경우 해당 전문의료일군들을 현지에 파견하여 치료력량을 보강한다.
6. 비상방역지휘부는 치료장소에 일반치료실과 집중치료실, 화상진단실, 실험검사

실을 전개한다.

제38조 (접촉자 및 발열자장악, 의학적감시)

위생방역기관과 의료기관은 전염병환자나 의진자와 접촉한자, 전염병이 발생한 나라에서 입국한자와 그들과 접촉한자를 빠짐없이 찾아 역학관계확인과 림상증상관찰, PCR검사를 비롯한 현대적인 검사를 진행하고 격리장소에 정해진 기간까지 격리시켜 의학적감시를 하며 격리가 해제된 다음에는 일정한 기간 그에 대한 의학적감시를 계속하면서 활동을 제한하도록 하여야 한다.

기관, 기업소, 단체는 열이 나는 대상이 발생하였을 경우 즉시 자택격리시키며 열이 나는 상태에서 출근 또는 등교하는 현상이 나타나지 않도록 하여야 한다.

제39조 (격리장소에서 지켜야 할 행동질서)

격리장소에서 지켜야 할 행동질서는 다음과 같다.

1. 격리자는 정해진 질서와 공중도덕을 자각적으로 지키며 필요없이 호실밖으로 나다니거나 다른 격리자와 접촉하지 말아야 한다.
2. 격리자는 개체위생을 철저히 지키고 호실을 깨끗이 거두며 이상증상이 나타나면 즉시 담당의사 또는 해당 성원에게 알리고 지시에 따라 행동하여야 한다.
3. 위생방역일군은 격리자와 보장성원이 위생방역규정을 철저히 지키도록 장악, 통제하며 격리자와 봉사자에 대한 의학적감시를 엄격히 하여야 한다.
4. 위생방역일군은 격리장소에 대한 예방적소독사업을 조직진행하며 제기되는 모든 문제를 장악하여 제때에 비상방역지휘부에 보고하고 해당한 대책을 세워야 한다.
5. 의료일군은 격리자와 접촉할 때 개인보호기재를 착용하며 격리자에 대한 검병, 검진을 정상적으로 진행하고 제기된 문제를 즉시 비상방역지휘부에 통보하여야 한다.
6. 의료일군은 위생선전사업을 여러가지 형식과 방법으로 진행하며 격리자가 규률을 자각적으로 지키도록 교양과 통제를 하여야 한다.
7. 봉사자는 개체위생을 철저히 준수하고 위생방역일군의 지시에 따라 모든 사업을 진행하여야 한다.
8. 봉사자는 격리자가 식사하고 남은 음식과 오물을 위생방역규정대로 처리하며 주방도구와 집기류를 소독하여야 한다.

제40조 (격리해제)

격리자에 대한 격리해제는 다음과 같이 한다.

1. 격리자를 격리해제시키려 할 경우 중앙비상방역지휘부의 승인을 받아야 한다.

2. 격리자가 있던 장소에 대한 소독을 하여야 한다.

3. 정해진 기간 격리해제된 대상에 대한 의학적 감시를 하여야 한다.

제41조 (방역초소)

각급 비상방역지휘부는 중앙비상방역지휘부가 정한 장소에 방역초소를 설치하고 인원과 기재, 물자에 대한 체온재기 및 소독을 규정대로 하도록 하여야 한다.

제42조 (발생장소와 격리지역에 대한 소독)

위생방역기관과 의료기관, 도시경영기관, 해당 기관, 기업소, 단체는 전염병환자가 발생한 장소와 격리지역에서 나오는 오물, 하수, 변을 규정대로 소독하여야 한다.

제43조 (공공장소와 운수수단에 대한 소독)

해당 기관, 기업소, 단체는 공공장소와 렬차, 지하철도, 무궤도전차, 뻐스, 택시 등 운수수단에 대한 소독사업을 매일 정확히 진행하여야 한다.

제44조 (의학적 감시와 검병, 검진, 예방접종)

위생방역기관과 의료기관은 주민들에 대한 의학적 감시와 검병, 검진을 빠짐없이 진행하여 의진자를 제때에 찾아내며 주민들에 대한 긴급예방접종을 실시하여야 한다.

제45조 (수도의 안전보장)

사회안전기관과 지방인민위원회를 비롯한 해당 기관은 비상방역기간 평양시출입을 극력 제한하며 수도경비사업과 집중단속을 강화하여 평양시에 비법출입하거나 전염병이 발생한 나라와 지역의 물품을 소독확인서가 없이 가지고 들어오는 현상이 나타나지 않도록 하여야 한다.

기관, 기업소, 단체와 공민은 평양시출입에 필요한 확인서를 망탕 발급해주거나 위조사용하여 수도안전보장사업에 지장을 주는 행위를 하지 말아야 한다.

제46조 (검사검역 및 적지물처리)

비상방역지휘부와 검사검역기관, 해당 기관은 다른 나라에서 들어오는 인원, 물자, 동식물에 대한 검사검역과 적지물처리를 방역규정의 요구대로 엄격히 하며 검사검역 및 적지물처리조성원을 외부인원과 격폐시켜 의학적감시속에 사업하도록 하여야 한다.

기관, 기업소, 단체와 공민은 검사검역 및 적지물처리조성원 또는 그들이 리용하는 기재, 수단, 도구 등과 비법적으로 접촉하거나 격리장소에 드나드는것을 비롯하여 전염병전파위험을 조성하는 행위를 하지 말아야 한다.

제47조 (수입물자에 대한 소독)

해당 기관은 정해진데 따라 수입물자에 대한 소독을 엄격히 하여야 한다. 소독할수 없는 물자는 수입할수 없다.

제48조 (대표단파견 및 초청금지와 해외체류공민보호)

중앙대외사업지도기관과 중앙대외경제지도기관, 지방인민위원회, 해당 기관은 대표단파견과 초청을 중지하며 다른 나라에 나가있는 우리 나라 공민을 전염병으로부터 보호하기 위한 대책을 세워야 한다.

제49조 (비상방역기간 외국인의 출국)

중앙대외사업지도기관과 중앙대외경제지도기관, 지방인민위원회, 해당 기관은 비상방역기간 우리 나라에 와있는 외국인가운데서 출국을 희망하는 대상은 해당 나라로 출국시켜야 한다.

이 경우 격리중에 있는 대상은 정해진 격리기일이 지난 다음 출국시킨다.

제50조 (수질검사 및 오수, 오물처리에 대한 통제)

위생방역기관과 도시경영기관, 국토환경보호기관, 해사감독기관, 지방인민위원회, 해당 기관은 강하천, 호수, 저수지, 수원지의 수질검사를 정상적으로 진행하며 우리 나라 령해와 강, 호수에서 배들이 오수, 오물을 망탕 버리지 않도록 감독통제하여야 한다.

제51조 (의약품, 생활필수품 등의 보장)

내각과 국가계획기관, 중앙보건지도기관, 전력공급기관, 지방인민위원회, 해당 기관은 비상방역사업에 필요한 의약품, 의료기구, 의료용소모품보장과 봉쇄지역, 격리장소에 대한 전기, 식량, 부식물, 땔감, 음료수, 생활필수품 등의 보장을 우선적으로 하여야 한다.

제52조 (전염병치료예방의 과학연구사업과 자료보장)

과학연구 및 교육기관은 전염병치료예방과 관련한 과학연구사업을 우선적으로 하며 선진적인 치료방법들을 적극 받아들여 효과적인 치료방법과 치료약물들을 우리 식으로 개발하여야 한다.

중앙대외사업지도기관과 중앙과학기술행정지도관리기관, 해당 기관은 전염병의 역학과 예방, 검사 및 진단, 치료와 관련한 국내외자료를 제때에 수집하여 중앙비상방역지휘부에 보내주어야 한다.

제53조 (의료일군들에 대한 보호대책)

비상방역지휘부는 비상방역사업에 동원된 의료일군들을 비롯하여 전염병의진자나 접촉자를 취급하는 성원들이 보호복, 보호안경 등 개인보호기재를 의무적으로 착용하도록 하며 그들에 대한 보호대책을 철저히 세워야 한다.

제54조 (인민생활의 안정)

내각과 위원회, 성, 중앙기관, 지방인민위원회, 기관, 기업소, 단체는 비상방역기간 인민생활과 관련하여 제기될수 있는 문제를 과학적으로 예측하고 인민생활에 필요한 식량과 부식물, 땔감, 생활필수품 등을 수요대로 원만히 보장하여야 한다.

제55조 (방역선전 및 평가사업)

출판보도기관과 기관, 기업소, 단체는 모든 공민들이 비상방역전은 조국보위전, 인민보위전이며 자기자신과 자기 가정을 위한 사업이라는것을 똑똑히 인식하고 방역규정을 자각적으로 지키도록 방역선전을 여러가지 형식과 방법으로 공세적으로 벌려야 한다.

중앙비상방역지휘부와 각급 비상방역지휘부는 방역장벽에 파공을 내고 국가와 인민의 안전에 위험을 조성할수 있는 행위를 비롯하여 방역규률위반행위를 제때에 신고하였거나 그러한 행위를 하는자들을 직접 적발한 성원들을 널리 소개선전하며 해당한 정치적 및 물질적평가를 해주어야 한다.

제56조 (적지물과 죽은 동물, 바다오물의 처리)

각급 비상방역지휘부와 국가보위기관, 위생방역기관, 수의방역기관은 공민들이 적지물과 죽은 동물, 바다오물에 손을 대지 말고 해당 기관에 제때에 신고하도록 하며 적지물과 죽은 동물, 바다오물에 대한 검사와 취급처리를 방역학적 요구대로 하여야 한다.

제57조 (대기오염, 강하천오물감시 및 대책)

각급 비상방역지휘부와 국토환경보호기관, 해당 기관은 대기오염과 강하천오물에 대한 감시를 강화하며 장마철기간 국경지역의 강하천들에서 소독과 오물수거, 소각, 매몰처리를 바로하여 공기와 강하천오물에 의한 전염병류입을 막아야 한다.

제58조 (조류와 야생짐승에 대한 감시 및 대책)

비상방역지휘부는 조류와 야생짐승에 의하여 전염병이 전파될수 있는 공간을 철저히 차단하기 위한 대책을 세워야 한다.

국토환경보호기관과 수의방역기관, 기관, 기업소, 단체는 조류와 야생짐승에 대한 감시를 철저히 진행하고 이상현상을 발견하는 즉시 해당 비상방역지휘부에 통보하며 주민, 종업원, 학생들이 조류, 야생짐승과 접촉하지 않도록 교양과 통제를 강화하여야 한다.

제59조 (비상방역기간 공민과 외국인의 의무)

비상방역기간 공민과 공화국령역안에 있는 외국인은 다음과 같은 의무를 진다.

1. 국가적인 비상방역조치에 절대복종하여야 한다.
2. 열나기, 마른기침, 호흡곤난 등 방역위기를 조성할수 있는 전염병증상이 나타나면 위생담당성원, 호담당의사, 단위책임자에게 알리며 전염병환자로 의심되는 사람을 해당 지역의 위생방역기관 또는 비상방역지휘부에 즉시 통보하여야 한다.
3. 조류, 야생짐승과 접촉하지 말며 적지물을 비롯한 수상한 물품과 죽은 동물, 바다오물을 발견하는 즉시 국가보위기관, 위생방역기관, 수의방역기관에 통보하여야 한다.
4. 체온재기와 손소독, 마스크착용, 방역학적거리두기를 의무화하여야 한다.
5. 어떤 경우에도 전염병위험표식같은 해당 표식이 있는 구역이나 건물, 시설, 륜전기재 같은것에 접근하거나 그안에 있는 성원들과 비법적으로 접촉하는 행위를 하지 말아야 한다.
6. 평양시에 검사, 검역을 받지 않은 물품을 가지고 들어오거나 비법출입하지 말아야 한다.
7. 국경과 바다에 비법출입하거나 밀수밀매행위를 하지 말아야 한다.
8. 불필요하게 다른 지역으로 류동하거나 국경, 전연지역의 강물 또는 강기슭에 밀려나온 오물과 접촉하지 말아야 한다.
9. 봉쇄지역, 격리장소안의 성원들은 지정된 장소를 리탈하지 말며 물자와 물품을 내보내는 행위를 하지 말아야 한다.
10. 단속성원들의 정당한 요구에 불응하거나 구타, 폭행하는 행위를 하지 말아야 한다.

11. 전염병으로 사망한 사람의 시체를 정해진대로 처리하여야 한다.
12. 상품가격을 올리거나 무데기로 사들이지 말며 환률파동을 조성하는 행위를 하지 말아야 한다.
13. 가짜약품, 의료용소모품을 만들어 파는 행위를 하지 말아야 한다.
14. 집단적으로 모여 술판, 먹자판을 벌려놓거나 공공장소에서 유희, 오락 등을 하는 행위를 하지 말아야 한다.
15. 유용동물보호구와 그밖의 지역들에서 사냥을 하지 말며 국경과 전연지역의 강, 호수에서 물고기잡이를 하거나 세면과 목욕, 빨래 등을 하지 말아야 한다.
16. 승인없이 집짐승을 놓아기르거나 애완용동물을 밖에 놓아주는 행위를 하지 말아야 한다.
17. 승인되지 않은 장소와 길거리에서 장사를 하며 방역사업을 방해하는 행위를 하지 말아야 한다.
18. 류언비어를 날조류포시키는 행위를 하지 말며 비상방역질서를 어기거나 그것을 묵인조장하는 행위를 즉시 해당 기관에 신고하여야 한다.
19. 국가적인 비상방역조치가 해제될 때까지 고도의 긴장성을 견지하며 비상방역사업에 적극 참가하여야 한다.
20. 그밖에 비상방역사업에 지장을 주는 행위를 하지 말아야 한다.

제60조 (운전수, 승무원의 임무)

비상방역기간 교통운수기관에서 근무하는 운전수, 승무원의 임무는 다음과 같다.

1. 운수수단에 대한 소독을 정상적으로 하여야 한다.
2. 운수수단의 환기를 보장하여야 한다.
3. 운행시 전염병예방선전사업을 하여야 한다.
4. 마스크를 착용하지 않은 사람을 태우지 말아야 한다.
5. 운수수단을 리용하는 사람들에 대한 손소독 및 체온재기를 방역규정대로 하며 전염병환자로 의심되는 사람은 태우지 말아야 한다.
6. 지정된 인원을 초과하여 태우지 말아야 한다.

제61조 (최대비상체제)

최대비상체제는 국가와 인민의 안전에 치명적이며 파괴적인 재앙을 초래할수 있는 위험이 조성된 경우 취하는 가장 높은 단계의 국가비상방역조치이다.

최대비상체제가 선포되는 경우 중앙비상방역지휘부와 각급 비상방역지휘부, 해당 기관은 국경과 전연, 지상, 공중, 해상을 완전봉쇄하는 동시에 지역별, 구역별격폐조치, 격리조치를 엄격히 실시하며 전국적범위에서 전주민에 대한 의학적감시를 실시간으로 진행하면서 전염원과 전염경로를 차단하기 위한 최대급의 방역조치로 격상시켜 조성된 전염병전파위기를 즉시에 차단, 제거하여야 한다.

제62조 (국가비상방역체계의 해제)

중앙인민보건지도위원회는 전염병이 다른 나라나 지역으로부터 우리 나라에 들어올 가능성이 완전히 없어졌거나 들어오는 경우에도 능히 대처할수 있게 되였거나 우리 나라에서 발생하였던 전염병이 인민들의 생명안전에 주는 위험이 완전히 없어졌을 경우 국가적인 비상방역체계를 해제한다는것을 선포하여야 한다.

제5장 비상방역질서위반행위에 대한 법적책임

제63조 (비상방역질서를 어긴자에 대한 벌금처벌)

다음과 같은 비상방역질서를 어긴자에게는 해당한 벌금을 부과한다.

1. 마스크를 착용하지 않았거나 형식적으로 또는 방역학적요구에 어긋나는 마스크를 착용하였을 경우 1,000~5,000원
2. 보건기관에서 조직한 검병, 검진, 예방접종에 정당한 리유없이 참가하지 않거나 평방당책임제의 원칙에서 진행하는 사무실과 담당구역에 대한 소독사업을 형식적으로 하였거나 정상적으로 진행하지 않았을 경우 5,000원
3. 비상방역조치에 따르는 자택 또는 일반격리질서를 어기거나 황사, 태풍을 비롯한 재해성기후와 관련하여 취해지는 류동금지조치를 어겼을 경우 5,000원
4. 전염병으로 의심되는 본인이나 가족성원, 수상한 물품 또는 원인모르게 죽은 동물에 대하여 해당 기관에 알리지 않았을 경우 5,000~1만원
5. 정해진 방역규정을 어기고 여러명이 모여 술판, 먹자판을 벌리거나 유희, 오락 등을 하였을 경우 1만~5만원
6. 국경과 전연, 해안지역의 강, 호수에서 물고기잡이 또는 세면, 목욕, 빨래 등을 하거나 국경과 전연지역을 넘어들어온것으로 의심되는 풍선같은 출처가 불명확하고 이상한 물건과 접촉하였을 경우 1만~5만원

7. 승인없이 집짐승을 놓아기르거나 애완용동물을 밖에 놓아주었을 경우5만~10만원

8. 비법적으로 영업봉사활동을 하면서 여러명을 끌어들이거나 승인되지 않은 장소와 길거리에서 장사행위를 하거나 소독확인서가 없는 수입물자를 운송하였을 경우 5만~10만원

9. 상품값을 망탕 올리거나 대량이상의 상품을 사들이면서 무질서를 조성하였거나 역학확인서 같은것을 위조하였거나 위조한것인줄 알면서 사용, 밀매하였을 경우 5만~10만원

10. 미성년들에 대한 교양과 통제를 바로하지 않아 비상방역사업에 엄중한 지장을 주었을 경우 5만~10만원

제64조 (비상방역질서를 어긴 기관, 기업소, 단체에 대한 벌금처벌)

다음과 같은 비상방역질서를 어긴 기관, 기업소, 단체에는 해당한 벌금을 부과한다.

1. 검병, 검진 및 의학적 감시를 무책임하게 하였거나 방역선전사업을 하지 않았을 경우 10만~20만원

2. 소독수의 농도를 규정대로 보장하지 않았거나 운수수단, 해당 장소들에 대한 소독, 인원에 대한 손소독, 체온재기를 규정대로 하지 않았을 경우 10만~50만원

3. 뻐스, 궤도전차, 무궤도전차를 비롯한 공공운수수단에 사람들을 비좁게 태우고 운행하였을 경우 10만~50만원

4. 영업봉사단위들에서 영업봉사시간이 지나도록 봉사하였거나 결혼식같은 대중봉사를 하면서 인원규모를 초과하였을 경우 10만~50만원

5. 상품값을 망탕 올리거나 상품값이 오르기를 기다리면서 상품을 판매하지 않았거나 대량이상의 상품을 개인들에게 넘겨주었을 경우 10만~50만원

6. 수입물자의 방치기일, 소독질서를 어기고 물자를 반입, 반출하였을 경우 50만~100만원

7. 격리장소에서 버림물을 정화하지 않고 방출하였을 경우 50만~100만원

8. 꿩같은것을 놓아기르거나 방목질서를 어겼을 경우 50만~100만원

제65조 (중지 또는 페업, 몰수처벌)

이 법 제64조의 행위가 엄중한 경우에는 중지 또는 페업처벌을 준다.

방역초소근무성원의 정당한 요구에 불응하거나 차를 세우지 않고 도주하였을 경우에는 해당 차를 몰수한다.

제66조 (비상방역질서를 어긴자에 대한 로동교양처벌)

다음과 같은 비상방역질서를 어긴자에게는 3개월이하의 로동교양처벌을 준다.

1. 격리시설 또는 해당 근무장소에서 자의대로 리탈하거나 봉쇄 및 차단근무성원이 외부인원과 비법적으로 접촉하거나 물자같은것을 주고받는것을 비롯하여 근무수행을 바로하지 않았을 경우
2. 검열, 단속에 불응한다고 하여 구타, 폭행을 하거나 방역사업과 관련한 검열, 단속성원의 정당한 요구에 불응하였을 경우
3. 전염병위험표식같은 해당 표식이 있는 구역이나 건물, 륜전기재 등에 망탕 드나들거나 그안에 있는 인원과 비법적으로 접촉하였을 경우
4. 평양시와 국경, 전연지역 또는 차단구역에 비법출입하였을 경우
5. 적지물과 바다오물 또는 국경과 전연, 해안지역의 강하천오물, 조류, 야생짐승과 접촉하거나 자의대로 처리하였을 경우
6. 정해진 방역규정을 어기고 술판, 먹자판, 유희, 오락 등을 조직하였거나 추동하였을 경우
7. 이 법 제63조의 행위를 여러번 하였을 경우

앞항 1~7호의 행위가 정상이 무거운 경우에는 3개월이상의 로동교양처벌을 준다.

제67조 (비상방역질서를 어긴 일군에 대한 경고, 엄중경고, 무보수로동, 강직, 해임, 철직처벌)

다음과 같은 비상방역질서를 어긴 일군에게는 경고, 엄중경고처벌 또는 3개월이하의 무보수로동처벌을 준다.

1. 비상방역사업과 관련한 계획작성 및 시달을 무책임하게 하였거나 중앙비상방역지휘부의 지시, 포치를 제때에 전달하지 않았을 경우
2. 검병, 검진체계 또는 소독수단 및 시설 같은것을 갖추지 않았거나 고장, 파손된 혹은 불비한 검병, 검진, 소독수단 및 시설 같은것을 제때에 대책하지 않았을 경우
3. 격리병동 또는 시설을 방역학적 요구에 맞게 꾸리지 않았거나 격리자들에 대한 교양사업과 장악통제를 바로하지 않아 리탈자를 발생시켰을 경우
4. 해당 장소들에 대한 소독사업을 조직하지 않았거나 정해진 방역규정을 어기고 유희장, 오락장 같은것을 망탕 운영하였을 경우
5. 격리장소에서 물품, 의료기구에 대한 소독과 의료폐기물, 배설물, 시체에 대한 처

리를 규정대로 하지 않았을 경우
6. 해당 지역 또는 자기 단위에서의 비상방역실태를 제때에 보고하지 않았을 경우
7. 전염병비루스검출방법, 치료방법 등과 관련한 기술전습과 전염병감염자 또는 감염물질발생시 신속대응할수 있는 탁상모의훈련과 실동훈련을 조직하지 않았을 경우
8. 비상방역사업에 동원된 의료일군들에 대한 보호대책을 세우지 않았거나 봉쇄, 차단, 감시근무를 비롯한 방역사업에 동원된 근무성원들에 대한 생활조건보장을 무책임하게 하였을 경우
9. 국경에서 물자의 반출입 및 검사검역 또는 바다출입질서를 어기거나 그에 대한 장악통제를 무책임하게 하였을 경우
10. 강하천, 호수, 저수지, 수원지의 수질검사를 규정대로 하지 않았거나 배들의 오수, 오물처리에 대한 감독통제를 바로하지 않았을 경우
11. 적지물과 바다 및 강하천오물 또는 조류와 야생짐승에 대한 감시를 바로하지 않았거나 그에 대한 검사와 취급처리를 방역학적요구대로 하지 않았을 경우
12. 조직사업과 장악통제사업을 바로하지 않아 작업같은것을 하면서 집체적으로 마스크를 착용하지 않았거나 운전수가 방역초소근무성원의 정당한 요구에 불응하거나 차를 세우지 않고 도주하였을 경우
13. 유열자 또는 자택격리된 대상을 불러냈거나 호담당의사, 위생담당성원이 체온재기와 손소독을 형식적으로 하였거나 검병 및 소독일지를 허위기록 하였을 경우
14. 평양시에 대한 출입승인 또는 역학확인서발급 같은것을 비법적으로 해주었거나 검열, 단속사업을 망탕 하였을 경우
15. 시장과 허용되지 않은 장소들에 많은 사람들이 모여 붐비지 않도록 장악통제하지 못하였거나 집체모임같은것을 자의대로 또는 방역규정에 어긋나게 조직, 진행하였을 경우
16. 이밖에 비상방역사업과 관련한 명령, 지시를 무책임하게 집행하였을 경우
앞항 1~16호의 행위가 정상이 무거운 경우에는 3개월이상의 무보수로동처벌 또는 강직, 해임, 철직처벌을 준다.
제68조 (비상방역질서를 어긴 일군에 대한 구금처벌)
검찰기관과 해당 기관은 이 법 제67조의 행위를 한 일군이 무보수로동, 강직, 해임,

철직처벌을 주지 않고도 교양개조될수 있다고 인정되는 경우에는 구금처벌을 준다.
구금처벌적용과 관련한 절차와 방법은 구금처벌규정에 따른다.
제69조 (비상방역사업과 관련한 명령, 정령, 결정, 지시집행태만죄)
군급이상 기관, 기업소, 단체의 책임일군이 비상방역사업과 관련한 명령, 정령, 결정, 지시를 제때에 정확히 집행하지 않아 비상방역사업에 지장을 준 경우에는 5년이하의 로동교화형에 처한다.
명령, 정령, 결정, 지시를 묵살하였거나 그 집행을 위한 장악지도사업을 전혀 하지 않아 전염병전파위험을 조성하였을 경우에는 5년이상 10년이하의 로동교화형에 처한다.
1항, 2항의 행위로 국가적인 비상방역사업에 커다란 혼란을 조성하였을 경우에는 10년이상의 로동교화형에 처한다.
명령, 정령, 결정, 지시집행을 어긴 행위가 극히 엄중할 경우에는 무기로동교화형 또는 사형에 처한다.
제70조 (비상방역의무태만죄)
비상방역사업에 동원된자가 관할지역 또는 단위에서 전염병환자와 의진자장악 및 의학적감시를 태공하였거나 비상방역활동과 치료를 무책임하게 하여 전염병전파위험을 조성하였을 경우에는 로동단련형에 처한다.
앞항의 행위로 여러명의 전염병의진자를 대책하지 못하였거나 규정대로 검사검역을 하지 않고 물자를 통과시켰거나 비상방역사업정형을 허위로 보고하였을 경우에는 5년이하의 로동교화형에 처한다.
1항, 2항의 행위로 국가적인 비상방역사업에 커다란 혼란을 조성하였을 경우에는 5년이상 10년이하의 로동교화형에 처한다.
비상방역의무태만행위가 극히 엄중한 경우에는 10년이상의 로동교화형에 처한다.
제71조 (비상방역조건보장태만죄)
격리시설 및 병동을 꾸려주지 않았거나 치료 및 생활조건보장을 위한 자재, 자금, 설비, 물자를 보장하지 않았거나 환자후송에 필요한 수송조직사업을 바로하지 않은것 같은 조건보장사업을 무책임하게 하여 방역사업에 지장을 준자는 로동단련형에 처한다.
앞항의 행위로 전염병환자, 의진자들에 대한 격리를 보장할수 없게 하였거나 여러

명이 격리장소에서 리탈하게 한것 같은 결과가 발생하였을 경우에는 5년이하의 로동교화형에 처한다.

1항, 2항의 행위로 국가적인 비상방역사업에 커다란 혼란을 조성하였을 경우에는 5년이상 10년이하의 로동교화형에 처한다.

비상방역조건보장태만행위가 극히 엄중한 경우에는 10년이상의 로동교화형에 처한다.

제72조 (국경, 지상, 해상, 공중봉쇄태만죄)

국경과 지상, 해상, 공중봉쇄의무를 지닌자가 경비근무를 무책임하게 수행하여 비법적으로 국경 또는 봉쇄구역으로 사람이나 물자가 드나들게 하였거나 바다에 비법출입하게 하였을 경우에는 5년이하의 로동교화형에 처한다.

앞항의 행위를 돈과 물건을 받고 하였거나 국경 또는 봉쇄구역, 바다의 비법출입을 묵인조장, 조직한자는 5년이상 10년이하의 로동교화형에 처한다.

1항, 2항의 행위로 국가적인 비상방역사업에 커다란 혼란을 조성하였을 경우에는 10년이상의 로동교화형에 처한다.

지상과 해상, 공중봉쇄의무태만행위가 극히 엄중한 경우에는 무기로동교화형 또는 사형에 처한다.

제73조 (비상방역사업방해죄)

비상방역사업과 관련한 정당한 요구에 반항하면서 구타, 폭행하였거나 검열, 감독사업을 하지 못하게 하였거나 격폐된 격리장소에서 리탈하였거나 격리된 대상을 밖으로 불러내였거나 격리된 대상이 격리장소로 사람을 불러들였거나 비법적으로 사냥을 하였거나 국가적인 봉쇄구역에 비법출입하는것 등을 비롯하여 비상방역사업을 방해하는 행위는 한자는 로동단련형에 처한다.

앞항의 행위를 여러번 하였거나 비법적으로 국경을 출입하였거나 승인없이 수입물자를 끌어들였거나 밀수행위를 하였거나 밀수품을 류포시켰거나 비상방역사업방해행위를 묵인조장, 조직한자는 5년이하의 로동교화형에 처한다.

1항, 2항의 행위로 비상방역사업에 커다란 혼란을 조성하였을 경우에는 5년이상 10년이하의 로동교화형에 처한다. 정상이 무거운 경우에는 10년이상의 로동교화형에 처한다.

비상방역사업방해행위의 정상이 극히 무거운 경우에는 무기로동교화형 또는 사형에 처한다.

제74조 (최대비상체제시 비상방역질서위반행위에 대한 법적책임)

최대비상체제기간에 비상방역질서를 어겼을 경우에는 보다 무겁게 처벌한다.

제75조 (외국인에 대한 법적제재)

비상방역기간 우리 나라에 상주 또는 체류하고 있는 외국인이 비상방역과 관련한 국가적조치에 불응하면서 비상방역사업에 지장을 주었을 경우에는 1만~100만원의 벌금을 적용하며 정상이 엄중한 경우에는 공화국령역에서 추방한다.

부칙

제1조 (이 법과 련관법규와의 관계)

비상방역질서를 어긴 행위에 대한 조사취급과 처리원칙, 절차와 방법 등 이 법에서 규제하지 않은 사항은 형법, 형사소송법, 행정처벌법, 벌금규정을 비롯한 해당 법규에 따른다.

제2조 (법의 적용시점)

비상방역질서를 위반한 범죄 및 위법행위에 대하여서는 이 법이 시행되기 전에 종전 법규에 따라 판결이 확정되였거나 행정처벌이 결정된 사건을 제외하고 이 법을 적용한다.

조선민주주의인민공화국 전염병예방법

주체86(1997)년 11월 5일 최고인민회의 상설회의 결정 제100호로 채택
주체87(1998)년 12월 10일 최고인민회의 상임위원회 정령 제251호로 수정
주체94(2005)년 12월 13일 최고인민회의 상임위원회 정령 제1437호로 수정보충
주체103(2014)년 5월 22일 최고인민회의 상임위원회 정령 제36호로 수정보충
주체104(2015)년 1월 7일 최고인민회의 상임위원회 정령 제315호로 수정보충
주체108(2019)년 11월 7일 최고인민회의 상임위원회 정령 제154호로 수정보충
주체109(2020)년 3월 15일 최고인민회의 상임위원회 정령 제249호로 수정보충
주체109(2020)년 8월 22일 최고인민회의 상임위원회 정령 제370호로 수정보충

제1장 전염병예방법의 기본

제1조 (전염병예방법의 사명)

조선민주주의인민공화국 전염병예방법은 전염병예방과 치료에서 제도와 질서를 엄격히 세워 국가의 안전과 인민의 생명안전을 보장하는데 이바지한다.

제2조 (전염병의 정의)

전염병은 병원성미생물에 의하여 사람이 앓거나 그것이 사람에게 옮겨퍼지는 병이다.

국가는 전염병을 지정하고 그가운데서 전파속도가 빠르고 사망률과 로동능력상실률이 높은 병을 특수전염병으로, 사람과 동물에게 같이 전염되여 앓는 병을 인수공통성전염병으로 규정한다.

제3조 (전염병의 적발, 격리원칙)

전염원을 적발, 격리하는 사업을 바로하는 것은 전염병예방에서 나서는 선차적과업이다.

국가는 전염원의 적발, 격리에 선차적인 힘을 넣어 전염병의 발생과 전파를 제때에

막으며 외부로부터 전염병의 류입을 막기 위하여 선제적이며 능동적인 방역조치를 신속하고 강도높이 취하도록 한다.

제4조 (전염경로의 차단원칙)

전염경로의 차단은 전염병의 전파를 막기 위한 기본조건이다.

국가는 발생된 전염병을 제때에 정확히 장악하고 그 전파경로를 막기 위한 조치를 엄격히 취하도록 한다.

제5조 (예방접종의 원칙)

전염병예방접종을 잘하는 것은 전염병에 대한 면역력을 높이기 위한 중요방도이다.

국가는 전염병예방접종체계를 바로세우고 예방접종을 계획적으로 하도록 한다.

제6조 (방역사업을 위한 비상설기관의 조직)

국가는 전염병의 전파를 막기 위한 사업을 통일적으로 장악지휘하기 위하여 비상설로 인민보건지도위원회와 에이즈통제위원회 등을 조직한다.

인민보건지도위원회는 중앙과 도(직할시), 시(구역), 군에 조직한다.

중앙인민보건지도위원회는 내각총리를 위원장으로 하고 보건사업과 련관이 있는 위원회, 성과 인민보안기관, 검찰기관, 검열기관, 근로단체의 책임일군들로 구성한다.

도(직할시), 시(구역), 군인민보건지도위원회는 도(직할시), 시(구역), 군의 책임일군을 위원장으로 하고 지역안의 보건사업과 련관이 있는 기관, 기업소, 인민보안기관, 검찰기관, 근로단체의 책임일군들로 구성한다.

제7조 (방역부문의 물질적보장원칙)

국가는 방역부문에 대한 투자를 계통적으로 늘여 그 물질기술적수단을 현대화하고 물질적보장사업을 강화하도록 한다.

제8조 (전염병예방사업의 대중화원칙)

국가는 인민들속에서 전염병예방과 관련한 위생선전과 교양사업을 강화하여 그들이 전염병예방사업에 자각적으로 참가하도록 한다.

제9조 (전염병예방사업에서의 교류와 협조)

국가는 전염병예방분야에서 다른 나라, 국제기구들과의 교류와 협조를 발전시킨다.

제2장 전염원의 적발, 격리

제10조 (전염원의 조사장악)

위생방역기관과 해당 기관은 역학조사, 검병, 보균자조사체계를 세우고 위생검열을 정상적으로 조직하며 전염병환자나 그와 함께 생활하는자, 보균자, 인수공통성전염병을 앓고있는 동물을 제때에 조사장악하여야 한다.

위생방역기관과 중앙대외사업지도기관, 중앙국경검역지도기관을 비롯한 해당 기관은 다른 나라에서 전염력이 강한 전염병이 발생하였을 경우 그 발생과 역학상황을 예리하게 감시하며 그 자료를 중앙보건지도기관에 제때에 통보하여야 한다.

중앙보건지도기관은 다른 나라에서의 전염병전파상황을 예리하게 주시하면서 선제적인 방역조치를 취하여야 한다.

다른 나라에 갔다오는 대상은 에이즈를 비롯한 위험한 전염병과 관련한 검사를 받아야 한다.

이 경우 6개월이상 다른 나라에 갔다오는 대상은 국경검역기관에서 1차검사를, 위생방역기관에서 2차검사를 받으며 그밖의 대상은 위생방역기관에서 검사를 받는다.

제11조 (전염병환자적발을 위한 검진)

위생방역기관과 해당 기관은 전염병환자를 적발하기 위한 검진대상을 바로 정하고 과학기술적으로 검진하여야 한다.

검진대상에 대한 검진은 정해진 주기에 따라 한다.

검진대상과 검진주기는 중앙보건지도기관이 정한다.

제12조 (전염병환자 또는 의진자의 통보)

기관, 기업소, 단체와 공민은 전염병환자 또는 의진자를 적발한 경우 위생방역기관을 비롯한 해당 기관에 즉시 통보하여야 한다.

전염병환자와 의진자에 대하여 통보받은 기관은 그에 대하여 등록하고 해당한 조치를 취하여야 한다.

제13조 (전염병환자와 의진자의 격리)

위생방역기관과 해당 기관은 적발한 전염병환자와 의진자를 제때에 전염병원 또는 격리병동에 격리시켜야 한다. 그러나 전염병의 특성에 따라 전염병환자와 의진자를 살림집에 격리시킬수도 있다.

병명 또는 병증세가 서로 다른 전염병환자와 의진자는 한호실에 들일수 없다.

제14조 (전염병환자와 의진자의 수송)

전염병환자와 의진자를 전염병원 또는 격리병동에 격리시키려 할 경우에는 위생차에 실어보낸다. 그러나 위생차가 없는 경우 다른 운수수단을 리용할수 있다.

전염병환자와 의진자를 격리시키는데 리용한 운수수단은 소독한다.

제15조 (전염병환자와 의진자가 있는 거처지의 표식)

전염병환자와 의진자가 있는 입원실 또는 살림집에는 해당한 표식을 붙인다.

전염병환자와 의진자가 있다는 표식은 중앙보건지도기관이 정한다.

제16조 (전염병환자와 의진자가 있는 거처지에 대한 출입)

전염병환자와 의진자가 있는 입원실 또는 살림집에는 환자치료를 맡은 의료일군만이 드나들수 있다.

부득이한 사정으로 전염병환자와 의진자가 있는 입원실, 살림집에 들어가려 할 경우에는 위생방역기관의 승인을 받는다.

제17조 (전염병환자의 치료)

전염병환자를 치료하는 기관은 전염병환자의 병상태에 맞게 치료계획을 세우고 정확히 치료하여야 한다.

전염병환자에 대한 치료는 전염병을 일으킨 병원성미생물을 없애는데 기본을 두고 하여야 한다.

제18조 (전염병환자의 퇴원)

전염병환자를 퇴원시키려 할 경우에는 검사를 한다.

검사에서 퇴원기준에 이르지 못한 전염병환자는 퇴원시킬수 없다.

제19조 (전염병으로 사망한 시체의 처리)

전염병환자가 병원에서 사망하였을 경우에는 시체를 살림집이나 기관, 기업소, 단체에 들여오지 말고 화장한다.

부득이한 사정으로 시체를 매장하려 할 경우에는 위생방역기관의 승인을 받은 다음 정해진데 따라한다.

제3장 전염경로차단

제20조 (오염물건의 소독)

전염병을 일으키는 병원성미생물에 오염된 물건은 정해진대로 소독한다.

소독하지 않은 오염된 물건은 사용할수 없다.

제21조 (전염병발생단위의 관리운영 또는 영업중지)

보건지도기관과 해당 기관은 전염병의 전파를 막기 위하여 전염병환자가 발생한 기관, 기업소, 단체의 관리운영 또는 영업을 정해진 기간까지 중지시킬수 있다.

중지기간은 중앙보건지도기관이 정한데 따른다.

제22조 (전염병을 일으키는 병원성미생물과 매개물의 제거)

기관, 기업소, 단체와 공민은 현대적인 소독 및 살충수단과 적용방법을 받아들여 전염병을 일으키는 병원성미생물과 그것을 퍼뜨리는 파리, 모기, 쥐를 비롯한 매개물을 제때에 없애야 한다.

제23조 (먹는물의 소독)

도시경영기관과 지방인민위원회는 먹는물생산공급시설을 위생적요구에 맞게 관리하며 먹는물을 소독하여야 한다.

소독하지 않은 물은 먹는물로 공급할수 없다.

제24조 (먹는물과 그 생산공급시설의 검사)

도시경영기관과 위생방역기관은 먹는물과 그 생산공급시설을 정기적으로 검사하여야 한다.

기관, 기업소, 단체는 먹는물을 개발하거나 그 생산공급시설을 설치, 보수한 경우 위생방역기관의 검사를 받아야 한다.

검사에서 합격되지 못한 먹는물과 그 생산공급시설은 리용할수 없다.

제25조 (버림물의 정화)

위생방역기관과 해당 기관은 버림물정화정형을 정기적으로 조사하고 해당 기관, 기업소, 단체에 통보하여야 한다.

도시경영기관과 해당 기관, 기업소, 단체는 버림물을 정화하여 급수원보호구역밖으로 내보내야 한다.

제26조 (변소, 오물장의 소독)

도시경영기관과 기관, 기업소, 단체는 변소, 오물장을 비롯한 위생시설을 꾸리고 소독을 정상적으로 하여 전염병을 퍼뜨리는 매개물이 생겨나지 않도록 하여야 한다.

위생시설은 정상적으로 보수하여야 한다.

제27조 (장내성전염병이 발생한 지역의 통제)

장내성전염병이 발생한 지역의 사회급양기관과 해당 기관, 기업소, 단체, 공민은 위생방역기관의 허가를 받고 음식물을 만들어 공급, 판매하여야 한다.

장내성전염병이 발생한 지역의 하천, 호소, 바다에서는 정해진 기간까지 물고기, 조개 등을 잡을수 없다.

제28조 (의료기구, 주방도구소독)

의료기관과 식료품을 다루는 기관, 기업소, 단체는 소독시설을 갖추고 의료기구, 주방도구 등을 정상적으로 소독하여야 한다.

소독을 정해진대로 하지 않은 의료기구, 주방도구 등은 리용할수 없다.

제29조 (식료품취급일군, 보육교양원의 검진)

식료품을 다루거나 어린이를 보육교양하는 직제에서 일하는 공민은 정기적으로 검진을 받아야 한다.

전염병을 일으킬수 있는 병원성미생물을 가지고 있는 공민은 해당 직제에서 일할수 없다.

제4장 전염병예방접종

제30조 (계획적인 예방접종)

위생방역기관은 정기접종과 림시접종대상을 조사장악하고 전염병예방접종을 계획적으로 하여야 한다.

제31조 (예방접종장소)

전염병예방접종은 해당 의료기관에서 한다.

의료기관은 필요에 따라 작업현장에서 전염병예방접종을 할수도 있다.

제32조 (예비접종과 대중접종)

위생방역기관과 해당 기관은 전염병예방약으로 예비접종을 하여 부반응정형을 판정한 다음 대중접종을 조직하여야 한다.

예비접종을 통하여 질이 담보되지 않은것으로 판정된 전염병예방약으로 대중접종을 조직할수 없다.

제33조 (예방약의 보관, 운반)

의료기관은 보관시설과 운반수단을 갖추고 전염병예방약을 과학기술적요구에 맞게 보관하거나 운반하여야 한다.

정해진대로 보관하지 않았거나 운반하지 않은 전염병예방약으로는 접종을 할수 없다.

제34조 (보충접종)

보건지도기관과 위생방역기관은 전염병예방접종효과를 검토하고 집단면역수준이 기준이하로 떨어졌을 경우 보충접종을 조직하여야 한다. 이 경우 집단면역기준을 과학적으로 판정하여야 한다.

제35조 (인수공통성전염병예방접종)

수의방역기관은 집짐승에게 인수공통성전염병예방접종을 하고 그 정형을 해당 기관에 통보하여야 한다.

집짐승을 가지고있는 기관, 기업소, 단체와 공민은 집짐승예방접종조건을 보장하여야 한다.

제5장 비상방역

제36조 (비상방역의 정의)

비상방역은 전염병으로 하여 국가의 안전과 인민의 생명안전, 사회경제생활에 커다란 위험이 조성될수 있거나 조성되였을 때 국가적으로 신속하고 강도높이 조직전개하는 선제적이며 능동적인 방역사업이다.

제37조 (비상방역의 등급구분)

전염병의 전파속도와 위험성에 따라 비상방역등급을 1급, 특급, 초특급으로 구분하여 다음과 같이 정한다.

1. 1급은 전염병이 우리 나라에 들어올 가능성이 있어 국경통행과 동식물, 물자의 반입을 제한하거나 우리 나라에서 전염병이 발생하여 발생지역에 대한 인원, 동식물, 물자류동을 제한하면서 방역사업을 진행하여야 할 경우이다.

2. 특급은 전염병이 우리 나라에 들어올수 있는 위험이 조성되여 국경을 봉쇄하거나 우리 나라에서 전염병이 발생하여 국내의 해당 지역을 봉쇄하고 방역사업을 진행하여야 할 경우이다.
3. 초특급은 주변 나라나 지역에서 발생한 전염병이 우리 나라에 치명적이며 파괴적인 재앙을 초래할수 있는 위험이 조성되여 국경과 지상, 해상, 공중을 비롯한 모든 공간 그리고 국내의 해당 지역을 봉쇄하고 집체모임과 학업 등을 중지하면서 방역사업을 진행하여야 할 경우이다.

제38조 (비상방역체계에로의 전환)

세계적으로 전염병이 전파되여 우리 나라에 들어올수 있는 위험이 조성되거나 우리 나라에서 전염병이 발생하여 인민들의 생명건강보호에 위험이 조성되는 경우 중앙인민보건지도위원회는 즉시 위생방역체계를 국가적인 비상방역체계로 전환한다는것을 선포하고 비상방역등급을 정하여야 한다.

제39조 (비상방역기간 인민보건지도위원회의 지위와 구성)

비상방역기간 인민보건지도위원회는 모든 기관, 기업소, 단체들에 대한 통일적인 비상방역지휘를 한다.

비상방역체계로 전환하면 중앙인민보건지도위원회에 인민무력기관, 조선인민군총참모부, 국가보위기관, 중앙대외사업지도기관, 중앙무역지도기관, 중앙체신지도기관 등의 책임일군들을, 도(직할시), 시(구역), 군인민보건지도위원회에 지역안의 무력, 군수단위 등의 책임일군들을 보충하여 비상방역지휘력량을 보강한다.

각급 인민보건지도위원회의 사업을 보장하기 위하여 중앙과 도(직할시), 시(구역), 군비상방역지휘부를 조직한다.

제40조 (비상방역기간 중앙인민보건지도위원회의 임무와 권한)

비상방역기간 중앙인민보건지도위원회는 다음과 같은 임무와 권한을 가진다.
1. 전염병의 류입과 전파를 막기 위한 사업을 통일적으로 지도한다.
2. 국가비상방역대책안을 작성보고하고 결론에 따라 해당한 대책을 세운다.
3. 선제적인 조치를 취하면서 전염병사태발전에 능동적으로 대처한다.
4. 비상방역과 관련한 지시와 사업지도서, 기술지도서를 모든 기관, 기업소, 단체들에 작성시달하고 그 집행정형을 장악통제한다.
5. 지방인민보건지도위원회들의 사업을 통일적으로 장악지도한다.

6. 국경과 지역을 봉쇄하거나 인원, 물자, 동식물의 류동을 제한 또는 차단시킨다.

7. 비상방역사업에 필요한 의료품과 물자의 생산, 수입, 공급을 긴급히 조직한다.

8. 격리기간과 격리시설, 격리조건을 정한다.

9. 다른 나라로부터 들여오는 중요하고 긴급한 물자에 대하여 검토승인한다.

10. 필요에 따라 행사와 회의를 비롯한 집체모임과 체육경기, 공연, 영업, 학업, 관광 등을 제한 또는 금지시킨다.

11. 다른 나라와 국제기구 또는 기관, 기업소, 단체, 공민이 비상방역사업을 위하여 제공하는 자금과 물자를 통일적으로 장악하고 공급한다.

제41조 (비상방역기간 지방인민보건지도위원회의 임무)

도(직할시), 시(구역), 군인민보건지도위원회는 해당 지역에서 전염병의 류입과 전파를 막기위하여 중앙인민보건지도위원회의 통일적지도밑에 필요한 대책을 세운다.

제42조 (비상방역기간 기관, 기업소, 단체의 임무)

비상방역기간 기관, 기업소, 단체는 다음과 같은 임무를 수행한다.

1. 무력, 군수, 특수단위를 포함한 모든 기관, 기업소, 단체는 중앙인민보건지도위원회의 지휘에 무조건 절대복종하며 제기되는 문제들을 중앙인민보건지도위원회에 보고하는 엄격한 규률을 확립한다.

2. 각급 인민보건지도위원회는 전염병과의 투쟁을 매일 총화하고 필요한 조직사업을 하며 나타난 편향을 제때에 장악대책한다.

3. 위생방역기관과 의료기관, 해당 기관, 기업소, 단체는 전염병환자와 의진자를 적발하여 물리적, 방역학적으로 격폐시킨 격리병동에 후송하며 격리치료한다.

4. 위생방역기관과 의료기관은 전염병환자나 의진자와 접촉한 자, 전염병이 발생한 나라에서 입국한자와 그들과 접촉한자를 빠짐없이 찾아 전염병에 감염되었을 위험성정도에 따라 부류별로 나누고 정해진 격리장소에 정해진 기간까지 격리시켜 의학적 감시를 한다.

5. 위생방역기관과 의료기관, 도시경영기관은 전염병환자가 발생한 장소와 정해진 인원, 물자, 전염병발생지역 및 격리장소에서 나오는 오물, 하수, 변을 규정대로 소독한다.

6. 위생방역기관과 의료기관은 주민들에 대한 의학적감시와 검병, 검진을 빠짐없이 진행하여 의진자를 제때에 찾아 즉시 확진하며 주민들에 대한 긴급예방접종을 실

시한다.

7. 위생방역기관과 도시경영기관은 중앙인민보건지도위원회가 정하는데 따라 강하천의 수질검사를 정상적으로 진행하며 버림물을 철저히 정화하여 내 보내도록 감독통제한다.

8. 국가보위기관, 인민보안기관, 조선인민군 총참모부는 국경과 지상, 해상, 공중을 비롯한 모든 공간을 봉쇄하거나 인원, 물자, 동식물의 류동을 제한 또는 차단하며 격리장소에 대한 경비를 조직한다.

9. 모든 기관, 기업소, 단체는 대표단파견과 초청을 중지한다.

10. 검사검역기관은 다른 나라에서 들어오는 인원, 물자, 동식물에 대한 검사검역을 중앙인민보건지도위원회에서 정한 질서대로 엄격히 하며 검사검역성원들을 외부 인원과 격페시켜 의학적 감시속에 사업하도록 한다.

11. 중앙해사감독기관은 우리 나라 령해와 강, 호소에서 배들이 오수, 오물을 망탕 버리지 않도록 장악통제한다.

12. 출판보도기관과 해당 기관, 기업소, 단체는 여러가지 형식과 방법으로 전염병의 위험성과 전파경로, 증상, 진단, 예방치료와 관련한 위생선전을 집중적으로 강도높이 한다.

13. 내각과 성, 중앙기관, 지방인민위원회는 봉쇄지역과 격리장소에 전기와 식량, 부식물, 땔감, 음료수, 생활필수품 등을 책임적으로 보장한다.

14. 기관, 기업소, 단체와 공민은 비상방역사업에 필요한 인원, 물자, 시설, 설비, 수단 등을 우선적으로 보장한다.

15. 과학연구 및 교육기관은 전염병의 예방, 치료와 관련한 과학연구사업을 우선적으로 진행한다.

16. 중앙대외사업지도기관, 중앙과학기술행정지도관리기관을 비롯한 해당 기관은 전염병의 역학과 예방, 진단, 치료에 대한 국내외자료를 제때에 수집하여 중앙인민보건지도위원회에 제출한다.

17. 중앙정보화지도기관, 중앙체신지도기관, 중앙보건지도기관을 비롯한 해당 기관은 비상방역지휘의 정보화를 보장한다.

18. 중앙인민보건지도위원회는 비상방역사업에 동원된 의료일군들에게 필요한 보호대책을 취한다.

19. 지방인민보건지도위원회는 중앙인민보건지도위원회의 통일적인 지휘밑에 사람당, 건당 검토하여 격리를 해제한다.
20. 지방인민위원회와 국가보위기관, 인민보안기관, 검찰기관은 민심과 인민생활을 안정시키기 위한 대책을 세운다.
21. 국가보위기관은 중앙인민보건지도위원회와의 련계밑에 비상방역대책을 세우고 적지물을 처리한다.
22. 국가보위기관, 인민보안기관, 검찰기관을 비롯한 해당 기관은 비상방역사업에 대한 법적감시를 강화한다.

제43조 (비상방역등급에 따르는 조치)

중앙인민보건지도위원회는 비상방역등급에 따라 다음과 같은 조치를 취한다.

1. 1급인 경우 전염병환자 및 의진자와 접촉한자에 대한 의학적감시조치, 국경통행과 동식물, 물자반입의 제한조치, 전염병발생지역에 대한 인원, 동식물, 물자류동의 제한조치 등을 취한다.
2. 특급인 경우 전염병환자 및 의진자와 접촉한 자에 대한 격리 및 의학적감시조치, 국경 또는 국내의 해당 지역에 대한 봉쇄조치 등을 취한다.
3. 초특급인 경우 전염병환자 및 의진자와 접촉한자에 대한 격리 및 의학적감시조치, 국경과 지상, 해상, 공중을 비롯한 모든 공간 또는 국내의 해당 지역에 대한 봉쇄조치, 행사와 회의를 비롯한 집체모임과 체육경기, 공연, 영업, 학업, 관광 등을 제한 또는 금지하는 조치 등을 취한다.

제44조 (비상방역기간 기관, 기업소, 단체, 공민과 외국인의 의무)

비상방역기간 모든 기관, 기업소, 단체, 공민과 외국인은 다음과 같은 의무를 진다.

1. 공화국령역안에 있는 모든 기관, 기업소, 단체, 공민과 외국인은 국가적인 비상방역조치에 절대복종하여야 한다.
2. 기관, 기업소, 단체, 공민과 외국인은 전염병환자로 의심되는 사람을 해당 지역의 위생방역기관에 즉시 통보하여야 한다.
3. 기관, 기업소, 단체와 공민은 적지물을 비롯한 수상한 물품과 죽은 동물을 발견한 경우 가까이 접근하지 말고 즉시 국가보위기관과 함께 수의방역기관, 위생방역기관에 통보하여야 한다.
4. 공민과 외국인은 야외활동과 모임장소에서 마스크를 항상 착용하며 먹는물을 끓

여먹어야 한다.

5. 공민과 외국인은 전염병으로 사망한 사람의 시체를 정해진대로 처리하여야 한다.

제45조 (비상방역기간 금지행위)

기관, 기업소, 단체, 공민과 외국인은 비상방역기간 다음과 같은 행위를 하지 말아야 한다.

1. 봉쇄지역과 격리장소에서 리탈하는 행위
2. 국경연선지역과 전염병발생지역에 출장, 려행하는 행위
3. 상품값을 망탕 올리거나 생활필수품의 가격이 오르기를 기다리면서 팔지 않거나 가짜약품을 파는 행위
4. 류언비어를 류포시켜 사회적안정을 파괴하고 민심을 소란시키는 행위
5. 공원과 유원지에 비조직적으로 모여 춤을 추고 운동을 하는 행위
6. 봉사망에 많은 사람들이 모여 결혼식이나 생일놀이 등을 하는 행위
7. 이밖에 비상방역사업에 저해를 주는 행위

제6장 전염병예방사업에 대한 지도통제

제46조 (전염병예방사업에 대한 지도)

전염병예방사업에 대한 지도는 내각의 통일적인 지도밑에 중앙보건지도기관이 한다.

중앙보건지도기관은 전염병예방사업에 대한 지도체계를 바로세우고 예방사업을 정상적으로 장악하고 지도하여야 한다.

비상방역기간에는 중앙인민보건지도위원회가 국가적인 비상방역사업을 통일적으로 지도한다.

제47조 (중앙보건지도기관과 지방인민위원회의 임무)

중앙보건지도기관과 지방인민위원회는 전염원의 적발, 격리, 전염경로차단, 전염병예방접종, 전염병예방부문의 물질적보장사업을 료해하고 지도하여야 한다.

제48조 (전염병예방사업조건보장)

국가계획기관과 로동행정기관, 자재공급기관, 화학공업기관, 교통운수기관, 재정은행기관은 전염병예방사업에 필요한 로력, 설비, 자재, 의약품, 수송, 자금을 제때에 보장하여야 한다.

제49조 (과학연구사업강화, 기술자, 전문가양성)

의학과학연구기관과 해당 교육기관은 전염병예방사업을 개선하는데서 나서는 문제를 풀기 위한 과학연구사업을 강화하며 의사를 비롯한 전염병예방부문의 기술자, 전문가를 체계적으로 양성하여야 한다.

제50조 (전염병예방사업에 대한 감독통제)

전염병예방사업에 대한 감독통제는 보건지도기관과 해당 감독통제기관이 한다.

보건지도기관과 해당 감독통제기관은 전염병예방사업에 대한 감독통제를 강화하여야 한다.

제51조 (원상복구, 손해보상)

전염병예방부문의 설비, 의료기구, 의약품을 파손하였거나 분실하였을 경우에는 원상복구시키거나 해당한 손해를 보상시킨다.

제52조 (행정적책임)

다음의 경우에는 책임있는 자에게 정상에 따라 행정적책임을 지운다.

1. 전염병환자, 의진자를 적발하기 위한 사업을 책임적으로 하지 않았거나 적발된 전염병환자, 의진자를 격리시키지 않은 경우
2. 전염병환자, 의진자의 적발, 전염병의 발생과 류입, 전파에 대한 보고와 통보를 하지 않았거나 거짓보고를 하였거나 뒤늦게 보고한 경우
3. 전염병환자, 의진자의 적발, 전염병의 발생과 류입, 전파에 대한 보고와 통보를 받고 그에 대하여 제때에 조사확인하지 않았거나 필요한 대책을 세우지 않은 경우
4. 전염병환자에 대한 치료를 책임적으로 하지 않았거나 병원내 감염통제와 담당구역내의 전염병예방사업을 하지 않은 경우
5. 전염병에 오염된 장소, 물품, 의료페기물에 대한 소독, 처리를 규정대로 하지 않은 경우
6. 의료기구를 규정대로 소독하지 않고 재사용한 경우
7. 국경과 전염병이 발생한 지역, 격리장소를 봉쇄하는 사업과 국경통행, 인원, 동식물, 물자의 류동을 차단 또는 제한하는 사업을 책임적으로 하지 않은 경우
8. 전염병예방사업에 필요한 조건을 책임적으로 보장하지 않은 경우
9. 전염병예방접종을 책임적으로 하지 않거나 예방접종에 정당한 리유없이 참가하지 않은 경우

10. 해상에서 오물, 오수처리를 규정대로 하지 않은 경우

11. 이 법 제 44조에 규정된 의무를 리행하지 않았거나 제45조에 규정된 금지사항 을 어긴 경우

제53조 (형사적책임)

이 법 제52조의 행위가 범죄에 이를 경우에는 책임있는 자에게 정상에 따라 형사적 책임을 지운다.

비상방역기간에 저지른 행위가 극히 엄중한 경우에는 전시와 같이 보고 사형에 이르기까지 엄하게 처벌한다.

부록 4

신형코로나비루스감염증 치료안내지도서-어른용

1. 적용범위

이 규격은 각급 치료예방기관들에서 신형코로나비루스에 의한 감염증환자들을 치료하기 위한 치료안내지도서에 적용한다.

2. 용어 및 정의

△ 신형코로나비루스

2019년 12월에 발생한 비루스성페염을 일으키는 비루스는 새로운 코로나비루스의 일종으로서 세계보건기구에서는 이 비루스를 신형코로나비루스(SARS-CoV-2)로 명명하였다.

△ RT-PCR

역전사효소를 리용하여 RNA로부터 상보적인 DNA(cDNA)를 합성하고 그것을 주형으로 하여 진행하는 폴리메라제련쇄반응을 리용한 검사이다.

3. 신형코로나비루스감염증환자의 확진기준

△ 확진지표

역학관계, 림상증상, RT-PCR검사, 항체검사로 한다.

△ 확진기준

역학관계 또는 림상증상이 있으면서 RT-PCR검사와 항체검사가운데서 1개 지표가 양성으로 되는 경우 확진한다.

4. 신형코로나비루스감염증의 중증도판정기준

△ 중증도판정지표

- 림상증상

◎ 생명지표

체온, 맥박, 호흡수를 기준으로 한다.

◎ 림상증상지표

열, 머리아픔, 관절 및 근육아픔, 목아픔, 오한, 메스꺼움, 게우기, 소화장애, 기침, 숨차기, 전신무력감 등을 기준으로 한다.

- 검사소견

◎ 말초피검사

백혈구수, 혈침을 기준으로 한다.

◎ 가슴렌트겐검사

점상음영, 흐린 유리모양음영을 기준으로 한다.

◎산소포화도를 기준으로 한다.

△ 중증도분류

- 경증

체온 37℃이상의 열나기를 비롯한 림상증상이 있고 호흡수(18~20회/분), 가슴렌트겐검사에서는 페염병조가 없는 대상으로 한다.

- 중등증

체온 38.5℃이상의 열나기를 비롯한 림상증상이 있고 호흡수(25~30회/분), 산소포화도(94%이상), 가슴렌트겐검사에서는 페염병조가 있는 대상으로 한다.

- 중증

체온 39℃이상의 열나기를 비롯한 림상증상이 있고 호흡수(30회/분이상), 산소포화도(90~93%), 가슴렌트겐검사에서는 페염병조가 있는 대상으로 한다.

- 최중증

심한 호흡부전(산소포화도 90%이하)으로 기계적환기가 필요하고 쇼크상태, 다장기기능부전이 합병되여 집중치료를 받아야 할 대상으로 한다.

5. 일반적치료원칙

△ 약물치료는 병경과와 중증도에 따라 개별화하여야 한다.

- 나이와 체질에 따라 약물을 선택하며 알맞는 용량을 확정하여야 한다.

- 약물에 대한 과민반응도 철저히 파악하고 그러한 약물을 고려하여야 한다.

- 해열제를 쓸 때 같은 약물을 6h내에 반복하여 쓰지 말아야 한다.

△ 의사의 처방과 지시에 의해서만 약물치료를 진행하여야 한다.

- 처방에 지적된 약물, 쓰는 량, 쓰는 시간을 엄격히 지키며 제멋대로 쓰는 량과 쓰는 시간을 조절하거나 약을 끊지 않도록 하여야 한다.
- 한번에 작용기전이 같은 여러가지 약물들을 함께 쓰지 말아야 한다.
- 약물은 반드시 질병을 정확하게 진단하고 약물특성을 충분히 파악한 다음 쓰도록 하여야 한다.

6. 치료전술

△ 중증도에 따르는 치료전술

- 경증 및 중등증

원인치료로서 항비루스약을 쓰며 해열진통약을 비롯한 증상을 개선시키기 위한 약물과 2차적인 세균감염증을 치료하기 위하여 항생제들을 사용하여야 한다. 그러나 항비루스약이 없는 경우에는 해열진통약을 비롯한 증상치료를 기본으로 한다.

해열목적으로 프레드니졸론, 덱사메타존과 같은 스테로이드제를 함부로 사용하지 말아야 하며 반드시 써야 할 경우에는 의사의 지시하에서만 써야 한다.

◎ 항비루스치료

아래의 약물가운데서 한가지를 선택하여 사용하여야 한다.

우웡항비루스물약을 한번에 20ml씩 하루 2회 써야 한다.

인터페론α알약을 한번에 1~2알씩 하루 2회 2~3일 써야 한다.

재조합사람인터페론α-2b주사약(300만단위)을 한번에 150만단위씩 하루 두번, 2일에 한번씩 1주간 근육주사한다.

비고: 이외에 의사의 지시에 따라 치료효과가 검증되고 규격화된 항비루스제제를 쓸수 있다.

◎ 증상에 따르는 치료

열이 나는 경우

먼저 파라세타몰을 쓰며 파라세타몰을 쓰는 조건에서 24h이상 열이 지속되는 경우 또는 발병초기부터 고열과 뼈마디아픔, 근육아픔이 심한 경우에 볼타렌이나 이부프로펜을 써야 한다.

체온이 37.5℃이하로 낮아지면 항염증목적으로 해열진통약의 용량을 절반으로 감량하여 2~3일간 쓸수 있다.

출혈성질병, 위궤양, 간장질병, 콩팥질병, 약물과민반응기왕이 있는 환자들은 의사의 지시에 따라 심중히 써야 한다.

열나기와 함께 코물흘리기, 기침이 있는 경우

디메드롤을 한번에 40mg씩 하루 1~2회 또는 클로르페니라민을 한번에 4mg씩 하루 1~2회 써야 한다.

해열진통약과 탈감작제가 함께 들어있는 종합감기약을 한번에 한알씩 하루 3회 증상이 없어질 때까지 써야 한다.

마른기침이 있을 때 코데인을 한번에 20mg씩 하루 3회, 항히스타민제인 클로르페니라민을 한번에 4mg씩 하루 3회 써야 한다.

인후두아픔이 심한 경우

3% 소금물, 2% 중조수로 하루 여러번 함수하며 포비돈요드인두물약, 요드꿀, 붕산꿀 등을 인두부에 하루에 세번정도 바른다.

점액성가래가 있고 가래배출이 잘되지 않는 경우

브롬헥신을 한번에 8~16mg씩 하루 3회 5~7일간 써야 한다.

◎ 세균감염증에 대한 치료

2차적인 세균감염소견이 없으면 원칙적으로 항생제를 쓰지 말아야 한다.

점액농성가래가 나타나고 백혈구수의 증가와 같은 2차감염소견이 나타나면 먹는 항생제를 쓰는것이 원칙이며 두가지이상의 항생제를 같이 쓰지 말아야 한다.

◎ 고려치료

열나기, 목안증상(목안아픔, 마른기침, 구개 및 인두편도의 발적 등)이 있을 때 금은화개나리잎감기싸락약을 한번에 10g씩 하루 3회 식후 1~2h 지나 뜨거운 물에 타서 마신다.

무력감과 위장장애증상(소화장애, 배아픔, 설사 등)이 있을 때 방아풀정기물약을 한번에 510ml씩 아침과 저녁 식전에 5일간 써야 한다.

열나기, 땀없기, 머리아픔이 있을 때 패독산을 하루 3회 한번에 4g씩 식후 1~2h사이에 뜨거운 물에 타서 5일간 써야 한다.

고열, 기침, 숨차기, 누렇고 점조한 가래, 가슴답답감, 누런 혀이끼가 있을 때 정천탕처방(마황 12, 살구씨 6, 속썩은풀뿌리, 끼무릇, 뽕나무뿌리껍질, 차조기씨, 관동화, 감초 각각 4, 은행씨 2 1)을 보드랍게 가루내여 한번에 5g씩 하루 3회 식후 1~2h 지나 뜨거운 물에 타서 5일간 마신다.

심한 열이 나면서 의식을 잃고 경련할 때 안궁우황환을 한번에 한알씩 하루 3번 더운물에 타서 3일간 먹거나 우황청심환을 한번에 한알씩 하루 3번 더운물에 타서 3일간 써야 한다.

- 중증 및 최중증

◎ 호흡부전에 대한 대책

치료목표는 산소포화도를 94%이상으로 유지하여야 한다.

코카테테르, 코카뉴레, 일반산소마스크 등을 리용하여 산소료법을 진행하며 2h이후에도 저산소혈증이 개선되지 않거나 악화되면 기관삽관을 하지 않는 비침습적기계적환기를 진행하여야 한다.

비침습적인 인공호흡으로 2h내에 저산소혈증이 개선되지 않거나 더 악화되면 기관삽관을 진행하고 침습적기계적환기를 진행하여야 한다.

◎ 순환부전에 대한 대책

혈압관리목표는 수축기혈압을 100mmHg이상으로 되게 하여야 한다.

혈관을 확보하고 수액치료를 진행하여야 한다.

급속수액료법으로 순환부전이 개선되지 않으면 혈관수축제치료를 시작하여야 한다.

◎ 스테로이드호르몬제치료

병상태가 심해지는 경우에 정도에 따라 덱사메타존을 하루 4~8mg 또는 프레드니졸론을 하루 몸무게 kg당 0.5~1mg 용량으로 57일간 사용하며 10일이상 초과하지 말아야 한다.

◎ 항생제치료

페니실린 200만~500만단위를 하루 3회 근육주사하여야 한다.

레보플록사신을 한번에 0.5g 하루 1회 정맥주사하여야 한다.

세프트리악손을 한번에 1g씩 하루 2회 정맥주사하여야 한다.

처음에 선택한 항생제를 7 2h(3일간)이상 사용하여도 반응이 없는 경우 다른 항생제들로 교체하여야 한다.

△ 수반증과 특이체질환자에 대한 치료전술

- 수반증

고혈압환자는 혈압관리를 과학적으로 진행하여 혈압을 130/80mmHg이하로 유지하여야 한다.

당뇨병환자는 병상태에 따라 경증의 경우에는 글리벤클라미드, 메트포르민 등의 먹는약으로, 중증인 경우에는 인슐린으로 혈당관리를 진행하며 평균혈당을 160mg/dl이하로 유지하여야 한다.

기타 심근경색이나 콩팥질병, 간장질병이 수반된 경우에는 그에 대한 치료를 함께 진행하여야 한다.

- 특이체질환자

◎ 특이체질을 가진 환자들의 치료에서 항비루스제들과 항생제, 해열진통제에 대한 약물선택을 잘하여야 한다.

◎ 특이체질인 환자들에 대한 항생제와 해열진통제의 사용량은 철저히 개별화하여야 한다.

◎ 특이체질환자들에게서 치료도중에 약물부작용이 나타나는 경우에는 병경과가 빠르고 중하게 경과하므로 호흡부전과 순환부전에 대한 대책을 신속정확히 세워야 한다.

7. 치료효과판정기준

△ 완치

전신증상과 국소증상이 완전히 소실된 경우로 한다.

△ 호전

전신증상은 없어졌으나 국소증상이 남아있는 경우로 한다.

△ 불변

전신증상과 국소증상이 지속되는 경우로 한다.

△ 악화

전신증상과 국소증상이 심화되여 합병증으로 넘어가는 경우로 한다.

부록 5

신형코로나비루스감염증 치료안내지도서-어린이용

1. 적용범위

이 규격은 각급 치료예방기관들에서 신형코로나비루스에 의한 감염증환자(어린이)들을 치료하기 위한 치료안내지도서에 적용한다.

2. 용어 및 정의

△ RT-PCR검사

역전사효소를 리용하여 RNA로부터 상보적인 DNA를 합성하고 그것을 주형으로 하여 진행하는 폴리메라제련쇄반응을 리용한 검사를 말한다.

△ 감염증

병원성미생물이 유기체의 일정한 부위에 침입하여 거기에서 증식하면서 림상증상을 나타내는 질병을 말한다.즉 감염의 결과로 생긴 질병을 말한다.

3. 신형코로나비루스감염증환자의 확진기준

△ 확진지표

역학관계, 림상증상, RT-PCR검사, 항체검사로 한다.

△ 확진기준

역학관계 또는 림상증상이 있으면서 RT-PCR검사와 항체검사가운데서 1개 지표가 양성으로 되는 경우 확진한다.

4. 신형코로나비루스감염증의 중증도판정기준

△ 중증도판정지표

-림상증상

◎ 생명지표는 체온, 맥박, 호흡수를 기준으로 한다.

◎ 림상증상지표는 열, 오한, 기침, 가래, 목쉰소리, 불안, 보채기, 목구멍아픔, 머리아픔, 전신관절아픔, 식욕저하, 묽은 변, 메스꺼움, 어지럼증 등을 기준으로 한다.

-검사소견

◎ 말초피검사에서는 백혈구수, 혈침을 기준으로 한다.

◎ 가슴렌트겐검사에서는 점상음영, 흐린 유리모양음영을 기준으로 한다.

◎ 산소포화도를 기준으로 한다.

△ 중증도분류

-경증

체온 37℃이상의 열나기를 비롯한 림상증상이 있고 호흡수(정상), 가슴렌트겐검사에서 병조소견이 없는 대상으로 한다.

-중등증

체온 38.5℃이상의 열나기를 비롯한 림상증상이 있고 호흡수(2달미만 60회/분이하, 2~1 2달 50회/분이하, 1살~5살 40회/분이하, 5살이상 30회/분이하), 가슴렌트겐검사에서 병조소견이 있으며 산소포화도(SpO_2)가 94%이상인 대상으로 한다.

-중증

체온 39℃이상의 열나기를 비롯한 림상증상이 있고 호흡수(2달미만 60회/분이상, 2~1 2달 50회/분이상, 1살~5살 40회/분이상, 5살이상 30회/분이상), 폐염의 림상소견이 있으며 안정시 산소포화도(SpO_2)가 92%이하인 대상으로 한다.

이밖에 노력성호흡(신음성호흡, 비익호흡, 흉골하, 쇄골상와, 륵간함몰호흡), 자람증, 간헐성무호흡, 기면과 경련, 심한 탈수, 동맥피산소분압(PaO_2)/흡입산소농도(FiO_2)〈300㎜Hg인 경우에도 포함된다.

△ 최중증

심한 호흡부전(산소포화도 90%이하)으로 기계적환기가 필요하고 쇼크상태, 다장기기능부전이 합병되여 집중치료를 받아야 할 대상으로 한다.

5. 일반적치료원칙

△ 약물치료는 병경과와 중증도에 따라 개별화하여야 한다.

-나이와 체중에 따라 약물을 알맞는 용량으로 사용하여야 한다.

-약물에 대한 과민반응도 철저히 파악하고 그러한 약물을 고려하여야 한다.

-해열제를 쓸 때 같은 약물을 6h내에 반복하여 쓰지 말아야 한다.

△ 의사의 처방과 지시에 의해서만 약물치료를 진행하여야 한다.

△ 처방에 지적된 약물, 쓰는 량, 쓰는 시간을 엄격히 지키며 제멋대로 쓰는 량과 쓰는 시간을 조절하거나 약을 끊지 않도록 하여야 한다.

-한번에 작용기전이 같은 여러가지 약물들을 함께 쓰지 말아야 한다.

-약물은 반드시 질병을 정확하게 진단하고 약물특성을 충분히 파악한 다음 쓰도록 하여야 한다.

6. 치료전술

△ 중증도에 따르는 치료전술

- 경증 및 중등증

발병초기 항비루스약을 써야 한다.

해열진통약을 비롯하여 증상개선을 위한 약물과 2차적인 세균감염증치료를 위한 항생제들을 사용하여야 한다.

해열목적으로 프레드니졸론, 덱사메타존과 같은 스테로이드호르몬제를 함부로 사용하지 말아야 하며 반드시 의사의 지시에 의하여 써야 한다.

◎ 항비루스치료

항비루스치료는 비루스감염후 48h내에 진행하여야 한다.

◎ 증상에 따르는 치료

열이 나는 경우

37.8℃이상으로 열이 나면 파라세타몰, 이부프로펜, 파라볼타렌좌약을 다음과 같이 써야 한다.

· 파라세타몰을 몸무게 kg당 1015mg씩

· 볼타렌을 한번에 몸무게 kg당 1 mg씩

· 이부프로펜을 한번에 몸무게 kg당 10~15mg씩

· 파라볼타렌좌약(어린이용)을 한번에 6 개월미만은 1/2개, 6개월이상 어린이들은 1개씩, 12살이상 어린이들에게는 2 개씩

열나기와 함께 코물흘리기, 기침이 있는 경우

디메드롤을 몸무게 kg당 1~2mg씩 하루 1~2회 또는 클로르페니라민을 한번에 몸무게 kg당 0.35mg씩 하루 1~2회 써야 한다.

인후두아픔이 심한 경우

인후두아픔이 심하게 나타날 때에는 3% 소금물 또는 2% 중조수로 함수하며 포비돈요드인두물약, 요드꿀, 붕산꿀 등을 인두부에 하루에 세번정도 바른다.

◎ 세균감염증에 대한 치료

급성편도염, 인후두염과 같은 상기도감염증소견이 인정되면 아목시실린을 몸무게 kg당 50~70mg의 용량으로, 에리트로미찐을 몸무게 kg당 30~50mg의 용량으로 하루 3회에 나누어 쓰며 페니실린은 몸무게 kg당 5만~10만단위의 용량으로 하루 3회에 나누어 근육주사한다.

기침과 가래가 많아지고 하기도감염증상이 심하면 페니실린을 몸무게 kg당 20만~25만단위의 용량으로 하루 3회에 나누어 근육주사한다.

세프트리악손을 몸무게 kg당 70~100mg용량으로 하루 1회 정맥주사하며 레보플록사신을 몸무게 kg당 5~10mg용량으로 하루 2회 정맥주사한다.

◎ 고려치료

패독산을 2~3살은 1g씩, 47살은 2g씩, 8살이상은 하루 3번 한번에 34g씩 식후 1~2h사이에 뜨거운 물에 타서 5일간 써야 한다.

안궁우황환이나 삼향우황청심환을 2~3살은 1/6알, 4~7살은 1/2알, 7살이상은 1알씩 더운물에 타서 3~5일간 써야 한다.

- 중증 및 최중증

◎ 호흡부전에 대한 대책

치료목표는 산소포화도를 94%이상으로 유지하는것이다.

코카테테르, 코카뉴레, 일반산소마스크 등을 리용하여 산소료법을 진행하며 2h이후에도 저산소혈증이 개선되지 않거나 악화되면 기관삽관을 하지 않는 비침습적 기계적환기를 진행하여야 한다.

비침습적인 인공호흡으로 2h내에 저산소혈증이 개선되지 않거나 더 악화되면 기관삽관을 진행하고 침습적기계적환기를 진행하여야 한다.

◎ 순환부전에 대한 대책

혈압관리목표는 수축기혈압을 100mmHg이상, 뇨량을 0.5ml/kg/h이상으로 되게 하여야 한다.

◎ 스테로이드호르몬제치료

간질성페염에 의한 호흡부전에 덱사메타존을 0.15~0.3mg/kg을 쓰거나 프레드니졸 론을 1mg/kg/일 하루 3회에 나누어 사용하며 5 일이상 초과하지 말아야 한다.

◎ 항생제치료

페니실린은 몸무게 kg당 10만～25만단위를 하루 3 회에 나누어 근육주사한다.

세프트리악손은 몸무게 kg당 100mg씩 하루 1회 정맥주사한다.

레보플록사신은 몸무게 kg당 5～10mg씩 하루 2회에 나누어 정맥주사한다.

처음에 선택한 항생제를 72h(3일간)이상 사용하여도 반응이 없는 경우 다른 항생 제로 교체하여야 한다.

△ 열성경련과 특이체질환자에 대한 치료전술

- 열성경련

0.5% 디아제팜(0.2～0.4mg/kg)을 0.9% 생리적식염수 20ml에 희석하여 호흡상태 를 관찰하면서 경련이 멎을 때까지 천천히 정맥주사하여야 한다.

디아제팜이 없는 경우에는 2% 디메드롤은 몸무게 kg당 1~2mg(갓난아이는 0.2mg/kg), 2% 아미나진은 몸무게 kg당 1~2mg씩 써야 한다.

3 달미만 젖먹이들은 페노바르비탈을 몸무게 kg당 20mg, 경련이 멎지 않으면 몸무 게 kg당 20mg을 더 쓸수 있다.

경련이 멎으면 몸무게 kg당 5 mg을 하루 2회에 나누어 써야 한다.

뇌염 또는 뇌막염이 합병되면서 의식이 없어지는 경우 전문과적치료를 받아야 한 다.

- 특이체질환자

◎ 특이체질을 가진 환자들의 치료에서 항비루스제들과 항생제, 해열진통제에 대 한 약물선택을 잘하여야 한다.

◎ 특이체질인 환자들에게서 항생제와 해열진통제의 사용량은 철저히 개별화하여 야 한다.

◎ 특이체질환자들속에서 치료도중에 약물부작용이 나타나는 경우에는 병경과가 빠르고 중하므로 호흡부전과 순환부전에 대한 대책을 신속정확히 세워야 한다.

△ 1달미만 갓난아이

- 열나기에 대한 대책

이부프로펜 1회 5~10mg/kg, 파라볼타렌좌약 5~10mg/kg, 파라세타몰 1회

5~10mg/kg중에서 하나를 선택하여 쓸수 있다.

- 세균감염증에 대한 대책

페니실린은 몸무게 2kg이상이며 출생 7일이전의 갓난아이들에게는 하루에 몸무게 kg당 5만단위의 용량을 2회에 나누어 근육주사하며 출생 7일이후의 갓난아이들에게는 하루에 몸무게 kg당 10만단위용량을 4회에 나누어 써야 한다.

몸무게가 2kg이하이며 출생 7일이전의 갓난아이들에게는 하루에 몸무게 kg당 5만단위용량을 2회에 나누어, 출생 7일이후의 갓난아이들에게는 하루에 몸무게 kg당 7만 5천단위용량을 3회에 나누어 써야 한다.

암피실린은 출생 7일이전의 갓난아이에게는 하루에 몸무게 kg당 100mg용량을 2회에 나누어 쓰며 출생후 7일이후의 갓난아이들에게는 하루에 몸무게 kg당 100mg용량을 3~4회에 나누어 써야 한다.

세프트리악손은 중증인 경우에는 몸무게 kg당 200mg용량을 4회에 나누어 쓰며 경증인 경우에는 출생후 7일이내인 갓난아이에게 몸무게 kg당 100mg용량을 2회에 나누어 써야 한다.

출생후 7일이상인 갓난아이에게는 하루에 몸무게 kg당 150mg용량을 3회에 나누어 써야 한다.

아목시실린은 몸무게 kg당 10~20mg씩 하루에 3회 써야 한다.

7. 치료효과판정기준

△ 완치

전신증상과 국소증상이 완전히 소실된 경우로 한다.

△ 호전

전신증상은 없어졌으나 국소증상이 남아있는 경우로 한다.

△ 불변

전신증상과 국소증상이 지속되는 경우로 한다.

△ 악화

전신증상과 국소증상이 심화되여 합병증으로 넘어가는 경우로 한다.

부록 6

신형코로나비루스감염증 치료안내지도서-임산모용

1. 적용범위

이 규격은 각급 치료예방기관들에서 신형코로나비루스감염증환자(임산모)들을 치료하기 위한 치료안내지도서에 적용된다.

2. 용어 및 정의

△ 신형코로나비루스

2019년 10월에 발생한 비루스성페염을 일으키는 비루스는 새로운 코로나비루스의 일종으로서 세계보건기구에서는 이 비루스를 신형코로나비루스(SARS-CoV- 2)로 명명하였다.

△ 임산모감염증환자

임신과 해산 및 산후시기에 신형코로나비루스감염에 의하여 열(37℃이상)이 나는 모든 녀성.

3. 신형코로나비루스감염증의 확진기준

역학관계 또는 림상증상이 있으면서 RT-PCR검사와 항체검사가운데서 1 개 지표가 양성으로 되는 경우 확진한다.

4. 신형코로나비루스감염증의 중증도판정기준

- 경증

37℃이상의 열나기를 비롯한 림상증상이 있고 호흡수가 18~20회/분, 가슴렌트겐검사에서 페염병조가 없는 대상으로 한다.

- 중등증

37℃이상의 열나기를 비롯한 림상증상이 있고 호흡수가 25~30회/분, 산소포화도가 94%이상이고 가슴렌트겐검사에서 페염병조가 있는 대상으로 한다.

- 중증

37℃이상의 열나기를 비롯한 림상증상이 있고 호흡수가 30회/분이상, 산소포화도가 90~93%이고 가슴렌트겐검사에서 페염병조가 있는 대상으로 한다.

- 최중증

37℃이상의 열나기를 비롯한 림상증상이 있고 호흡수가 30회/분이상, 산소포화도가 90%이하이고 가슴렌트겐검사에서 48h안에 페염병조가 50%이상으로 확대되여 심한 호흡부전으로 기계적환기가 필요하고 쇼크상태, 다장기부전으로 집중치료실에서 치료를 받아야 할 대상으로 한다.

5. 일반치료원칙

△ 약을 쓸 때 철저히 개별화하여야 한다.

- 임신주수, 산후시기, 건강상태, 체질, 지난 시기 앓은 병, 임신 및 산후합병증들을 정확히 파악하고 치료하여야 한다.
- 일부 항생제(페니실린, 세프트리악손 등)에 대한 과민반응검사를 철저히 진행하고 사용하며 과민반응이 나타나는 경우 그러한 약물은 고려하여야 한다.

△ 의사의 처방과 지시에 의해서만 약물치료를 진행하여야 한다.

- 처방에 지적된 약물, 쓰는 량, 쓰는 시간을 엄격히 지키며 임산모가 제멋대로 쓰는 량과 쓰는 시간을 조절하거나 약을 끊지 않도록 하여야 한다.
- 한번에 작용기전이 같은 여러가지 약물들을 함께 쓰지 말아야 한다.
- 약물은 반드시 질병을 정확하게 진단하고 약물특성을 충분히 파악한 다음 쓰도록 하여야 한다.

6. 치료전술

△ 임신시기에 따르는 치료전술

- 임신 첫번째 3달시기(임신 13주까지)

◎ 열이 나면서 머리아픔 및 관절아픔이 있는 경우 빨리 열내림 및 아픔멎이약을 써야 하며 열이 정상으로 되여 지속될 때에는 쓰지 말아야 한다.

　파라세타몰을 한번에 0.5g씩 8~12h간격으로 써야 하며 하루 2g을 초과하지 말아야 한다.간기능장애가 있는 임산모들은 파라세타몰을 사용하지 말아야 하며 임신 세번째 3달시기에는 주의해서 사용해야 한다.

파라세타몰을 써서 열이 내리지 않는 경우에는 이부프로펜을 한번에 0.2~0.4g씩 8h간격으로 써야 한다.

그외에 인도메타신을 한번에 0.01~0.024g씩 하루 3회 써야 한다.

◎ 열이 나면서 기침과 가래가 있는 경우 항비루스제와 항생제를 써야 한다.

재조합사람인터페론α-2b주사약 300만단위를 한번에 150만단위씩 2일에 한번씩 1주일간 근육주사한다.

우웡항비루스물약을 한번에 20ml씩 하루 2회 써야 한다.

인터페론α알약을 한번에 1~2알씩 하루 2회 2~3일간 써야 한다.

항비루스제로 증상이 호전되지 않고 열나기, 머리아픔, 기침, 가래와 같은 증상이 나타나며 말초피검사에서 백혈구증가소견과 핵좌방이동이 인정되는 경우에는 세균감염으로 인정하고 항생제를 써야 한다.

페니실린 200만단위를 하루 3회에 나누어 증상이 호전될 때까지 단독으로 근육주사하며 또는 암피실린을 한번에 0.5g씩 68h간격으로 하루 2~3g을 단독으로 먹이거나 근육 및 정맥주사한다.

아목시실린을 한번에 0.5g씩 6~8h간격으로 단독으로 쓰거나 세팔렉신을 한번에 0.25~0.5g씩 하루 1~2g 단독으로 먹이며 중한 경우에 4g까지 써야 한다.

세포탁심을 한번에 1g씩 8h간격으로 단독으로 정맥주사하거나 세프트리악손을 한번에 1~2g씩 12h간격으로 단독으로 정맥주사한다.

증상이 호전되였다고 하여 항생제를 즉시 끊으면 잔존세균의 병적활성을 높여주므로 정맥주사 혹은 항생제로 2~3일간 더 치료하여야 한다.

뉴키놀론계항생제(찌프로플록사신, 레보플록사신 등)는 태아기형발생률을 높이므로 임신부들이 임신 전 기간 사용하지 말아야 한다.

◎ 항생제사용과 함께 코물나기와 코메기, 메스꺼움 등의 증상이 나타나면 히스타민길항약인 디메드롤을 한번에 0.04g을 하루에 1~2회 쓰거나 세트리진을 한번에 0.005~0.01g씩 하루 1~2회 써야 한다.임신초기에는 클로르페니라민을 쓰지 말아야 한다.

히스타민길항약은 카타르증상이 해소되면 사용을 중지해야 한다.

스테로이드항염증약(프레드니졸론, 덱사메타존 등)은 임신초기에는 태아기형발생률을 높이므로 쓰지 말아야 한다.

◎ 메스꺼움과 게우기가 된입쓰리와 함께 나타나는 경우에는 자주 공기갈이를 진행하여 싫어하는 냄새가 나지 않도록 하며 탈수증상이 심하게 나타나면 한번에 5 %포도당 500ml와 0.9%생리적식염수 1000ml에 비타민 B군주사액 2 ml를 섞어 정맥내점적주사하여야 한다.

된입쓰리에 대한 고려치료로서 반하생강수를 식후 하루 3회 쓰거나 반하솔풍령탕을 식후에 3 회 써야 하며 또는 소지황환을 한번에 5 g씩 하루 3 회 써야 한다.

◎ 고려치료로서 패독산을 임신 전 기간 하루 3회 한번에 4g씩 밥먹은 후 1~2h사이에 써야 한다.

안궁우황환과 우황청심환은 임신 전 기간 사용하지 말아야 한다.

- 임신 두번째 3달시기(임신 14~27주까지)

◎ 열이 나면서 머리아픔 및 관절아픔이 있는 경우 파라세타몰, 아스피린, 이부프로펜, 볼타렌, 인도메타신을 사용하여야 한다.

열내림 및 아픔멎이약들가운데서 어느 한가지를 써야 하며 열이 나지 않고 아픔이 없어지면 약물을 즉시 끊어야 한다.

아스피린을 한번에 0.5g씩 8h간격으로 써야 한다.

볼타렌을 한번에 0.05g씩 8h간격으로 써야 한다.또는 볼타렌좌약 0.1g을 12h간격으로 홍문에 넣을수 있고 볼타렌주사약(0.075g 3 ml)은 하루 1~2회 근육주사한다.

◎ 열이 나면서 기침과 가래가 있을 때는 항비루스제와 항생제를 쓸수 있으며 임신 첫번째 3달시기에 사용할수 있는 항비루스제와 항생제들을 각각 한가지를 선택하여 사용하여야 한다.

◎ 히스타민길항약으로 디메드롤 혹은 세트리진을 사용하며 그외에 클로르페니라민을 한번에 0.004~0.008g씩 하루 2~3회 써야 한다.

◎ 열내림약물에 반응하지 않고 세균감염증상이 있는 경우에는 스테로이드항염증약을 열내림 및 아픔멎이약, 항생제와 함께 사용하며 이때 스테로이드항염증약은 3일이상 쓰지 말아야 한다.

프레드니졸론을 한번에 0.005~0.01g을 8 h간격으로 하루에 3회 먹이거나 덱사메타존을 한번에 0.004~0.008g 하루 1회 근육주사하여야 한다.

- 임신 세번째 3달시기(임신 28~40주까지)

◎ 열이 나면서 머리아픔 및 관절아픔이 있을 때는 파라세타몰을 기본으로 써야 하며 부득이한 경우 아스피린, 볼타렌, 이부프로펜, 인도메타신을 쓸수 있지만 출혈경향이 높아지므로 의사의 감시밑에서 1~2회 사용하여야 한다.

◎ 열이 나면서 기침과 가래가 있을 때에는 항비루스제와 항생제를 쓰며 임신 첫번째 3 달시기와 임신 두번째 3달시기에 사용할수 있는 항비루스제와 항생제들을 각각 한가지를 선택하여 써야 한다.

◎ 히스타민길항약인 디메드롤 혹은 세트리진, 클로르페니라민을 임신 첫번째 3 달시기와 임신 두번째 3달시기와 같이 사용한다.

◎ 열내림약물에 반응하지 않고 세균감염증상이 있는 경우에는 스테로이드항염증약을 열내림 및 아픔멎이약, 항생제와 함께 사용하며 이때 스테로이드항염증약은 3 일이상 쓰지 말아야 한다.

6. 치료전술

△ 산후시기

- 열이 나면서 머리아픔 및 관절아픔이 있을 때에는 파라세타몰, 이부프로펜, 볼타렌, 아스피린, 인도메타신을 써야 한다. 이때 어느 한가지 약물을 써야 하며 열이 나지 않고 아픔이 없어지면 약물을 즉시 끊어야 한다.
- 열이 나면서 기침과 가래가 있을 때에는 항비루스제와 뉴키놀론계항생제(찌프로플록사신, 레보플록사신 등)를 비롯하여 임신 첫번째 3 달시기에 쓸수 있는 항생제를 사용하여야 한다. 찌프로플록사신을 한번에 0.2g을 12h간격으로 정맥주사하거나 레보플록사신을 한번에 0.2~0.4g을 12h간격으로 정맥주사하여야 한다.그외에 코트리목사졸을 한번에 0.96g을 하루 2회 써야 한다.
- 히스타민길항약인 디메드롤, 세트리진, 클로르페니라민을 써야 한다.

열내림약물에 반응하지 않고 세균감염증상이 있는 경우에는 스테로이드항염증약을 열내림 및 아픔멎이약, 항생제와 함께 사용하여야 하며 이때 스테로이드항염증약은 5일이상 사용하지 말아야 한다.

- 산후시기 고려치료로서 패독산을 하루 3회 한번에 4g씩 밥먹은 후 1~2h사이에 써야 한다.

안궁우황환을 한번에 한알을 더운물에 풀어서 하루 3회 먹이거나 우황청심환을 한번에 한알을 더운물에 풀어서 하루 3회 써야 한다.

△ 태아관리

- 임신 첫번째 3달시기에는 태아기형발생률이 높으므로 이를 예방하기 위하여 적극적인 열내림대책과 함께 철엽산을 하루에 0.4g, 비타민C를 하루에 0.5g씩 임신전 기간 써야 한다.
- 칼시움제제와 비타민제를 비롯한 미량원소들을 충분히 보충해주어야 한다.
- 임신 첫번째 3달시기에는 복부초음파검사를 통하여 태낭의 형태, 길이, 부착상태, 태아심음의 유무를 확인하여야 하며 임신 두번째 3달시기와 세번째 3달시기에는 복부초음파검사를 통하여 태아발육상태와 생사 및 기형유무를 확인하여야 한다.
- 임신 세번째 3달시기에는 해산감시장치에 의한 태아상태를 판정하여야 하며 만일 이상소견이 인정되면 즉시적인 전문과적대책을 세워야 한다.
- 임신 두번째 및 세번째 3달시기에는 류조산이나 태아 및 갓난아이가사와 사망발생률이 높으므로 적극적인 열내림대책과 자궁수축억제대책, 항감염대책을 세우며 류조산의 징후가 나타날 때에는 전문과적인 협의를 거쳐 즉시적인 대책을 세워야 한다.
- 임신 36주이후에 약물에 반응하지 않고 2일이상 열이 계속되고 태아의 빈맥이 지속되는 경우 태아 및 갓난아이가사방지대책을 세우면서 빨리 해산시켜야 한다.

△ 임신합병증 및 수반증에 대한 치료전술

- 임신성고혈압증후군

◎ 혈압낮춤약과 오줌내기약을 쓰면서 우에서 언급한 열내림 및 아픔멎이약, 항비루스제, 항생제, 스테로이드항염증약들을 임신시기에 따라 함께 써야 한다.

◎ 혈압관리목표는 경증인 경우 130/90mmHg이며 중증인 경우 140/90mmHg이다.

◎ 혈압낮춤약인 니페디핀을 한번에 0.02g씩 하루 3회 먹이거나 라베탈롤을 한번에 0.1g씩 하루 3회 써야 한다.

◎ 오줌내기약을 혈압낮춤약과 병합하여 쓸수 있는데 이때 24h오줌량을 정확히 측정하여 감뇨 혹은 무뇨가 인정될 때 써야 한다.

◎ 푸로세미드를 한번에 0.04~0.08g씩 1~2회 먹이며 주사약 0.02~0.04g을 정맥주

사하며 이때 혈압감시를 철저히 하여야 한다.

◎ 자간발작이 예견되거나 완고한 고혈압이 인정될 때에는 50% 류산마그네시움 10ml를 천천히 5분동안 근육주사하여야 한다.

◎ 산모들은 모든 열내림 및 아픔멎이약, 항비루스제, 항생제, 스테로이드항염증약을 쓸수 있으며 특히 산후 12주까지 산모의 혈압관리를 진행하여야 한다.

◎ 산후 12주이후에도 혈압이 정상으로 회복되지 않으면 순환기전문치료를 받도록 한다.

- 심장질병수반임신

◎ 심장질병수반임산모는 대체로 숨차기가 주증상으로 나타나므로 즉시적인 열내림대책과 함께 항감염대책이 필요하며 전문과적치료를 같이하여야 한다.

◎ 심장질병수반임신부의 태아는 만성적인 저산소혈증에 빠지기 쉬우며 여기에 열나기가 겹치면 저산소혈증은 더욱 악화되므로 태아가사예방대책을 적극적으로 세워야 한다.

- 호흡기질병수반임신

주로 숨차기, 기침과 가래를 주증상으로 하므로 산소흡입(3~5L/분의 속도로 30분간 하루 3회 흡입)을 포함하여 해당한 전문과적치료를 진행하여야 한다.

- 간장질병수반임신

◎ 간기능장애로 하여 출혈의 위험성이 높고 영양상태가 불량하므로 영양개선대책과 출혈방지대책을 세우면서 임산모감염증환자와 같은 치료를 진행하여야 한다.

◎ 간기능장애를 일으키는 파라세타몰사용뿐만 아니라 매 약물의 사용을 심중히 고려하여야 한다.

- 당뇨병수반임신

당뇨병상태에 따라 경증인 경우에는 먹는약으로, 중증인 경우에는 인슐린으로 혈당관리를 진행하며 평균혈당을 160mg/dl이하로 유지하여야 한다.

부록 7

《돌림감기와 신형코로나비루스혼합감염증 치료안내지도서》

(어른용, 어린이용, 임산모용)

중앙과 지방의 각급 치료예방기관들과 해당 단위들에 시달된《돌림감기와 신형코로나비루스혼합감염증 치료안내지도서》(어른용, 어린이용, 임산모용)의 중점적인 내용은 다음과 같다.

1. 원인과 발생병리

-원인

원인은 돌림감기비루스와 신형코로나비루스의 감염이다.

돌림감기비루스와 신형코로나비루스의 기본전파경로는 공기졸경로, 접촉경로 등이다.

-발생병리

돌림감기비루스와 신형코로나비루스는 상기도점막에 침입하여 증식하면서 국소염증반응을 일으켜 상기도염증증상을 나타낸다.

손상된 상기도점막상피들에는 많은 병원성미생물들이 쉽게 부착되여 증식하면서 여러가지 합병증을 일으키고 림상적으로 더욱 중하게 경과한다.

2. 림상적특징

-림상증상

돌림감기비루스와 신형코로나비루스에 의한 혼합감염이 생기면 림상증상들이 더욱 심하게 나타난다.

병초기에 급격한 열나기가 있고 목안아픔, 재채기, 코메기, 코물나기, 기침 등 상기도증상과 맥없기와 머리아픔과 같은 전신중독증상이 나타난다.

이밖에 입맛없기, 메스꺼움, 게우기, 설사와 같은 소화장애증상들과 후각장애, 미각장애가 있을수 있다.

다음의 경우에는 림상적으로 중하게 경과할수 있다.

○어른의 중증화예측지표

· 저산소혈증이나 호흡장애소견이 계속 악화되는 경우

· 혈액응고기능과 관련된 검사소견들이 계속 악화되는 경우

· 흉부화상검사에서 폐의 병적소견이 악화되는 경우

○어린이의 중증화예측지표

· 호흡수가 계속 빨라지거나 의식상태가 점차 악화되는 경우

· 흉부화상검사에서 폐의 병적소견이 악화되는 경우

○임산모의 중증화예측지표

· 저산소혈증이나 호흡장애가 계속 악화되는 경우

· 말초림파구수가 계속 감소하거나 염증성인자들이 뚜렷하게 높아지는 경우

· 혈액응고기능과 관련된 검사소견들이 계속 악화되는 경우

· 흉부화상검사에서 폐의 병적소견이 악화되는 경우

-실험실검사소견, 화상검사소견에 대해서도 밝히고있다.

3. 진단

1) 의진기준

아래의 역학지표에서 1 개 항목과 림상지표에서 2 개이상의 항목이 부합되고 실험 및 기구검사소견이 있는 경우에 의진한다.

①역학지표

-돌림감기와 신형코로나비루스감염증이 동시에 류행되는 지역에 다녀온 일이 있는 경우

-14일내에 돌림감기환자나 신형코로나비루스감염증환자와 접촉한 일이 있는 경우

-사람들이 함께 생활하는 집단안에서 열나기와 호흡기증상이 있는 환자가 2명이상 발생하고 며칠내에 계속 류사한 환자들이 발생하는 경우

②림상지표

-급격한 열나기가 있는 경우

-목안아픔, 재채기, 코메기, 코물나기 등 상기도증상이 있는 경우

-맥없기와 머리아픔과 같은 전신중독증상이 있는 경우

-후각장애, 미각장애와 같은 신경계통장애증상들이 있는 경우

-기침, 숨차기와 같은 호흡기장애증상들이 급격하게 악화되는 경우

2) 확진

의진기준에 부합되면서 핵산검사나 항체검사가운데서 한가지가 양성으로 평가되는 경우에 확진한다.

4. 중증도분류

-경증

열나기와 상기도염증증상만이 있는 경우

-중등증

열나기와 점차 심해지는 기침, 점액농성가래가 있고 기관지염과 2차세균감염소견이 있으나 흉부화상검사에서 폐염소견은 없는 경우

-중증

○어른과 임산모는 다음의 관찰지표들중에서 임의의 1개가 있는 경우

· 흉부화상검사에서 폐염소견이 있는 경우

· 호흡장애증상(호흡수가 분당 25~30회이상)이 나타나는 경우

· 안정상태에서 산소포화도가 93%이하인 경우

· 치료하는데도 불구하고 림상증상이 계속 악화되는 경우

○어린이는 다음의 관찰지표들중에서 임의의 1개가 있는 경우

· 고열이 3일이상 지속되는 경우

· 치료하는데도 불구하고 림상증상이 계속 악화되는 경우

· 호흡수가 2달이하는 분당 60회이상, 2~12달은 50회이상, 15살은 40회이상, 5살이상은 30회이상인 경우

· 얼굴과 손발끝부위가 자람색을 띠거나 이따금씩 호흡이 없는 경우

· 기면과 경련, 심한 탈수가 있는 경우

-최중증

○다음의 지표들중에서 임의의 1개가 부합되는 경우

· 쇼크가 합병되거나 의식장애가 심한 경우

· 다장기기능부전으로 집중치료실에서 관리해야 하는 경우

○다음의 환자들은 중증이라고 해도 최중증으로 평가해야 한다.

· 60살이상의 늙은이 또는 고혈압병, 당뇨병, 콩팥질병, 종양 등이 있는 환자

· 스테로이드호르몬제나 면역억제제를 3달이상 쓰고있는 환자

· 선천성심장병, 헤모글로빈이상, 비만증 등이 있는 환자나 임산모, 갓난아이

5. 치료

일반적치료원칙과 원인치료, 증상치료, 이상체질환자에 대한 대책, 로인환자에 대한 대책, 갓난아이에 대한 대책에서 나서는 방법적인 문제들이 밝혀져있다.

6. 예방

-접촉자들에 대한 검병, 검진을 철저히 하여 환자들을 조기에 적발하고 대책하여야 한다.

-마스크를 착용하며 집단모임을 제한한다.

-공기갈이를 자주 하며 살균등과 쑥태우기 등으로 실내공기를 소독한다.

-2~3%소금물로 양치질을 자주 하며 마늘즙흡입을 하여야 한다.

-손을 자주 씻으며 어린이들의 손위생에 특별한 관심을 돌려야 한다.

- 1 차접촉자들가운데서 중증화되기 쉬운 어린이 등은 항비루스약물과 항균약물로 예방치료를 한다.

7. 치료효과판정기준

림상증상이 없어지고 흉부화상검사에서 병적소견이 없는 경우 완치로, 림상증상과 흉부화상검사에서 병적소견이 뚜렷이 개선된 경우 호전으로, 림상증상이 지속되며 흉부화상검사에서 병적소견이 지속되는 경우 변화가 없는것으로, 림상증상이 악화되고 합병증으로 넘어가며 흉부화상검사에서 병적소견이 심해지는 경우 악화로 한다.

8. 퇴원기준

-발열증상이 없어진 때로부터 10일간 격리시키며 격리마감에 PCR검사를 24시간

간격으로 2차 진행하여 음성으로 판정되면 격리에서 해제시켜 10일간 의학적감시를 진행한다.

-백혈병, 암을 비롯하여 면역기능을 저하시키는 질병을 가지고있는 대상은 발열증상이 없어진 때로부터 20일간 격리시키며 격리마감에 PCR검사를 24시간 간격으로 2차 진행하여 음성으로 판정되면 격리를 해제시켜 10일간 의학적감시를 진행한다.

북한의 코로나 팬데믹 대응

초판 1쇄 펴낸날 2025년 3월 25일

지은이 강영아, 김진숙, 엄주현, 유경숙, 이재인, 임성미, 최성우

기획 어린이의약품지원본부

펴낸이 이보라 펴낸곳 건강미디어협동조합

등록 2014년 3월 7일 제2014-23호

주소 서울시 중랑구 사가정로49길 53

전화 010-2442-7617 팩스 02-6974-1026

전자우편 healthmediacoop@gmail.com

값 18,000원 ISBN 979-11-87387-41-1 03470